JN234664

土質工学演習／基礎編
第3版
河上房義 編

森北出版株式会社

編　者

河上　房義　東北大学名誉教授
　　　　　　工学博士

執筆者　（50音順）

浅田　秋江　東北工業大学教授
　　　　　　工学博士

小川　正二　長岡技術科学大学名誉教授
　　　　　　長岡工業高等専門学校名誉教授
　　　　　　工学博士

森　　芳信　日本大学名誉教授
　　　　　　工学博士

柳澤　栄司　東北大学名誉教授
　　　　　　八戸工業高等専門学校名誉教授
　　　　　　工学博士

●本書のサポート情報を当社Webサイトに掲載する場合があります．下記のURLにアクセスし，サポートの案内をご覧ください．

　　　　　　https://www.morikita.co.jp/support/

■本書を無断で複写複製（電子化を含む）することは，著作権法上での例外を除き，禁じられています．複写される場合は，そのつど事前に(一社)出版者著作権管理機構（電話03-5244-5088, FAX03-5244-5089, e-mail: info@jcopy.or.jp）の許諾を得てください．また本書を代行業者等の第三者に依頼してスキャンやデジタル化することは，たとえ個人や家庭内での利用であっても一切認められておりません．

第3版　まえがき

　この土質工学演習/基礎編は，初版が出てから早や四半世紀が経過している．第2版では，原著者の河上先生のお薦めもあり，共著者の浅田，小川の両先生のお許しも得られたので，森と柳澤の両名で内容を改め，新しい計算方法や改定された基準などをできるだけ取り入れ，かつ，演習問題を加えるなど，現実に即した，理解しやすい演習書を目指して改訂を行った．しかし，この改訂以後にも基準が改定されたり，工学単位が使用できなくなるなど内容を修正する必要性がでてきたため，第3版では新しい基準とSI単位を導入することを目標として改訂を行った．これによって本書が読みやすくなり土質力学を初めて学ぶ方の理解の一助になれば幸いである．

　　　平成14年10月30日

森　　芳　信
柳　澤　栄　司

第2版に対する序文

　この土質工学演習/基礎編は，初版が出てからすでに約15年経過したため，ご利用頂いている先生から，内容が古くなってきているというご注意をしばしば受けていたが，なかなか改訂の機会を得ずついに今日まで至ってしまった．たまたま，原著者の河上先生のお薦めもあり，共著者の浅田，小川の両先生のお許しも得られたので，森と柳澤の両名で内容を改める作業を行なうこととした．この度は，旧版を修正して，新しい計算方法や改定された基準などをできるだけ取り入れ，かつ，演習問題を加えるなど，現実に即した，理解しやすい演習書を目指したつもりである．土質力学を初めて学ぶ方の理解の一助になれば幸いである．

　　　平成6年1月30日

森　　芳　信
柳　澤　栄　司

序

　旧版の「土質工学計算法」を著してから，ちょうど20年を経た．この小著を出版した当時の土質工学の事情は，戦後ようやく土質に関連した大規模な工事も盛んに行われるようになり，一方土質力学や土質工学の知識もかなり普及してきたにもかかわらず，また大規模な重要工事のように土質工学の専門技術者がいる現場を除いては，ようやく一般に行われるようになった土質調査や試験の成果を，設計や施工の上に十分反映していない事例も多く見かけた．このような調査や試験の成果を実際の仕事の上に生かすための手引きをしようと考えたのが，旧版をまとめた動機である．

　当時から20年を経た今日，土質力学や土質工学の進歩は著しく，土質工学に関連した技術の普及は隔世の感がある．したがって，旧版の「土質工学計算法」のような著書の使命は終わったともいえる．しかし今日でも，初学者の人々の学習のためや，必ずしも土質工学を専門としていない一般の土木・建築・農業工学等にたずさわっている技術者が，設計業務の参考として用いうるような演習書は依然として必要であると考えられ，また旧版の改訂を熱心に勧めて下さる方々もあるので，この際稿を改めて本書を出すことにした．

　本書をまとめるにあたってとくに顧慮した事項は，

　(1) 本書の利用上の便宜を考えて，単に試験の成果の整理や設計計算の方法を示すだけでなく，各章の初めに簡単な事項の説明を加えた．

　(2) 取扱い上の便宜を考えて，ごく基礎的な事項を取り扱った基礎編と，やや応用的事項を取り扱った応用編の2分冊とした．

　(3) 本書の中の例題は，なるべく実際の調査・試験の成果の中から採用した．

　(4) 本書の中の用語は，近く土質工学会の用語の表記法が改訂されることを予想して，なるべく土質工学会改訂用語表記法試案（昭和52年8月）によって表記した．

ことなどである．

本書をまとめるにあたって，なるべくいろいろな経験を反映することが良いと考えたので，浅田秋江・小川正二・柳沢栄司・森　芳信の4博士に執筆の分担を依頼した．すなわち本書はこの4君と私との共著であるが，縦割りして執筆したために章別に調和を欠くようなことがあっては，本書の利用上不都合でもあるので，全体を通じての統一についてはかなり注意したつもりである．厄介なこの作業に従事してくれたのは主として森君である．

　また森北出版の太田三郎氏のいつもながらの御尽力に対しても厚く感謝する次第である．

　昭和53年3月

河　上　房　義

目　　次

第 1 章　土の基本的性質 … 1

1・1　土質工学で取り扱う土 … 1
1・2　土の基本的性質 … 2
1・3　土の基本的性質を表わす諸量の定義 … 3
1・4　土の基本的性質を表わす諸量の相互関係 … 7

例題〔1・1〕土の重量 … 8
　　〔1・2〕土の単位体積重量 … 8
　　〔1・3〕SI単位への換算 … 8
　　〔1・4〕土粒子の密度試験 … 8
　　〔1・5〕土粒子の密度，間隙比，含水比と密度 … 8
　　〔1・6〕土粒子の密度，含水比，間隙比，飽和度および密度 … 8
　　〔1・7〕乾燥密度，土粒子の密度と間隙比，間隙率 … 9
　　〔1・8〕湿潤密度，乾燥密度と自然含水比，飽和度 … 9
　　〔1・9〕乾燥密度と相対密度 … 9
　　〔1・10〕間隙比，土粒子の密度と間隙比，乾燥密度，湿潤密度 … 10
　　〔1・11〕圧密試験と飽和度 … 10
　　〔1・12〕締固めと含水比，飽和度，密度 … 10

第 2 章　粒度，土中の水分，土の分類 … 14

2・1　粒　　度 … 14
2・2　土中の水分とコンシステンシー限界 … 19
2・3　土　の　分　類 … 21

例題〔2・1〕水中における土粒子の沈降（ストークスの法則） … 28
　　〔2・2〕比重浮ひょうの検定 … 29
　　〔2・3〕比重浮ひょうの読みと最大粒径 … 29
　　〔2・4〕粒度試験と粒径加積曲線 … 30
　　〔2・5〕液性限界試験と流動指数，塑性指数，タフネス指数 … 33
　　〔2・6〕収縮定数（収縮限界，収縮比）試験と土粒子の密度 … 33
　　〔2・7〕収縮定数試験と体積変化，線収縮 … 33
　　〔2・8〕体積変化と線収縮の関係 … 33
　　〔2・9〕含水比，密度と土粒子の密度，収縮限界 … 33
　　〔2・10〕工学的分類法とAASHTO分類法 … 34

〔2・11〕 粒度，コンシステンシー限界と三角座標分類法，
AASHTO 分類法，工学的分類法 ……………………35
〔2・12〕 粒度配合と有効径，均等係数 ………………………36
〔2・13〕 三角座標分類法，工学的分類法および AASHTO 分類法…37

第 3 章 土 の 透 水 …………………………………………38

3・1 透 水 試 験 ………………………………………………38
3・2 浸潤線と流線網 …………………………………………43
3・3 排水と根切り工 …………………………………………47

例題 〔3・1〕 土の種類と透水係数，試験方法との関係…………49
〔3・2〕 室内透水試験の留意点 ……………………………49
〔3・3〕 定水位透水試験 ……………………………………50
〔3・4〕 変水位透水試験 ……………………………………50
〔3・5〕 成層地盤の平均透水係数 …………………………51
〔3・6〕 締固めによる透水係数の変化 ……………………51
〔3・7〕 地下水汲上げによる現場透水試験 ………………52
〔3・8〕 ボーリング穴を用いた現場透水試験 ……………52
〔3・9〕 盛土施工中に透水係数を求める簡便法 …………53
〔3・10〕 アースダム中の流線網と浸透流量 ………………53
〔3・11〕 地盤中の流線網と浸透流量 ………………………54
〔3・12〕 フィルターの構成 …………………………………55

第 4 章 弾性地盤内の応力分布 …………………………57

4・1 半無限弾性地盤上の鉛直集中荷重による地盤内の応力 ……57
4・2 半無限弾性地盤上にある鉛直線荷重による応力 ………59
4・3 半無限弾性地盤上にある帯状荷重による応力 …………61
4・4 長方形に分布した荷重による応力 ………………………63
4・5 荷重分散法による近似解 …………………………………67
4・6 構造物基礎の接地圧 ………………………………………67

例題 〔4・1〕 集中荷重による地盤内鉛直応力 …………………69
〔4・2〕 線荷重による地盤内鉛直応力 ……………………70
〔4・3〕 帯状荷重による地盤内鉛直応力 …………………70
〔4・4〕 地盤内の主応力と最大せん断応力 ………………71
〔4・5〕 盛土荷重による地盤内鉛直応力 …………………72
〔4・6〕 等分布長方形荷重による地盤内鉛直応力 ………73
〔4・7〕 略算法による地盤内鉛直応用 ……………………78

第 5 章 基礎の圧密沈下 …………………………………79

5・1 土 の 圧 密 …………………………………………………79

5・2 基礎の圧密沈下 …………………………………………85
  例題 〔5・1〕 圧 密 現 象 …………………………………89
     〔5・2〕 圧密の機構を表わす模型 …………………………89
     〔5・3〕 テルツァギーの一次元圧密理論の仮定 ……………90
     〔5・4〕 建築物の沈下と粘土の体積圧縮係数 ………………90
     〔5・5〕 圧密試験と先行圧密応力 …………………………90
     〔5・6〕 $\sqrt{t}$ 法による圧密係数 …………………………92
     〔5・7〕 曲線定規法による圧密係数 ………………………92
     〔5・8〕 構造物の圧密沈下量 ……………………………92
     〔5・9〕 圧密沈下に要する日数 ……………………………94
     〔5・10〕 多層地盤での圧密所要日数 ………………………94
     〔5・11〕 漸増荷重時の沈下量 ……………………………94
     〔5・12〕 サンドパイルでの圧密促進 ………………………95

第 6 章 土のせん断強さ …………………………………97

6・1 せん断強さの概念 ……………………………………97
6・2 主応力・主応力面およびモールの応力円 ……………………97
6・3 間隙圧および有効応力 …………………………………99
6・4 モール・クーロンの破壊規準 …………………………100
6・5 せ ん 断 試 験 ……………………………………101
  例題 〔6・1〕 主応力の大きさと方向 ………………………106
     〔6・2〕 主応力,せん断力とモールの応力円 ………………106
     〔6・3〕 垂直応力とせん断応力 …………………………107
     〔6・4〕 砂と粘土のせん断強さ …………………………108
     〔6・5〕 非圧密非排水せん断試験の応力表示 ………………108
     〔6・6〕 圧密非排水せん断試験の応力表示 …………………109
     〔6・7〕 圧密排水せん断試験の応力表示 …………………109
     〔6・8〕 粘性土のねり返しによる強度低下 …………………109
     〔6・9〕 一面せん断試験 ………………………………111
     〔6・10〕 三 軸 圧 縮 試 験 ……………………………111
     〔6・11〕 圧密非排水試験の応力表示と圧密による強度増加 …112
     〔6・12〕 一軸圧縮試験と鋭敏比 …………………………113
     〔6・13〕 一軸圧縮試験と粘着力,内部摩擦角 ………………114
     〔6・14〕 ベ ー ン 試 験 ………………………………114

第 7 章 土 の 締 固 め …………………………………116

7・1 土 の 締 固 め ……………………………………116
7・2 路床・路盤の支持力試験 ………………………………118
7・3 舗装厚の設計 …………………………………………121
  例題 〔7・1〕 水を用いた現場密度の測定 …………………124

〔7・2〕	礫を含む土の最大乾燥密度	124
〔7・3〕	突固め試験	125
〔7・4〕	突固め試験と施工時の含水比	126
〔7・5〕	突固め試験と現場転圧回数	127
〔7・6〕	路盤材料の突固め試験	128
〔7・7〕	突固め供試体の吸水膨張試験	128
〔7・8〕	CBR 試験と修正 CBR 値	129
〔7・9〕	平板載荷試験	130
〔7・10〕	アスファルト舗装の構成	132
〔7・11〕	コンクリート舗装の構成	132
〔7・12〕	コンクリート舗装時の下層路盤の厚さ	132

第 8 章 土　　圧 … 135

8・1 土圧の種類 … 135
8・2 剛な壁に作用する土圧 … 136
8・3 矢板壁に作用する土圧 … 151
8・4 地中埋設管に作用する土圧 … 155

例題			
	〔8・1〕	擁壁変位と土圧との関係	157
	〔8・2〕	地中の微小要素に働く主働時と受働時の応力	157
	〔8・3〕	ランキンの土圧の求め方	158
	〔8・4〕	クーロンの土圧の求め方	159
	〔8・5〕	壁面摩擦角の大きさ	159
	〔8・6〕	擁壁に作用する主働土圧	159
	〔8・7〕	擁壁のすべりと転倒に対する安全率	161
	〔8・8〕	仮想背面を考えて求める主働土圧	162
	〔8・9〕	等分布荷重があるときの主働土圧	163
	〔8・10〕	線荷重があるときの主働土圧	164
	〔8・11〕	裏込め土が2層のときの主働土圧	165
	〔8・12〕	裏込め土中に地下水があるときの主働土圧	166
	〔8・13〕	カルマンの図解法による主働土圧	167
	〔8・14〕	等分布荷重があるときのカルマンの図解法	168
	〔8・15〕	線荷重があるときのカルマンの図解法	169
	〔8・16〕	擁壁に作用する受働土圧	169
	〔8・17〕	擁壁に作用する地震時の主働土圧	170
	〔8・18〕	矢板岸壁の根入れ長さとアンカーロッドの張力	171
	〔8・19〕	山留め壁の必要根入れ長さと切ばり軸力	172
	〔8・20〕	埋設管に作用する土圧	173

第 9 章 斜面の安定 … 175

9・1 安全率と臨界円 … 175
9・2 半無限に広がった斜面の安定計算 … 177

目　次

- 9・3　分割法による安定計算 …………………………………178
- 9・4　摩擦円法による安定計算 ………………………………181
- 9・5　複合すべり面の安定計算 ………………………………183
- 例題　〔9・1〕斜面の限界高さ …………………………………184
  - 〔9・2〕限界高さの増加方法 …………………………………184
  - 〔9・3〕鉛直素掘り溝の安全性の検討 ………………………185
  - 〔9・4〕浸水砂層の安全勾配 …………………………………185
  - 〔9・5〕平面すべり面での安定計算 …………………………185
  - 〔9・6〕平面すべり面での地震時の安定計算 ………………186
  - 〔9・7〕分割法による安定計算 ………………………………186
  - 〔9・8〕摩擦円法による安定計算 ……………………………187
  - 〔9・9〕臨界円の決定 …………………………………………189
  - 〔9・10〕クラックがあるときの安定計算 …………………190
  - 〔9・11〕等分布荷重があるときの安定計算 ………………191
  - 〔9・12〕土層が変化するときの安定計算 …………………191
  - 〔9・13〕貯水があるときの安定計算 ………………………192
  - 〔9・14〕平面すべり面の組合せによる安定計算 …………193

第10章　地盤の支持力 ………………………………………195

- 10・1　支持力の概念 ……………………………………………195
- 10・2　支持力公式（とくに浅い基礎）………………………196
- 10・3　支持力公式に使用される土の力学定数 ………………199
- 10・4　沈下量算定式（とくに浅い基礎に対して）…………200
- 10・5　杭の鉛直支持力 …………………………………………203
- 例題　〔10・1〕円形フーチングの極限支持力 ………………207
  - 〔10・2〕正方形基礎の必要根入れ深さ ……………………207
  - 〔10・3〕粘土地盤上基礎の極限支持力 ……………………208
  - 〔10・4〕砂の N 値と内部摩擦角との関係 ………………208
  - 〔10・5〕根入れ深さのとり方 ………………………………209
  - 〔10・6〕地下水位と単位体積重量との関係 ………………209
  - 〔10・7〕長方形基礎の許容支持力と許容地耐力
    （砂質地盤）…………………………………………210
  - 〔10・8〕長方形基礎の許容支持力と即時沈下量
    （粘性土地盤）………………………………………210
  - 〔10・9〕杭の支持力試験 ……………………………………211
  - 〔10・10〕ドールの公式による杭の許容支持力（単一層地盤）……212
  - 〔10・11〕ドールとマイヤーホフの公式による杭の許容支持力
    （多層地盤）………………………………………212
  - 〔10・12〕エンジニヤリングニュース公式による杭の許容支持力 …213
  - 〔10・13〕群杭の支持力 ……………………………………213

索　　引 ……………………………………………………………215

第1章　土の基本的性質

1・1　土質工学で取り扱う土

　土質工学で取り扱う「土」とは，一般に地球の表面に近い部分を構成している固結していない鉱物質の物質と，この物質の間隙（かんげき）の中に存在する空気や水を総合したものをいう．またこれらの土は地球のごく表面を構成するものであるから，その部分に生育する植物が腐食などによって分解して生じた有機質を含んでいることもあり，時には泥炭（peat）のようにその大部分が腐食の十分進んでいない有機質の物質と水分とからなる場合もある．農学や地質学の立場では，地球表面を構成する軽い物質で，植物の生育を支えるために必要な有機質成分を含むものに限ってこれを土と定義することもある．

　ふつう土の主要な構成物質である固結していない鉱物の粒子は地球表面の地殻を形成している岩石が風化して生成されたものであるが，それらの粒子の大きさは大小さまざまであり，その形もいろいろである．すなわち，ごく細い粒子からなる粘土，やや粗い粒子を含むシルト質の土やローム，あるいは粗粒の砂・砂利（礫（れき））・玉石などばかりでなく，水中に浸して攪拌（かくはん）すると容易に崩壊するような結合の弱い岩石も土として取り扱っている．地殻を形成する母岩が破砕される風化作用には，温度変化や流水・波浪・降雨・結氷などによる破砕作用，あるいは水・風・氷河などによる侵食作用のような物理的風化作用と，酸化・還元，水による分解作用，炭酸や塩類による溶解作用などの化学的風化作用があり，一般に物理的風化作用によっては粗粒子が生成される．また物理的風化によって生成された形状は粗い粒状や塊状のことが多く，化学的風化作用を受けた粒子は細かいものが多い．

　風化作用によって岩石が破砕して生成された土は，もとのままの位置を保っているもの（定積土）もあり，また水・風・氷河・重力などの力によって運搬され堆積（たいせき）した土（運積土）もある．風の作用を受けた運積土には，必ずしも岩

石の風化に起因するものばかりでなく，かつて火山活動の盛んであったわが国では火山放出物の堆積した土も広く分布している．水の作用を受けた運積土においては，鉱物質の土粒子が水中を沈降して堆積する際に，土粒子が結合して骨格を形成し，その間隙に水や空気を含む状態になる．この土粒子の配列の状態（構造という）は，土粒子の粒度や化学的成分，土に加わる荷重の履歴などによって差異があるが，このような土の構造は，自然状態にある乱されない土の工学的性質に大きな影響を及ぼす．

1・2 土の基本的性質

建設工学において取り扱う構造物には，主として土からなる基礎地盤の上に築造されるものも多い．またそれらの構造物の中には，交通用の築堤やアースダム，河川堤防，干拓堤防のように，土そのものを築造材料として用いるものもある．さらに水路や運河の掘削，航路や泊地の浚渫，交通用のトンネルのように，土の地盤の中に直接施工される工事もある．このように構造物の部分を構成し，また構造物を支持する土は，重力や種々の外力を受けて，土体の内部に応力を生じ，そのために破壊や変形現象を生じ，あるいは土中の含有水分が移動して，土の力学的性質が時間とともに変化することもあり，さらに直接土体に接する他の構造物に土圧力を及ぼすこともある．

このように土が外力を受けたために，その内部に応力や変形を生じても，構造物が安全な状態を保ち，あるいはその機能を十分に維持できるように，構造物を設計するには，構造材料としての土や地盤を構成する土の諸性質が明らかにされていなければならない．土は上述したように，固体の土粒子が形成する骨格と，その間隙に含有される水分や空気などからなる材料である．土の性質のうち，土粒子の**密度**，**粒度**（種々の大きさの土粒子の混合の割合），**コンシステンシー限界**（2・2・2参照）などは，単純に土の骨格を形成する土粒子に固有の性質で，土がよく締まっているとか，緩い状態であるとか，あるいは水分を多く含有しているとか，乾燥しているとか，また現在どんな外力を受けているとか，既往の応力の履歴はどうであったかというような土の置かれた状態とは無関係な性質であるから，一応，土の基本的な性質と考えることができる．

これに対して，土の置かれている状態，たとえば土が締め固められている程

度や土中に含有されている水分の多少などによって支配される性質もある．たとえばある土が外力によって締め固められる場合，その密度は外力の大きさによって一次元的には定まらず，その締固め特性は締め固められるときの土の含水量や，土の種類によっては含水量の変化の履歴などにも関係して変化する（第7章参照）．一般によく締め固まっている土は，その密度が高く，間隙も少ないので，その土は単位体積の中に多量の固体の土粒子を含有しており，したがって土粒子相互の間隔は狭く，土粒子間のかみ合わせが良く，付着力が大きい．したがってせん断強さが高く，外力を受けたときの圧密変形が小さいなど，力学的ないしは工学的性質に優れ，外力に対する安定度は高いばかりでなく，一般に透水度も低い．このように一般的には土の力学的ないしは工学的性質は土の置かれた状態によって左右されるので，土の密度や間隙を表わす諸量，含水量など土の状態を示す性質も，土の基本的性質ということができる．

1・3 土の基本的性質を表わす諸量の定義

1・3・1 SI 単 位

1992年の計量法の制定により，わが国ではSI単位を使用することが決定されている．土質工学の分野では，従来から工学単位系が慣用されてきたために，一部ではまだSI単位を使用しないで，従来単位を使う人もいるが，これからは全面的にSI単位に統一されるので，この単位系をよく理解しておくことが重要である．

土質工学の分野でSI単位を用いる場合に，最初に理解しなければならないのは，重量と質量の差である．重量は力であり，質量 m の物体が重力加速度 g を受けるときに，$W = mg$ の重量（単位は力の単位：N（ニュートン））となる．たとえば，重量（重さ）200gf（「グラム重」と呼ぶが，日常使われている重さ200グラムのこと）の土は，実は質量が200g（グラム）であって，重量は $200 \times 980 \mathrm{cm/s^2}$ つまり 196,000 dyne であり，1.96 N（ニュートン）である．質量1tの物体の重量（これを古い工学単位系では1tf（トン重）と表す場合もある）は9.8kN（キロニュートン）である．ここに1kNは，1,000Nである．質量と重量は，値が異なることに注意する必要がある．

応力は，単位面積当たりの力で表わされるので，応力の単位は $\mathrm{N/m^2}$ など

で通常は示されることになるが，このN/m²は簡単にPa（パスカル）という単位で表わすことになっている．100 kPa（キロパスカル）が従来の工学単位系でいえば1.02 kgf/cm²である（正確には1.000 kgf/cm²が98.07 kPaである）ので，従来単位への換算はそう面倒ではない．

単位体積重量と密度はよく混同されるが，密度は質量を体積で割った値であり，単位体積重量は重量を体積で割った値であるので，単位が異なるためその値も異なる．たとえば，密度2 t/m³の土の単位体積重量は，19.6 kN/m³である．ただし，単位体積重量を工学単位系に合わせて tf/m³ で表わしたときには，質量密度と単位体積重量は数値が同じになるので，単位体積重量は密度と混同されやすい．

1・3・2　土粒子の密度

土の粒度試験その他の計算には土粒子の密度が用いられる．土粒子の密度とは，ある温度の空気中における土粒子の質量と，同じ温度において空気中における土粒子の体積との比である．これを決定する試験方法は，土質工学会基準 JIS T 111-1990 に土粒子の密度試験として規定されている．土粒子の**密度**は次の式によって計算できる．

$$\rho_s(T'℃/T℃) = \frac{m_s}{m_s + (m_a - m_b)} \times \rho_w(T℃) \qquad (1・1)$$

ここに　$\rho_s(T'℃/T℃)$：温度 $T℃$ の水に対する $T'℃$ の土粒子の密度
　　　　m_s：炉乾燥した材料の質量（g）
　　　　m_a：温度 $T℃$ の水を満たしたピクノメーターの質量（g）

表 1・1　温度 4～30℃ における水の密度の補正係数 K

温度 ℃	補正係数 K	温度 ℃	補正係数 K	温度 ℃	補正係数 K
4	1.0009	13	1.0003	22	0.9987
5	1.0009	14	1.0001	23	0.9984
6	1.0008	15	1.0000	24	0.9982
7	1.0008	16	0.9998	25	0.9979
8	1.0007	17	0.9997	26	0.9977
9	1.0007	18	0.9995	27	0.9974
10	1.0006	19	0.9993	28	0.9971
11	1.0005	20	0.9991	29	0.9968
12	1.0004	21	0.9989	30	0.9965

m_b：温度 T℃ の水と土を満たしたピクノメーターの質量（g）

T℃：m_b を測ったときのピクノメーターの内容物の温度（℃）

とくに指定されないときは，温度15℃の水に対する土粒子の密度 $\rho_s(T$℃$/15$℃$)$ を次の式から求める．

$$\rho_s(T'\text{℃}/15\text{℃}) = K \times \rho_s(T'\text{℃}/T\text{℃}) \qquad (1\cdot2)$$

ここに K：補正係数（温度 T'℃ の水の密度を，15℃ の水の密度で割った数，表1・1参照）

1・3・3 土の締固まりの程度を表わす諸量

土の締固まりの程度を表わすには，単位体積の土の中に含まれる土粒子（骨格）と含有水分との質量，または土粒子（骨格）だけの質量で表現する方法と，単位体積の土の中の骨格以外の部分（間隙）の大小で表現する方法とがある．

（1） 湿潤密度および乾燥密度

単位体積の土の質量，すなわち土の密度は土の重要な性質の一つである．この値は，後述する土圧や斜面の安定などの計算に欠かせないものである．密度のかわりに土の重量を体積で割った単位体積重量（unit weight）を用いることもある．体積 V なる土の質量を m_t とすれば湿潤密度 ρ_t は次の式によって定義される．また，質量のかわりに重量 W_t を用いれば，湿潤単位体積重量 γ_t が定義される．

$$\rho_t = \frac{m_t}{V} \qquad \text{あるいは} \qquad \gamma_t = \frac{W_t}{V} \qquad (1\cdot3)$$

これに対して，単位体積の土の中に含まれる土粒子の質量（厳密にいうと吸着水の重量も含まれる）を，土の乾燥密度（dry density）という．すなわち体積 V なる土の中に含まれる土粒子の質量を m_s，重量を W_s とすると，乾燥密度 ρ_d および乾燥単位体積重量 γ_d は次の式によって与えられる．

$$\rho_d = \frac{m_s}{V} \qquad \text{あるいは} \qquad \gamma_d = \frac{W_s}{V} \qquad (1\cdot4)$$

である．

湿潤密度 ρ_t と乾燥密度 ρ_d との関係は次のとおりである．

$$\rho_d = \frac{\rho_t}{1+w/100} \qquad \text{あるいは} \qquad \gamma_d = \frac{\gamma_t}{1+w/100} \qquad (1\cdot5)$$

ここに　w：含水化（%）

（2）　間隙比および間隙率　体積 $V\,\mathrm{cm}^3$ の土の中に含まれる土粒子の占める部分の体積を $V_s\,\mathrm{cm}^3$，土粒子以外の部分（間隙）の体積を $V_v\,\mathrm{cm}^3$ とすると，**間隙比**は式(1・6)によって，また**間隙率**は式(1・7)によって表わされる．

$$e = \frac{V_v}{V_s} \tag{1・6}$$

$$n = \frac{V_v}{V} \times 100 \;(\%) \tag{1・7}$$

ここに　e：間隙比（小数で表わす）
　　　　n：間隙率（百分率で表わす）

（3）　相対密度　砂のような粗粒の粘着性のない土の締固まりの程度を表わすために，相対密度という値が用いられることがある．**相対密度**は，次の式によって与えられる．

$$D_r = \frac{e_{\max} - e}{e_{\max} - e_{\min}} \times 100 \;(\%) \tag{1・8}$$

ここに　D_r：相対密度
　　　　$e_{\max}$：ある粗粒の土を最も緩く詰めた状態の間隙比
　　　　$e_{\min}$：同じ土を最も密な状態に詰めた時の間隙比
　　　　e：同じ土の与えられた状態における間隙比

1・3・4　土の含水量を表わす諸量

（1）　含水比　体積 $V\,\mathrm{cm}^3$ の土の中に含まれる土粒子の質量を $m_s\,(\mathrm{g})$，同じく水分の質量を $m_w\,(\mathrm{g})$ とすると，**含水比**は次の式によって定義される

$$w = \frac{m_w}{m_s} \times 100 \;(\%) \tag{1・9}$$

土の含水比を求める試験方法は，JIS A 1203 に規定されている．

（2）　飽和度　体積 $V\,\mathrm{cm}^3$ の土の中に含まれる間隙の体積を $V_v\,\mathrm{cm}^3$ とし，$V_v\,\mathrm{cm}^3$ のうち，水分の占める部分の体積を $V_w\,\mathrm{cm}^3$ とすると，**飽和度**は次の式によって与えられる．

$$S_r = \frac{V_w}{V_v} \times 100 \;(\%) \tag{1・10}$$

ここに　S_r：飽和度（%）

1・4 土の基本的性質を表わす諸量の相互関係

湿潤密度 ρ_t，乾燥密度 ρ_d，間隙比 e，間隙率 n，含水比 w，飽和度 S_r などの諸量の間には次のような関係がある．

$$\rho_d = \frac{\rho_t}{1 + \dfrac{w}{100}} \tag{1・11}$$

$$\rho_d = \frac{m_s}{V_s(1+e)} = \frac{\rho_s}{1+e} \tag{1・12}$$

$$\rho_t = \frac{\dfrac{\rho_s}{\rho_w} + \dfrac{S_r e}{100}}{1+e} \rho_w \tag{1・13}$$

式(1・13)において $S_r = 100$ とおけば，間隙が水で飽和されている土の単密度 ρ_{sat} が得られ，さらに浮力を考えれば水中における土の密度 ρ_{sub} が求められる．

$$\rho_{\text{sat}} = \frac{\dfrac{\rho_s}{\rho_w} + e}{1+e} \rho_w \tag{1・14}$$

$$\rho_{\text{sub}} = \frac{\dfrac{\rho_s}{\rho_w} - 1}{1+e} \rho_w \tag{1・15}$$

$$e = \frac{\rho_s}{\rho_d} - 1 \tag{1・16}$$

$$e = \frac{n}{100 - n} \tag{1・17}$$

$$n = \frac{e}{1+e} \times 100 \tag{1・18}$$

$$S_r = \frac{w \cdot \rho_s}{e \cdot \rho_w} = \frac{w \cdot \rho_s}{e} \tag{1・19}$$

ここに　ρ_w：水の密度 (g/cm³)

　　　　ρ_s：土粒子の密度 (g/cm³)

間隙が飽和されているときの含水比は，

$$w = \frac{e \cdot \rho_w}{\rho_s} \times 100 \ (\%) \tag{1・20}$$

例　題　〔1〕

〔**1・1**〕　密度 1.85 t/m³ の土が 10.0 *l*（リットル）ある．この土の重量はいくらか．
〔**解**〕　$1.85 \text{(t/m}^3) \times 0.01 \text{(m}^3) \times 9.8 \text{(m/sec}^2) = 0.181 \text{ kN}$　あるいは　181.3 N
〔**1・2**〕　上の問題にある土の単位体積重量はいくらか．
〔**解**〕　$1.85 \text{(t/m}^3) \times 9.8 \text{(m/sec}^2) = 18.1 \text{ kN/m}^3$
〔**1・3**〕　土粒子の密度試験において，10℃ で清水を満たしたピクノメーターの質量は 143.27 g，同じ温度で炉乾燥した試料土と水を満たしたピクノメーターの質量は 152.92 g，ピクノメーターに入れた試料土の質量は 15.58 g であった．10℃ の水に対する土粒子の密度を求めよ．また 15℃ の水に対する土粒子の密度はいくらか．
〔**解**〕　式(1・1) において，$m_s = 15.58 \text{ g}$，$m_a = 143.27 \text{ g}$，$m_b = 152.92 \text{ g}$ とすれば，10℃ のときの土粒子の密度 $\rho_s(10℃/10℃)$ および 15℃ のときの土粒子の密度 ρ_s (10℃/15℃) は，

$$\rho_s(10℃/10℃) = \frac{15.58}{15.58 + (143.27 - 152.92)} = \mathbf{2.627 \text{ g/cm}^3}$$

表 1・1 より 10℃ の補正係数 K を求めると，$K = 1.0006$

$$\rho_s(10℃/15℃) = 1.0006 \times 2.627 = \mathbf{2.629 \text{ g/cm}^3}$$

〔**1・4**〕　土粒子の密度 2.69 g/cm³，間隙比 3.5，含水比 123 % の粘土質シルトの試料がある．この土の湿潤密度，乾燥密度および水中における密度はいくらか．
〔**解**〕　乾燥密度は式(1・12) の関係より，

$$\rho_d = \frac{\rho_s}{1+e} = \frac{2.69}{1+3.5} = \mathbf{0.60 \text{ g/cm}^3}$$

湿潤密度は式(1・11) より，

$$\rho_t = \left(1 + \frac{w}{100}\right)\rho_d = (1+1.23) \times 0.60 \text{ g/cm}^3 = \mathbf{1.34 \text{ g/cm}^3}$$

水中における単位体積重量は式(1・15) より，

$$\rho_{\text{sub}} = \frac{\frac{\rho_s}{\rho_w} - 1}{1+e}\rho_w = \frac{2.69 - 1}{1+3.5} \times 1.00 \text{ g/cm}^3 = \mathbf{0.38 \text{ g/cm}^3}$$

〔**1・5**〕　体積 54 cm³ の湿潤したままの乱さない土の試料がある．その質量は 100 g で，この試料を炉乾燥したときの質量が 78 g であった．この土の湿潤密度，乾燥密度，含水比，間隙比，飽和度を求めよ．ただし，この土粒子の密度は 2.67 g/cm³ である．
〔**解**〕　試料の湿潤密度は式(1・3) より，

$$\rho_t = \frac{m_t}{V} = \frac{100}{54}\,\text{g/cm}^3 = \mathbf{1.85\,g/cm^3}$$

含水比は式(1・9) より,

$$w = \frac{m_w}{m_s} \times 100(\%) = \frac{100-78}{78} \times 100 = \mathbf{28.2\,\%}$$

乾燥密度は式(1・11) より,

$$\rho_d = \frac{\rho_t}{1+\dfrac{w}{100}} = \frac{1.85}{1+0.282}\,\text{g/cm}^3 = \mathbf{1.44\,g/cm^3}$$

間隙比は式(1.16) より,

$$e = \frac{\rho_s}{\rho_d} - 1 = \frac{2.67}{1.44} - 1 = \mathbf{0.85}$$

飽和度は式(1・19) より,

$$S_r = \frac{w \cdot \rho_s}{e \cdot \rho_w} = \frac{28.2 \times 2.67}{0.85} = \mathbf{89\%}$$

〔**1・6**〕 十分乾燥した土の試料の密度が $1.65\,\text{g/cm}^3$ であった. 土粒子の密度が $2.73\,\text{g/cm}^3$ であるとき, 間隙比および間隙率はいくらか.

〔**解**〕 式(1・16) より間隙比は,

$$e = \frac{\rho_s}{\rho_d} - 1 = \frac{2.73}{1.65} - 1 = \mathbf{0.65}$$

式(1・18) より間隙率は,

$$n = \frac{e}{1+e} \times 100 = \frac{0.65}{1+0.65} \times 100 = \mathbf{39\%}$$

〔**1・7**〕 直径 $10\,\text{cm}$, 高さ $12.7\,\text{cm}$ の円柱形の乱さない土の試料がある. その土の質量が $1,430\,\text{g}$ であった. この土の試料の乾燥密度が $1.12\,\text{g/cm}^3$, 土粒子の密度が $2.70\,\text{g/cm}^3$ であると, その土の自然含水比はいくらか. またこの土の飽和度はいくらか.

〔**解**〕 式(1・3) より湿潤単位体積重量は,

$$\rho_t = \frac{m_t}{V} = \frac{1,430}{5^2 \pi \times 12.7} = \mathbf{1.43\,g/cm^3}$$

式(1・11) より含水比は,

$$w = 100 \times \left(\frac{\rho_t}{\rho_d} - 1\right) = 100 \times \left(\frac{1.43}{1.12} - 1\right) = \mathbf{27.7\,\%}$$

式(1・16) より間隙比は,

$$e = \frac{\rho_s}{\rho_d} - 1 = \frac{2.70}{1.12} - 1 = \mathbf{1.41}$$

式(1・19) より飽和度は,

$$S_r = \frac{w \cdot \rho_s}{e \cdot \rho_w} = \frac{27.7 \times 2.70}{1.41 \times 1.0} = \mathbf{53\,\%}$$

〔**1・8**〕 現場で砂の乾燥密度を測定したら $1.58\,\text{g/cm}^3$ であった. 同じ砂について

実験室内で緩やかに詰めた状態と密に詰めた状態の乾燥密度を求めたら $1.43\,\text{g/cm}^3$ および $1.72\,\text{g/cm}^3$ であった．現場での砂の相対密度はいくらか．

〔解〕 緩やかに詰めた状態と密に詰めた状態の乾燥単位体積重量をそれぞれ γ_{dmin} および γ_{dmax} とすると，式(1・8)および式(1・16)より相対密度は，

$$D_r = \frac{e_{max} - e}{e_{max} - e_{min}} = \frac{1/\rho_{dmin} - 1/\rho_d}{1/\rho_{min} - 1/\rho_{dmax}} = \frac{1/1.43 - 1/1.58}{1/1.43 - 1/1.72} = \mathbf{0.56}$$

〔1・9〕 間隙率 37 %，土粒子の密度 $2.66\,\text{g/cm}^3$ の砂がある．次の値を求めよ．
① 間隙比，② 乾燥密度，③ 飽和度 30 % のときの湿潤密度，④ 飽和度 100 % のときの湿潤密度．

〔解〕 ① 式(1・17)より間隙比は，

$$e = \frac{n}{100 - n} = \frac{37}{100 - 37} = \mathbf{0.59}$$

② 式(1・12)より乾燥密度は，

$$\rho_d = \frac{\rho_w G_s}{1 + e} = \frac{2.66}{1 + 0.59} = \mathbf{1.67\,g/cm^3}$$

③ 式(1・13)より，$S_r = 30\,\%$ のときの密度は，

$$\rho_t = \rho_w \frac{\dfrac{\rho_s}{\rho_w} + \dfrac{S_r}{100} \cdot e}{1 + e} = \frac{2.66 + 0.30 \times 0.59}{1 + 0.59} = \mathbf{1.78\,g/cm^3}$$

④ 同じく $S_r = 100\,\%$ のときの密度は，

$$\rho_t = \rho_w \frac{\dfrac{\rho_s}{\rho_w} + e}{1 + e} = \frac{2.66 + 0.59}{1 + 0.59} = \mathbf{2.04\,g/cm^3}$$

〔1・10〕 断面積 $33.17\,\text{cm}^2$ の圧密試験（第5章参照）用の円筒形の土の試料がある．この土粒子の密度は $2.70\,\text{g/cm}^3$ である．この試料について圧密試験の前後に測定を行なったところ，右の表のような値を得た．試験前後の飽和度の変化を求めよ．

	試験前	試験後
試料の厚さ	2.00 cm	1.45 cm
試料の湿潤質量	89.95 g	72.61 g
試料の乾燥質量	—	38.93 g

〔解〕 式(1・10)より飽和度は，

$$S_r = \frac{V_w}{V_v} \times 100 = \frac{m_w/\rho_w}{V - V_s} \times 100 = \frac{m_w/\rho_w}{V - (m_s/\rho_s)} \times 100\,(\%)$$

試験前の飽和度 S_{r1} は，

$$S_{r1} = \frac{(89.95 - 38.93) \times 100}{33.17 \times 2.00 - (38.93/2.70)} = \mathbf{98.2\%}$$

試験後の飽和度 S_{r2} は，

$$S_{r2} = \frac{(72.61 - 38.93) \times 100}{33.17 \times 1.45 - (38.93/2.70)} = \mathbf{100\%}$$

〔1・11〕 ある土取り場から採取した乱さない試料について試験した結果，その土の含水比は 15 %，間隙比は 0.60，土粒子の密度は $2.70\,\text{g/cm}^3$ であった．この土の

含水比が 18％ になるように調整し，これを均等に締め固めて，乾燥密度が $1.76\,\mathrm{g/cm^3}$ である盛土を施工した．

① 土取り場から採取した乱さない試料の飽和度，湿潤密度および乾燥密度を求めよ．

② 締固め施工を行なう際，含水比を調整するため，$10{,}000\,\mathrm{m^3}$（土取り場における自然状態における土量）の土に加えるべき水量はいくらか．

③ 盛土が完成した後に貯水等によって飽和された場合，その体積が変化しないとすれば，そのときの含水比と湿潤密度はいくらであるか．

④ 盛土が吸水して飽和したために体積を 5％ 増大したとすれば，そのときの含水比と湿潤密度はいくらか．

〔解〕

① 式(1・19) より飽和度は，

$$S_r = \frac{w \cdot \dfrac{\rho_s}{\rho_w}}{e} = \frac{15 \times 2.70}{0.60 \times 1.00} = \mathbf{67.5\,\%}$$

式(1・13) より湿潤密度は，

$$\rho_t = \frac{\dfrac{\rho_s}{\rho_w} + \dfrac{S_r}{100} \cdot e}{1 + e} \rho_w = \frac{2.70 + 0.675 \times 0.60}{1 + 0.60} = \mathbf{1.94\,g/cm^3}$$

式(1・11) より乾燥密度は，

$$\rho_d = \frac{\rho_t}{1 + \dfrac{w}{100}} = \frac{1.94}{1 + 0.15} = \mathbf{1.69\,g/cm^3}$$

② 式(1・9) および式(1・4) より，体積 V の中に含まれる水の質量は

$$m_w = \frac{w}{100} m_s = \frac{w}{100} \cdot \rho_d \cdot V$$

体積 V の土の含水比が 15％ から 18％ に高まるために加えるべき水量 Δm_w は，

$$\Delta m_w = (0.18 - 0.15)\rho_d \cdot V = 0.03 \times \rho_d \times V$$

$V = 10{,}000\,\mathrm{m^3}$ とすると，$\rho_d = 1.69\,\mathrm{g/cm^3} = 1.69\,\mathrm{t/m^3}$ であるから，加えるべき水量は，

$$\Delta m = 0.03 \times 1.69 \times 10{,}000 = \mathbf{507\,t}$$

③ この土を乾燥密度が $1.76\,\mathrm{g/cm^3}$ になるように締め固めたときの間隙比は式(1・16) より

$$e = \frac{\rho_s}{\rho_d} - 1 = \frac{2.70}{1.76} - 1 = 0.53$$

したがってこの土が飽和されたときの含水比は式(1・20) より，

$$w = \frac{e \cdot \rho_w}{\rho_s} \times 100 = \frac{0.53}{2.70} \times 100 = \mathbf{20\,\%}$$

また，単位体積重量は式(1・14) より，

$$\rho_{\text{sat}} = \frac{\frac{\rho_s}{\rho_w} + e}{1 + e} \rho_w = \frac{2.70 + 0.53}{1 + 0.53} = \mathbf{2.11\ g/cm^3}$$

④ 吸水によって体積が 5% 増加したときの間隙比 e' は式(1・6) より，

$$e' = \frac{V' - V_s}{V_s} = \frac{1.05\,V - V_s}{V_s} = \frac{1.05(V_v + V_s) - V_s}{V_s}$$

$$= 1.05e + 0.05$$

ここに　V'：吸水によって膨張した土の体積

$$e' = 1.05 \times 0.53 + 0.05 = 0.61$$

その含水比 w' は式(1・20) より，

$$w' = \frac{e' \cdot \rho_w}{\rho_s} \times 100 = \frac{0.61}{2.70} \times 100 = \mathbf{23\%}$$

湿潤密度 $\rho_{t'}$ は式(1・11) および式(1・4) より，

$$\rho_{t'} = \rho_{d'}\left(1 + \frac{w'}{100}\right) = \frac{m_s}{1.05\,V}\left(1 + \frac{w'}{100}\right) = \frac{\rho_d}{1.05}\left(1 + \frac{w'}{100}\right)$$

ここに　$\rho_{d'}$：吸水によって膨張した土の乾燥密度

$$\rho_{t'} = \frac{1.76}{1.05}(1 + 0.23) = \mathbf{2.06\ g/cm^3}$$

問　題　〔1〕

〔1・1〕　含水比 12.5% の試料土が，質量 18.5 kg だけある．この土を含水比 15% にするためには何 g の質量の水を加えればよいか．

〔解〕　411 g

〔1・2〕　ある土をサンプラーで採取して質量と体積を測定したところ，それぞれ 72 g と 37.8 cm³ であった．この土の含水比が 41.2% であるとして，この試料土の重量を求め，湿潤および乾燥単位体積重量を求めよ．また，湿潤密度および乾燥密度も計算せよ．

〔解〕　0.71 N，$r_t = 18.7\ \text{kN/m}^3$，$r_d = 13.2\ \text{kN/m}^3 (= 1.35\ \text{tf/m}^3)$，
　　　　$\rho_t = 1.90\ \text{t/m}^3$，$\rho_d = 1.35\ \text{t/m}^3$

〔1・3〕　ある砂層の砂をサンプリングして試験したところ，含水比 $w = 15.8\%$，湿潤密度 $\rho_t = 1.93\ \text{t/m}^3$，土粒子の密度 $\rho_s = 2.78\ \text{g/cm}^3$ であった．この砂をそのままの状態で水で飽和させたとすると湿潤密度はいくらになるか．

〔解〕　$\rho_t = 2.08\ \text{t/m}^3$

〔1・4〕　上記の砂を用いて，最大密度および最小密度試験を行なったところ，最大密度 $\rho_{d\max} = 1.75\ \text{t/m}^3$，$\rho_{d\min} = 1.63\ \text{t/m}^3$ の結果を得た．この砂の相対密度はいくらか．また，この砂を再構成して $D_r = 50\%$ の三軸標準供試体を作る場合，質量

何 g の砂を詰めればよいか．

〔解〕 $D_r = 32.1\%$，また，$\phi 50$ mm，$H\ 100$ mm として 331 g

〔1・5〕 飽和した乱さない粘土の試料がある．含水比が 65.2% で，土粒子の密度が 2.76 g/cm³ であった．この粘土の間隙比と湿潤密度を計算せよ．

〔解〕 $e = 1.80$, $\rho_t = 1.63$ t/m³

〔1・6〕 含水比 42% の土がある．これを締め固めて，それぞれ飽和度が 70%，80%，90% および 100% になるようにしたい．この土粒子の密度が 2.67 g/cm³ であるとして，乾燥単位体積重量を求めよ．

〔解〕 70%のとき $\gamma_d = 10.1$ kN/m³
　　　 80%のとき $\gamma_d = 10.9$ kN/m³
　　　 90%のとき $\gamma_d = 11.7$ kN/m³
　　　100%のとき $\gamma_d = 12.3$ kN/m³

第2章 粒度，土中の水分，土の分類

2・1 粒　　　度

2・1・1 粒径による土粒子の区分

　土を構成する土粒子の大きさは，粗粒から細粒まで非常に広範囲にわたって分布していることが多い．そこでそれらの土粒子を大きさに応じて数種に区分することが行なわれている．その区分の方法はいくつかあるが，いずれも任意的な分類である．一例として地盤工学会規準（JGS 0051-2000）を掲げると，図2・1のとおりである．

（対数目盛）

	1 μm	5 μm	75 μm	0.25 mm	0.85 mm	2.0 mm	4.75 mm	19 mm	75 mm	30 cm	
コロイド	粘土	シルト	細砂	中砂	粗砂	細礫	中礫	粗礫	粗石（コブル）	巨石（ボルダー）
			砂			礫			石	
細粒分			粗粒分						石分	

（注1）　土質材料の粒径区分による粒子名を意味するときは，上記区分に「粒子」という言葉をつけ，上記粒径区分幅の構成分を意味するときは，上記区分に「分」という言葉をつけて，分類名，土質名とする．

図 2・1　粒径区分とその呼び名

　土粒子の大きさは，「粒子の直径」によって表現されているが，実際の土粒子は球形でなく，粒子の形もまちまちであるから，0.075 mm以上の粗い土粒子についてはふるい分けに使用したふるい目をもって粒子の直径とし，それより細かい土粒子の大きさは実際の土粒子と水中における沈降速度の等しいような大きさの球の直径で表わすことが行なわれている．その試験の方法については，JIS A 1204に規定されている（2・1・2参照）．

2・1・2 粒　度　試　験

　土を構成している土粒子の大きさの分布する状態を粒度という．粒度は，小

さく区分した大きさ（土粒子の粒径）の範囲ごとに属する土粒子の重量百分率で表示される．

土の粒度試験の方法は，JIS A 1204 に規定されている．この規格によれば，75 μm より大きな試料（標準網ふるい 75 μm に残留した試料）の粒度はふるい分けにより，また 75 μm より小さな試料（標準網ふるいを通過した試料）の粒度は，比重浮ひょうによる粒度測定方法によって求める．

（1） ストークスの法則　　比重浮ひょうによる粒度測定の基本となる**ストークスの法則**は次の式で表わされる．

$$v = \frac{\rho_s - \rho_w}{18\eta} d^2 g_n \tag{2・1}$$

ここに　v：液体中を沈降する球（粒子）の終局速度（cm/s）
　　　　ρ_s：土粒子の密度（g/cm³）
　　　　ρ_w：液体の密度（g/cm³）
　　　　d：球（粒子）の直径（cm）
　　　　η：液体の粘性係数（Pa・s）
　　　　g_n：標準重力の加速度（980 cm/s²）

（2） 懸濁土粒子の直径の決定　　規格によって準備された試料（蒸留水中で分散し，メスシリンダに入れた試料）の中で懸濁している土粒子の最大直径は，ストークスの法則を応用して，次の式によって計算できる．

粒径 d（mm）を次の式で求める．

$$d = \sqrt{\frac{30\eta}{g_n(\rho_s - \rho_w)} \cdot \frac{L}{t}} \tag{2・2}$$

ここで　t：メスシリンダー振とう後の経過時間（min）
　　　　L：浮ひょうの読み r に対する浮ひょうの有効深さ（mm）
　　　　η：浮ひょうの読みを取ったときの懸濁液の温度 T（℃）に対する水の粘性係数．表 2・1 に示す値（Pa・s）
　　　　ρ_s：土粒子の密度（g/cm³）
　　　　ρ_w：T（℃）に対する水の密度で，表 2・1 に示す値（g/cm³）
　　　　g_n：標準重力の加速度（980 cm/s²）

式 (2・2) の右辺は，図 2・2 から土粒子の密度 ρ_s と懸濁液温度 T に対応して $\sqrt{\dfrac{30\eta}{g_n(\rho_s - \rho_w)}}$ を読み取って求められる．

表 2・1 水の粘性係数と密度

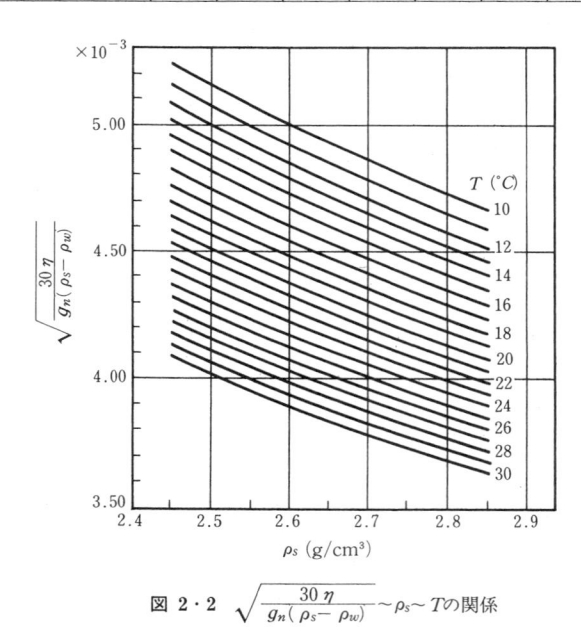

温度(°C)	10	11	12	13	14	15	16
η ($\times 10^{-3}$Pa・s)	1.307	1.270	1.235	1.201	1.169	1.138	1.108
ρ_w (g/cm³)	1.000	1.000	1.000	0.999	0.999	0.999	0.999
温度(°C)	17	18	19	20	21	22	23
η ($\times 10^{-3}$Pa・s)	1.080	1.053	1.027	1.002	0.978	0.955	0.933
ρ_w (g/cm³)	0.999	0.999	0.998	0.998	0.998	0.998	0.998
温度(°C)	24	25	26	27	28	29	30
η ($\times 10^{-3}$Pa・s)	0.911	0.890	0.870	0.851	0.832	0.814	0.797
ρ_w (g/cm³)	0.997	0.997	0.997	0.997	0.996	0.996	0.996

図 2・2 $\sqrt{\dfrac{30\,\eta}{g_n(\rho_s-\rho_w)}}\sim\rho_s\sim T$ の関係

(3) 比重浮ひょうの有効深さの決定

浮ひょうの検定

① 浮ひょうを蒸留水に浸し，メニスカスの上端 (r_u) および下端 (r_L) を読み取り，メニスカス補正値 ($C_m = r_L - r_u$) を決定する．

② 浮ひょうの球部を最小目盛1cm³のメスシリンダーの中の水に浸し，その前後の水位差から球部の体積 V_B (cm³) を求める．
③ 球部の長さ L_B (cm) をノギスを用いて 0.1mm の単位まで測る．

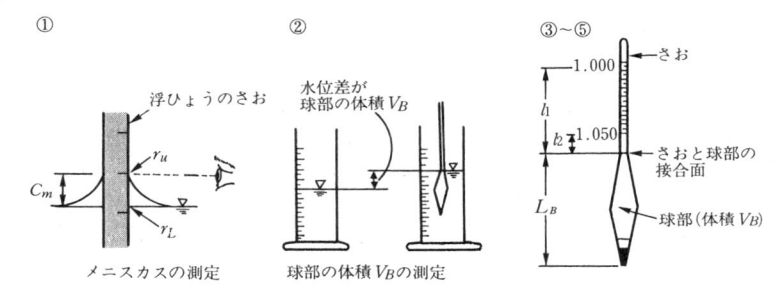

④ 球部の上端から目盛り 1.000 までの距離 l_1 (mm) を測る．
⑤ 球部の上端から目盛り 1.050 までの距離 l_2 (mm) を測る．
⑥ 沈降分析に用いるメスシリンダーの内径を測り断面積 A (cm²) を 0.01 cm² の単位まで計算する．

以上の測定結果を次のような表にまとめておくと便利である．

浮ひょう球部の長さ L_B(mm)	
浮ひょう球部の体積 V_B(cm³)	
メスシリンダーの断面積 A(cm²)	
浮ひょう球部の上端から目盛が 1.000 までの長さ l_1(mm)	
浮ひょう球部の上端から目盛が 1.050 までの長さ l_2(mm)	
$20(l_1 - l_2)$	
$\frac{1}{2}\left(L_B - 10\frac{V_B}{A}\right)$	

有効深さ L の計算

浮ひょうの検定結果より，沈降分析における浮ひょうの読み r のときの有効深さ L (mm) を次の式より求める．

$$L = l_1 - 20(l_1 - l_2)(r + C_m) + \frac{1}{2}\left(L_B - 10\frac{V_B}{A}\right) \qquad (2・3)$$

ここで　r：沈降分析における浮ひょうの読み
　　　　l_1：浮ひょう球部の上端から目盛線 1.000 までの長さ (mm)
　　　　l_2：浮ひょう球部の上端から目盛線 1.050 までの長さ (mm)
　　　　C_m：メニスカス補正値

L_B：浮ひょう球部の長さ (mm)
V_B：浮ひょう球部の体積 (cm³)
A：メスシリンダーの断面積 (cm²)

（4） **懸濁している土の百分率の計算**　分散した試料を1min間十分に振とうしてから，1 min，2 min，5 min，15 min，30 min，60 min，240 min および1,440 min を経過したときの試料中にある比重浮ひょうの読みをとる．その経過時間の際の，深さ L における試料 1 cm³ 中に懸濁している土の百分率は，次の式によって計算できる．

$$P = \frac{100}{m_s/V} \cdot \frac{\rho_s}{\rho_s - \rho_T}(r' + F) \tag{2・4}$$

ここに　P：懸濁している土の百分率（試料の炉乾燥質量の百分率で表わす）
　　m_s/V：懸濁液 1 cm³ 当たりの炉乾燥試料の質量 (g/cm³)
　　m_s：炉乾燥試料の質量 (g)
　　V：懸濁液の体積 (cm³)
　　ρ_s：土粒子の密度 (g/cm³)
　　ρ_T：T°C の水の密度 (g/cm³)
　　r'：比重浮ひょうの読みの小数部分（メニスカス補正をした比重浮ひょうの読み）
　　F：補正係数（表 2・2 参照）

表 2・2　補正係数 F の値

T (°C)	4～12	13～16	17～19	20～22	23, 24	25, 26	27, 28	29, 30
F	−0.0005	0.0000	0.0005	0.0010	0.0015	0.0020	0.0025	0.0030

2・1・3　粒度の表現

土の粒度試験の結果は，半対数図表に表わす．すなわち粒径を対数目盛に，通過重量百分率を算術目盛にして，粒径ごとの通過重量百分率を図示する．この曲線を**粒径加積曲線**という．この粒径加積曲線から次の重量百分率および粒径を読みとる．

① 4.75 mm 以上の粒子，4.75～2 mm の粒子，2～0.425 mm の粒子，0.425～0.075 mm の粒子，0.075～0.005 mm のシルト分，0.005 mm 以下の粘土分（コロイド分を含む），0.001 mm 以下のコロイド分のそれぞれの重量百分率

② 通過百分率が 60% に対応する粒径(60% 粒径)，同じく 30% 粒径，10%

粒径（有効径）

その土の**均等係数**および**曲率係数**は，次の式から計算する．

$$U_c = \frac{D_{60}}{D_{10}} \tag{2・5}$$

$$U_c' = \frac{(D_{30})^2}{D_{10} \times D_{60}} \tag{2・6}$$

ここに　U_c：均等係数
　　　　U_c'：曲率係数
　　　　D_{10}：10% 粒径（mm）
　　　　D_{30}：30% 粒径（mm）
　　　　D_{60}：60% 粒径（mm）

$U_c \geqq 10$ で $\sqrt{U_c} \geqq U_c' > 1$ の土は粘度組成がよいといい，$U_c < 5$ の土は均等であるという．

2・2　土中の水分とコンシステンシー限界

2・2・1　土中の水分

土中の間隙に含まれる水分は，その水分に作用する力によって，**自由水**（重力水），**毛管水**および**吸着水**に分類される．そのうち，自由水は重力の作用を受けて，土粒子の間隙の中を徐々に低い方に移動することができる水分である．毛管水は，地下水面に比較的近い土中の部分において，表面張力と重力の作用を受けて，地下水面から吸い上げられて土の間隙内に薄膜状をなして存在する水分である．吸着水は，物理化学的作用によって，細かい土粒子の表面に堅固に吸着されている水分であるが，その性質はふつうの水のように液体の性質を示さず，また，試料土を炉中で110℃に加熱しても除去できない．

JSF T 121 に規定されている土の含水量の試験方法においては，土の含水量を「温度110℃の炉乾燥によって湿潤土の中から除去される水量」であると定義しているので，この含水量は自由水と毛管水との量であり，吸着水は含まれていない．

2・2・2　コンシステンシー限界

非常に含水量の多い練り合わせた土を徐々に乾燥してゆくと，その性質は初め液性であるが，しだいに塑性の状態になり，さらに乾燥すると半固体の状態

を経て，乾燥によって体積が変化しない固体の状態になる．すなわち乾燥するに従って，液性・塑性・半固体・固体の4段階の過程を経過する．

土が液性から塑性状態に移り変わるときの含水比を**液性限界**（L. L.），塑性から半固体の状態に移り変わるときの含水比を**塑性限界**（P. L.），また半固体から固体の状態に移り変わるときの含水比を**収縮限界**（S. L.）という．液性限界と塑性限界の試験方法は JIS A 1205 に，また収縮限界などの収縮定数の試験方法は JIS A 1209 に規定されている．土の液性限界 w_L と塑性限界 w_p との差を**塑性指数** I_p といい，次の式から求める．

$$I_p = w_L - w_p \qquad (2 \cdot 7)$$

なお試験の結果，液性限界や塑性限界が求められない場合や，$w_L = w_p$ または $w_L < w_p$ の場合の塑性指数は N. P. の符号で表現する．

液性限界の試験において，液性限界（測定器の黄銅皿の落下回数 25 回に相当する含水比）を求めるため，黄銅皿の落下回数を半対数用紙の対数目盛に，また含水比を算術目盛にとって試験結果をプロットした点に，最もよく適合するように引いた直線を**流動曲線**という．この流動曲線の傾度を**流動指数**という．流動指数 I_f は次の式によって求める．

$$I_f = w_n - w_{10n} \qquad (2 \cdot 8)$$

ここに　w_n, w_{10n}：黄銅皿の落下回数 n および $10n$ に対応する含水比

また塑性指数と流動指数の比を**タフネス指数**という．タフネス指数 I_t は次の式によって求める．

$$I_t = \frac{I_p}{I_f} \qquad (2 \cdot 9)$$

収縮定数の試験において，収縮限界は次の式によって求める．

$$w_s = w - \left\{ \frac{(V - V_0)\rho_w}{m_s} \times 100 \right\} \qquad (2 \cdot 10)$$

ここに　w_s：収縮限界（%）
　　　　w：ペースト状の湿潤土の含水比（%）
　　　　V：ペースト状の湿潤土の体積，すなわち収縮皿の内容積（cm³）
　　　　V_0：炉乾燥土の体積（cm³）
　　　　m_s：炉乾燥土の質量（g）
　　　　ρ_w：水の密度（g/cm³）

さらに，**収縮比・体積変化・線収縮**などの収縮定数は次の各式で求めること

ができる．また収縮比が求まれば，これと土粒子の密度とから収縮限界を式(2・14) を用いて計算することもできるし，体積変化の試験から得た資料を用いて，土粒子の密度を式(2・15) によって近似的に求めることもできる．

$$R = \frac{m_s}{V_0 \cdot \rho_w} \tag{2・11}$$

$$C = (w_1 - w_s)R \tag{2・12}$$

$$L_s = \left(1 - \sqrt[3]{\frac{100}{C+100}}\right) \times 100 \tag{2・13}$$

$$w_s = \left(\frac{1}{R} - \frac{1}{\rho_s}\right) \times 100 \tag{2・14}$$

$$\rho_s = \frac{1}{\dfrac{1}{R} - \dfrac{w_s}{100}} \tag{2・15}$$

ここに　R：収縮比
　　　　C：体積変化（％）
　　　　L_s：線収縮（％）
　　　　w_1：ある含水比（％）
　　　　w_s：収縮限界（％）
　　　　ρ_s：土粒子の密度（g/cm³）

現行の地盤工学会基準（JGS 0051-2000）では，地盤を構成する材料のうち，粒径 75 mm 以上の石分が 50％以上を占めるものを岩石質材料，石分のないものを土質材料およびその中間のものを石分まじり土質材料とし，三種類に大別している．

2・3　土　の　分　類

2・3・1　粒度による分類

土質材料を構成する土粒子のうち，粒径 2.0 mm 以下のものを，前掲の図 2・1 の区分に従って，礫，砂，細粒分の 3 成分に分け，それぞれの成分の含有率に対応した点を，図 2・3 の**三角座標**の中に定めて，土を分類する方法が用いられている．この方法で分類した土の名称と，礫，砂，細粒分の含有率との関係は，図 2・5 のとおりである．

2・3・2　地盤材料の工学的分類方法

地盤材料の工学的分類方法は，地盤材料の粒度とコンシステンシー限界に基

(注) 1)主に観察と塑性図で分類

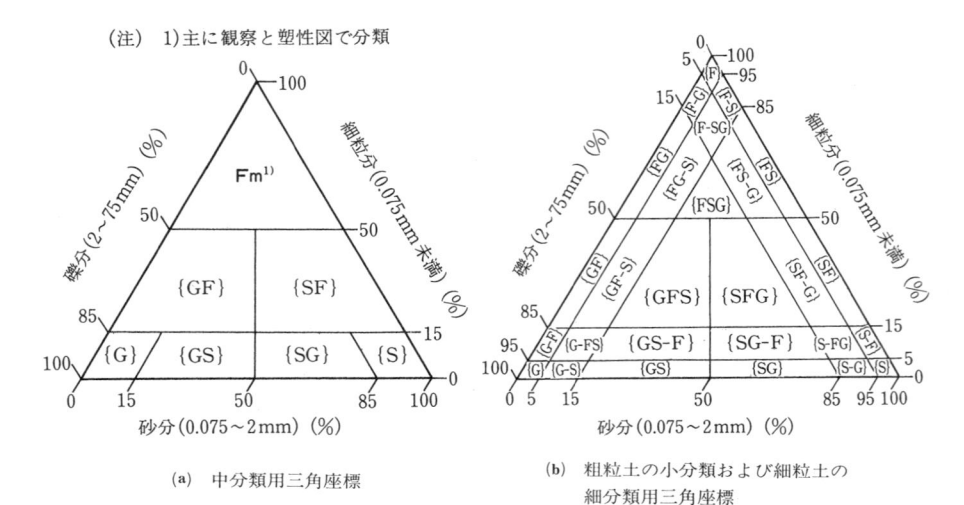

図 2・3 三角座標による表示
(a) 中分類用三角座標
(b) 粗粒土の小分類および細粒土の細分類用三角座標

づいて分類する方法で，粒度組成だけによる分類よりは土の工学的性質を考えるうえに便利である．この分類法では，土の種類をふつう二つのローマ文字を組み合わせて標示する（一部は3文字を用いる場合もある）．すなわち第1字は土の型を表わし，第2字は細かい分類を，また特別の場合（道路および飛行場に関連して）には第3字を付してさらに細かい分類を示すことがある．分類に用いるそれぞれの文字の表現する意味は表 2・3 のとおりである．

土質材料の分類は，大分類，中分類，小分類の3段階とし，目的に応じた分類段階まで分類するものとする．

土の観察等，土の粒度組成，液性限界および塑性指数に基づいて，地盤材料の工学的分類体系（図 2・4，2・5）および塑性図（図 2・6）に従って分類を行い，分類名と分類記号を求める．

（1） 大分類 粗粒分または細粒分の含有率，および有機物の含有割合によって，図 2・4 に従って大分類を行う．ここでいう粗粒分は $75\,\mu m \sim 75\,mm$ の構成分の含有率，細粒分は $75\,\mu m$ 未満の構成分の含有率をいう．また，礫分は $2\,mm \sim 75\,mm$ の構成分の含有率，砂分は $75\,\mu m \sim 2\,mm$ の構成分の含有率をいう．

（2） 中分類，小分類 大分類した土は，図 2・5 の土の工学的分類体系に従

2・3 土の分類

表 2・3 分類記号の意味

記号		意味
地盤材料区分	Gm	地盤材料（Geomaterial）
	Rm	岩石質材料（Rock material）
	Sm	土質材料（Soil material）
	Cm	粗粒土（Coarse-grained material）
	Fm	細粒土（Fine-grained material）
	Pm	高有機質土（Highly organic material）
	Am	人工材料（Artificial material）
主記号	R	石（Rock）
	R_1	巨石（Boulder）
	R_2	粗石（Cobble）
	G	礫粒土（G-soil または Gravel）
	S	砂粒土（S-soil または Sand）
	F	細粒土（Fine soil）
	Cs	粘性土（Cohesive soil）
	M	シルト（Mo：スウェーデン語のシルト）
	C	粘土（Clay）
	O	有機質土（Organic soil）
	V	火山灰質粘性土（Volcanic cohesive soil）
	Pt	高有機質土（Highly organic soil）または泥炭（Peat）
	Mk	黒泥（Muck）
	Wa	廃棄物（Wastes）
	I	改良土（I-soil または Improved soil）
副記号	W	粒径幅の広い（Well graded）
	P	分級された（Poorly graded）
	L	低液性限界（$w_L < 50\%$）(Low liquid limit)
	H	高液性限界（$w_L \geq 50\%$）(High liquid limit)
	H_1	火山灰質粘性土のⅠ型（$w_L < 80\%$）
	H_2	火山灰質粘性土のⅡ型（$w_L \geq 80\%$）
補助記号	○○	観察などによる分類（*○○と表示してもよい）
	○○	自然堆積ではなく盛土，埋立などによる土や地盤（#○○と表示してもよい）

って，中分類，小分類する．

① 礫質土 G の分類

　a)「礫質土 G」は細粒分によって，「礫{G}」，「砂礫{GS}」，「礫質土{GF}」に中分類し，さらに必要に応じて小分類する．

```
                              ┌─ 礫質土       〔G〕
                    ┌─ 粗粒土 Cm ─┤  礫分＞砂分
                    │  粗粒分＞50％  └─ 砂質土      〔S〕
         ┌─ 粒径で区分 ─┤  粒径で分類      砂分≧礫分
         │          │
         │          │           ┌─ 粘性土      〔Cs〕
         │          └─ 細粒土 Fm ─┼─ 有機質土    〔O〕
土質材料 Sm ─┤             細粒分≧50％ └─ 火山灰質粘性土 〔V〕
         │             観察で分類
         │
         │          ┌─ 高有機質土 Pm ── 高有機質土 〔P〕
         └─ 観察により ─┤   有機物を多く含むもの
            起源で区分  │
                    └─ 人工材料 Am ── 人工材料
                       人工的に加工したもの
```

注：含有率％は土質材料に対する質量百分率

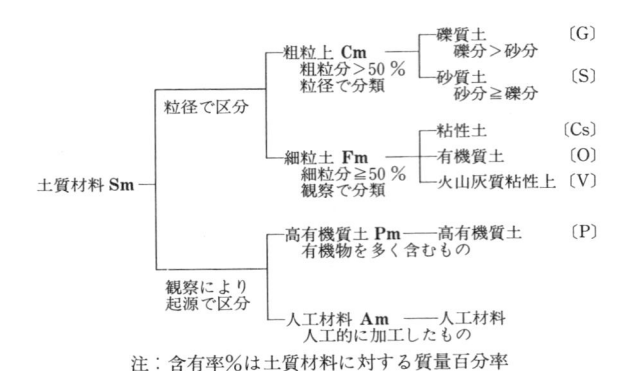

図 2・4 土の工学的分類体系（大分類）

b) 粗粒土で小分類したもののうち，細粒分が5％未満のものは，均等係数 U_c によって例えば「粒径幅の広い礫(GW)」あるいは「分級された礫(GP)」のように細分類する．

c) 小分類は，砂分または細粒分が5～15％の時には「まじり」という形容詞形で，また，15％以上の場合は「質」という表現を加えて構成を示すこととしている．例えば，「細粒分まじり砂質礫(GS-F)」は，細粒分を5～15％，砂分を15％以上含む礫である．

d) 中分類の「礫質土{GF}」は，c) と同じ方法で細分類する．

② 砂質土Sの分類

礫質土Gの分類と同じ方法で分類する．

③ 細粒土 **Fm** の分類

a) 「細粒土 **Fm** は観察等によって，「粘性土〔Cs〕」，「有機質土〔O〕」，「火山灰質粘土〔V〕」に分類する．

b) 中分類の「シルト{M}」と「粘性土{C}」は塑性図に基づいて，それぞれ低液性限界と高液性限界に小分類される．

c) 中分類の「有機質土{O}」は液性限界および観察等に基づいて小分類する．

d) 中分類の「火山灰質粘性土{V}」は液性限界に基づいて小分類する．

④ 高有機質土 Pt の分類

2・3 土の分類

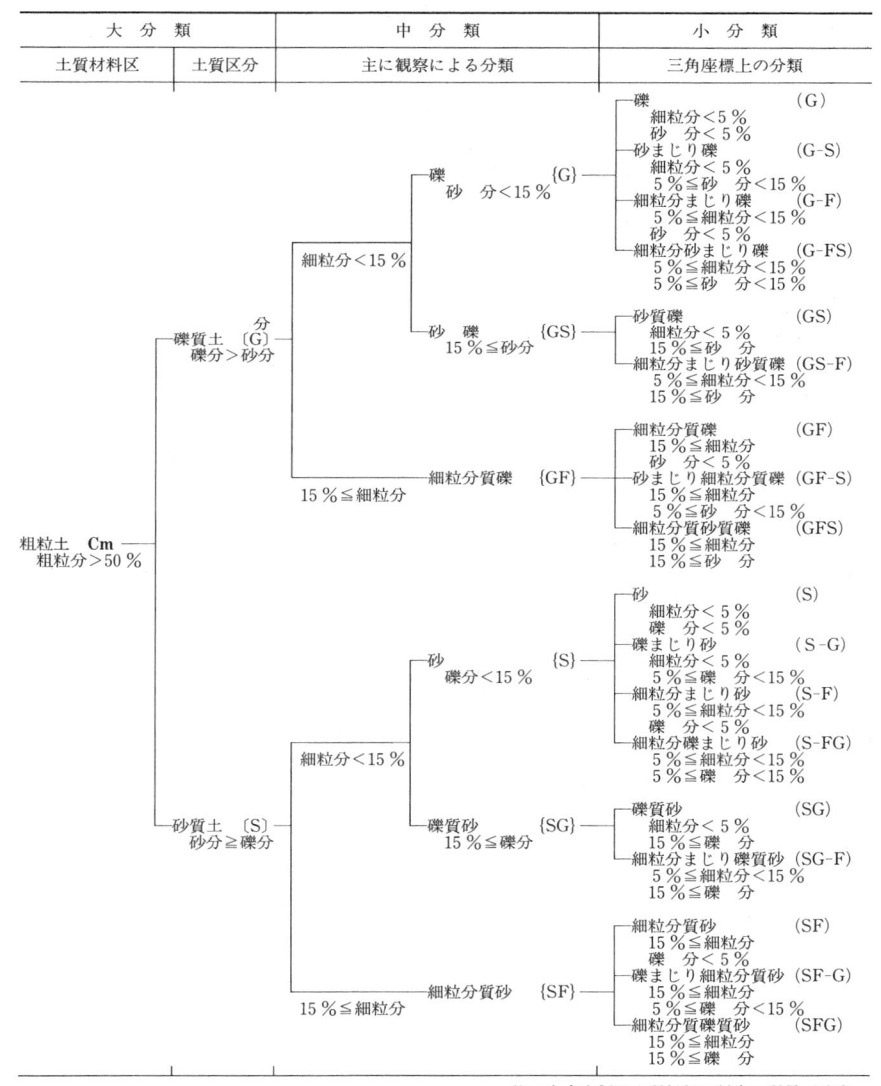

大分類		中分類	小分類
土質材料区	土質区分	主に観察による分類	三角座標上の分類

```
                                          ┌─ 礫                              (G)
                                          │   細粒分＜5 %
                                          │   砂　分＜5 %
                              ┌─ 礫       ├─ 砂まじり礫                      (G-S)
                              │  砂分＜15 %│   細粒分＜5 %
                              │  {G}      │   5 %≦砂　分＜15 %
                              │           ├─ 細粒分まじり礫                  (G-F)
                              │           │   5 %≦細粒分＜15 %
                              │           │   砂　分＜5 %
              ┌─ 細粒分＜15 % ─┤           └─ 細粒分砂まじり礫                (G-FS)
              │                │               5 %≦細粒分＜15 %
              │                │               5 %≦砂　分＜15 %
              │                │
              │                │           ┌─ 砂質礫                         (GS)
              │                └─ 砂礫      │   細粒分＜5 %
      ┌─礫質土〔G〕              15 %≦砂分 │   15 %≦砂　分
      │ 礫分＞砂分                {GS}     └─ 細粒分まじり砂質礫              (GS-F)
      │                                        5 %≦細粒分＜15 %
      │                                        15 %≦砂　分
      │                                    ┌─ 細粒分質礫                     (GF)
      │                                    │   15 %≦細粒分
      │                                    │   砂　分＜5 %
      │                 ─ 細粒分質礫        ├─ 砂まじり細粒分質礫              (GF-S)
      │                   15 %≦細粒分      │   15 %≦細粒分
      │                   {GF}             │   5 %≦砂　分＜15 %
      │                                    └─ 細粒分質砂質礫                 (GFS)
粗粒土 Cm ─┤                                    15 %≦細粒分
粗粒分＞50 %                                     15 %≦砂　分

                                          ┌─ 砂                              (S)
                                          │   細粒分＜5 %
                                          │   礫　分＜5 %
                              ┌─ 砂       ├─ 礫まじり砂                      (S-G)
                              │  礫分＜15 %│   細粒分＜5 %
                              │  {S}      │   5 %≦礫　分＜15 %
                              │           ├─ 細粒分まじり砂                  (S-F)
                              │           │   5 %≦細粒分＜15 %
                              │           │   礫　分＜5 %
              ┌─ 細粒分＜15 % ─┤           └─ 細粒分礫まじり砂                (S-FG)
              │                │               5 %≦細粒分＜15 %
              │                │               5 %≦礫　分＜15 %
              │                │
              │                │           ┌─ 礫質砂                         (SG)
              │                └─ 礫質砂    │   細粒分＜5 %
      └─砂質土〔S〕              15 %≦礫分 │   15 %≦礫　分
        砂分≧礫分                {SG}     └─ 細粒分まじり礫質砂              (SG-F)
                                               5 %≦細粒分＜15 %
                                               15 %≦礫　分
                                          ┌─ 細粒分質砂                     (SF)
                                          │   15 %≦細粒分
                                          │   礫　分＜5 %
                        ─ 細粒分質砂        ├─ 礫まじり細粒分質砂              (SF-G)
                          15 %≦細粒分      │   15 %≦細粒分
                          {SF}             │   5 %≦礫　分＜15 %
                                          └─ 細粒分質礫質砂                 (SFG)
                                               15 %≦細粒分
                                               15 %≦礫　分
```

注：含有率%は土質材料に対する質量百分率

(a) 粗粒土の工学的分類体系

大　分　類		中　分　類		小　分　類	
土質材料区分	土質区分	観察・塑性図上の分類		観察・液性限界等に基づく分類	
細粒土　Fm 細粒分≧50%	粘性土　〔Cs〕	シルト 塑性図上で分類	{M}	$w_L<50\%$ ──── シルト（低液性限界）	(ML)
				$w_L≧50\%$ ──── シルト（高液性限界）	(MH)
		粘土 塑性図上で分類	{C}	$w_L<50\%$ ──── 粘　土（低液性限界）	(CL)
				$w_L≧50\%$ ──── 粘　土（高液性限界）	(CH)
	有機性土　〔O〕 有機質，暗色で有機臭あり	有機質土	{O}	$w_L<50\%$ ──── 有機質粘土（低液性限界）	(OL)
				$w_L≧50\%$ ──── 有機質粘土（高液性限界）	(OH)
				有機質で，火山灰質−有機質火山灰土	(OV)
	火山灰質粘性土〔V〕 地質的背景	火山灰質粘性土	{V}	$w_L<50\%$ ──── 火山灰質粘性土（低液性限界）	(VL)
				$50\%≦w_L<80\%$ ── 火山灰質粘性土（I型）	(VH$_1$)
				$w_L≧80\%$ ──── 火山灰質粘性土（II型）	(VH$_2$)
高有機質土 Pm 有機物を多く含むもの	高有機質土　〔Pt〕	高有機質土	{Pt}	未分解で繊維質 ── 泥　炭	(Pt)
				分解が進み黒色 ── 黒　泥	(Mk)
人工材料 Am	人工材料　〔A〕	廃棄物	{Wa}	廃棄物	(Wa)
		改良土	{I}	改良土	(I)

(b)　主に細粒土の工学的分類体系

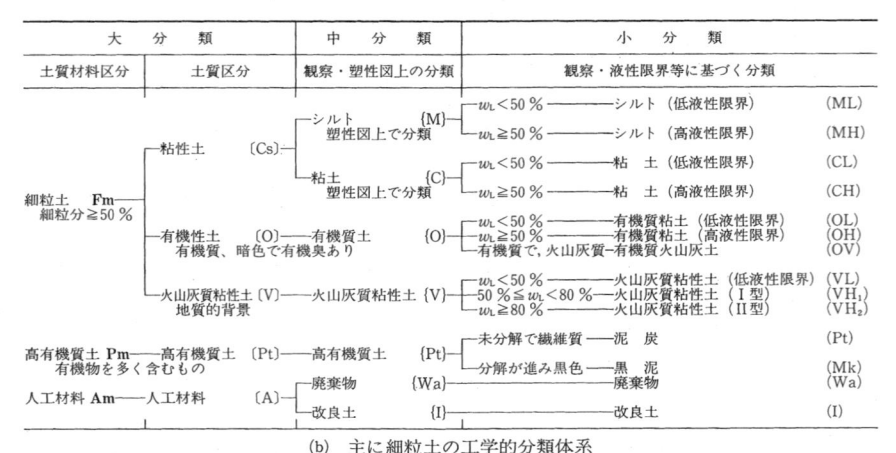

図 2・5　土質材料の工学的分類体系

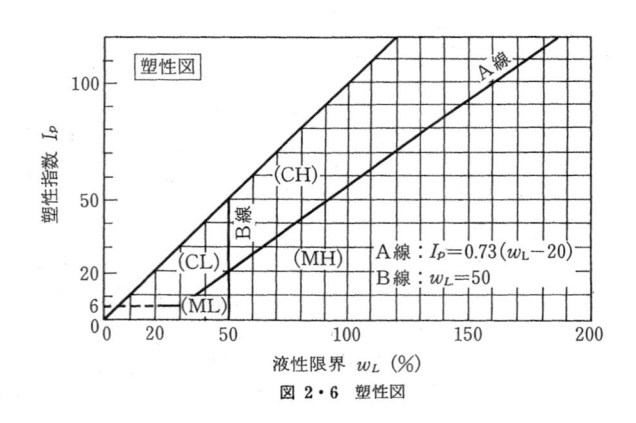

図 2・6　塑性図

A線：$I_P=0.73(w_L-20)$
B線：$w_L=50$

「高有機質土 Pt」は分解度に基づいて小分類する．

　工学的分類による地質材料の区分，標示文字およびその識別法は，図2・5のとおりである．その分類のうち，SM, SC, ML, CL, OL, MH, CH, OH などで標示される土は，その液性限界と塑性指数とを求め，図2・6の**塑性図**を利用して定める．

2・3・3　AASHTO 分類法

AASHTO 分類法は，粒度・液性限界・塑性指数に基づいて，表2・4のように分類される．この分類法によって土を分類する場合，シルトおよび粘土材

2・3 土の分類

表 2・4 AASHTO分類法 (AASHTO基準 No. M 145：ASTM基準 D 3282-88)

大分類	粗粒土 (No.200 ふるい通過量 35% 以下)							シルト, 粘土質土 (No.200 ふるい通過量 35% 以上)			
群分類	A-1		A-3	A-2				A-4	A-5	A-6	A-7
	A-1-a	A-1-b		A-2-4	A-2-5	A-2-6	A-2-7				A-7-5* A-7-6
ふるい分析(通過量%)											
No. 10 (2.00 mm)	50以下	—	—	—	—	—	—	—	—	—	—
No. 40 (425 μm)	30以下	50以下	51以上	—	—	—	—	—	—	—	—
No. 200 (75 μm)	15以下	25以下	10以下	35以下	35以下	35以下	35以下	36以上	36以上	36以上	36以上
No. 40 ふるい通過分の性質											
液性限界	—		—	40以下	41以上	40以下	41以上	40以下	41以上	40以下	41以上
塑性指数	6 以下		N.P.	10以下	10以下	11以上	11以上	10以下	10以下	11以上	11以上
普通の主要構成物	石片, 礫, 砂		細砂	シルト質または粘土質の礫および砂				シルト質土		粘土質土	
路床土としての良否	優～良							可～不良			

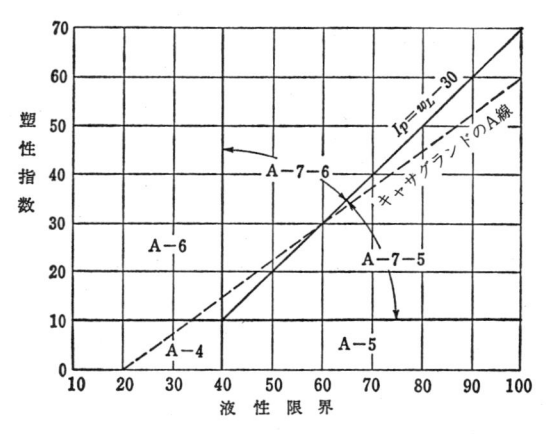

注)* (A-7-5 の I_p) $\leq w_L - 30$, (A-7-6 の I_p) $> w_L - 30$

図 2・7 AASHTO 分類法のための塑性図

料の分類にはAASHTO分類法のための塑性図 (図2・7) を利用することができる.

またこの分類法では，路床土材料としての適否を表わす**群指数**という性質が導入されている．群指数 (GI) は次の式によって計算して求めるか，あるいは図2・8から求めることができる．

$$GI = (F - 35)[0.2 + 0.005(w_L - 40)] + 0.01(F - 15)(I_p - 10)$$

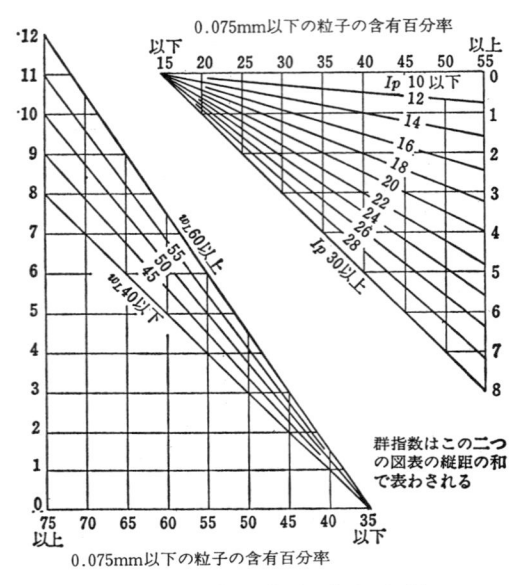

図 2・8 群指数を求める図

ここに，F は 75 μm ふるいを通過する質量百分率である．20 以上の GI のものは極めて貧弱な路床材，GI が負のものは 0 として報告し，良好な路床材と判断される．

例 題 〔2〕

〔2・1〕 直径 0.005 mm の土粒子が，深さ 20 cm の静水（温度 15℃）の中を，水面から水底までに沈降するに要する時間は何ほどか．ただし，水の密度は 0.999 g/cm³，土粒子の密度は 2.650 g/cm³，水の粘性係数は 0.001138 (Pa·s) とする．

〔解〕 式 (2・1) より，液体中を沈降する粒子の終局速度は $v = \dfrac{\rho_s - \rho_w}{18\eta} d^2 g_n$．すなわち，深さ h の液体中を速度 v で沈降する粒子が，水面から水底に至る所要時間 t は，

$$t = \frac{h}{v} = \frac{18\eta h}{(\rho_s - \rho_w) d^2 g_n}$$

ここに $\rho_s = 2.650 \text{ g/cm}^3$
$\rho_w = 0.999 \text{ g/cm}^3$
$d = 0.0005 \text{ cm}$

$$\frac{\eta}{g} = \frac{0.001138}{980} = 1.16 \times 10^{-6}\,\text{g·s/cm}^2$$
$$h = 200\,\text{mm}$$

であるから,
$$v = \frac{2.650 - 0.999}{18 \times 1.16 \times 10^{-5}} \times (0.0005)^2 = 0.01977\,\text{mm/s}$$
$$\therefore\ t = \frac{h}{v} = \frac{200}{0.01977} = 1.012 \times 10^4\,\text{s} = \mathbf{2\,h\,49\,min}$$

〔2·2〕 土の粒度試験に用いる比重浮ひょうとメスシリンダーについて測定した結果,次のような値を得た. これから有効深さ L を計算せよ.

　比重浮ひょうの上端から軸上の読みまでの距離
　　1.000 まで　　　　　　　　　$l_1 = 11.4\,\text{cm}$
　　1.015 まで　　　　　　　　　$l_1 = 8.6\,\text{cm}$
　　1.035 まで　　　　　　　　　$l_1 = 4.8\,\text{cm}$
　　1.050 まで　　　　　　　　　$l_1 = 2.0\,\text{cm}$
　比重浮ひょう球部の全長　　　　$L_B = 13.8\,\text{cm}$
　比重浮ひょう球部の体積　　　　$V_B = 35.0\,\text{cm}^3$
　メスシリンダーの内径　　　　　$d = 6.0\,\text{cm}$
　メニスカス補正値　　　　　　　$C_m = 0.0005$

〔解〕 式(2·3)より,
$$L = l_1 + \frac{1}{2}\left(l_2 - \frac{V_B}{A}\right) = l_1 + \frac{1}{2}\left(13.8 - \frac{35.0}{\pi \times 3^2}\right) = l_1 + 6.3\,\text{cm}$$

すなわち　　軸上の読み　1.000 まで　　　$L = 175.9\,\text{mm}$
　　　　　　　　　　　　1.015 まで　　　$L = 147.7\,\text{mm}$
　　　　　　　　　　　　1.035 まで　　　$L = 110.1\,\text{mm}$
　　　　　　　　　　　　1.050 まで　　　$L = 81.9\,\text{mm}$

〔2·3〕 ある土の粒度分析の際,比重浮ひょうによる粒度測定試験において分散した試料を入れたメスシリンダー(内径6.0cm)中の比重浮ひょうの読みが,沈降を始めてから2min, 4min および15min 後に,それぞれ1.032, 1.026 および1.021 であった. このとき懸濁している粒子の最大粒径はいくらか. ただし,測定中に試料の温度は15℃ を保つものとする. なお試料土の土粒子の密度は $2.65\,\text{g/cm}^3$,使用した比重浮ひょうは前題〔2·2〕のものと同一のものとする.

経過時間 t (min)	比重浮ひょうの読み	有効深さ L (mm)	$\dfrac{L}{t}$	$\sqrt{\dfrac{L}{t}}$	d (mm)
2	1.032	115.7	57.85	7.606	0.0349
4	1.026	127.0	31.75	5.634	0.0259
15	1.021	136.4	9.09	3.016	0.0139

第2章 粒度，土中の水分，土の分類

〔解〕 15℃における水の密度 $\rho_T = 0.999\,\text{g/cm}^3$，式 (2・2) より，

$$d = \sqrt{\frac{30\eta}{980(\rho_s - \rho_T)}} \times \sqrt{\frac{L}{t}} = \sqrt{\frac{30 \times 0.001138}{980(2.650 - 0.999)}} \times \sqrt{\frac{L}{t}}$$
$$= 0.004594\sqrt{\frac{L}{t}}$$

〔2・4〕 ある土の粒度試験の結果，次のような成績が得られた．この土の粒径加積曲線を描け．またこの土の有効径および均等係数を求めよ．ただし，測定時の水温は一定で，15℃ とし，使用した比重浮ひょうおよびメスシリンダーは前題〔2・2〕と同じものである．

(a) 比重浮ひょうによる試験において

測定時 (min)	メニスカス補正を行なった比重浮ひょうの読み	測定時 (min)	メニスカス補正を行なった比重浮ひょうの読み
1	1.030	30	1.008
2	1.027	60	1.005
5	1.017	240	1.001
15	1.013	1,440	1.000

(b) ふるい分析において

ふるい目	ふるいに残留した土の質量	ふるい目	ふるいに残留した土の質量
0.85 mm	0.00 g	0.106 mm	33.30 g
0.425 mm	1.01 g	0.075 mm	15.07 g
0.25 mm	5.32 g		

(c) 土粒子の密度　　$\rho_s = 2.650\,\text{g/cm}^3$
　　試料の炉乾燥質量　$m_s = 115.0\,\text{g}$
　　懸濁液の体積　　$V = 1,000\,\text{cm}^3$

測定時 t (min)	比重浮ひょうの読み	測定時水温 ℃	有効深さ L (mm)	$\dfrac{L}{t}$	$\sqrt{\dfrac{L}{t}}$	$d = \sqrt{\dfrac{30\eta}{980(\rho_s - \rho_T)}} \times \sqrt{\dfrac{L}{t}}$
1	1.030	15℃	119.5	119.50	10.932	0.0502
2	1.027	〃	125.1	62.55	7.909	0.0363
5	1.017	〃	143.9	28.78	5.365	0.0246
15	1.013	〃	151.4	10.09	3.177	0.0146
30	1.008	〃	160.8	5.36	2.315	0.0106
60	1.005	〃	166.5	2.78	1.666	0.0077
240	1.001	〃	174.0	0.73	0.851	0.0039
1,440	1.000	〃	175.9	0.12	0.350	0.0016

〔**解**〕 （**a**） 比重浮ひょうによる細粒土分析

$$\sqrt{\frac{30\eta}{980(\rho_s - \rho_T)\rho_w}} = \sqrt{\frac{30 \times 0.001138}{980(2.650 - 0.999)}} = 0.004594$$

$$M = \frac{100}{\frac{m_s}{V}} \cdot \frac{\rho_s}{\rho_s - \rho_T} = \frac{100}{115/1,000} \cdot \frac{2.650}{2.650 - 0.999} = 1,396$$

測時 t (min)	比重浮ひょうの読み	測定時水温 °C	比重浮ひょう読みの小数部分 r'	補正係数 F	$r' + F$	加積通過率 $M \times (r' + F)$
1	1.030	15°C	0.030	0.000	0.030	41.88%
2	1.027	〃	0.027	0.000	0.027	37.69%
5	1.017	〃	0.017	0.000	0.017	23.73%
15	1.013	〃	0.013	0.000	0.013	18.15%
30	1.008	〃	0.008	0.000	0.008	11.17%
60	1.005	〃	0.005	0.000	0.005	6.98%
240	1.001	〃	0.001	0.000	0.001	1.40%
1,440	1.000	〃	0.000	0.000	0.000	0.00%

（**b**） ふるい分け

ふるい目 mm	残留土質量 g	残留率 % $\left(\frac{残留土質量}{115g}\right) \times 100$	加積残留率 %	加積通過率 %
0.85	0.00	0.00	0.00	100.00
0.425	1.01	0.88	0.88	99.12
0.106	5.32	4.62	5.50	94.50
0.106	33.30	29.00	34.50	65.50
0.075	15.07	13.10	47.60	52.40

（**c**） 粒径加積曲線

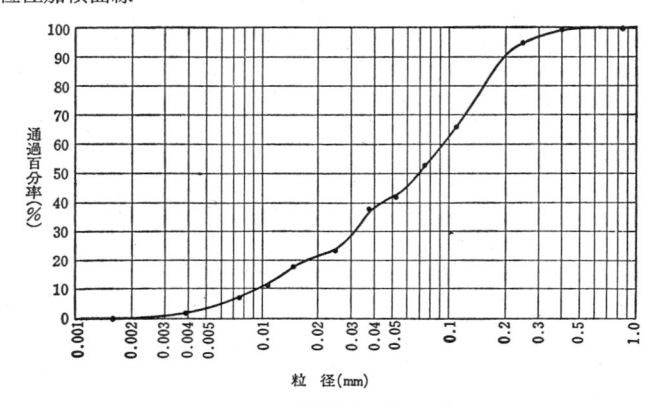

図 2・9 粒 径 加 積 曲 線

(d) 有効径および均等係数

粒径加積曲線より有効径（10% 粒径）D_{10} および 60% 粒径 D_{60} を求めると，

$D_{10} = 0.01\,\text{mm}, \quad D_{60} = 0.095\,\text{mm}$

すなわち，均等係数 U_c は式(2・5) より，

$U_c = \dfrac{D_{60}}{D_{10}} = 9.5$

〔2・5〕 ある試料について液性限界の試験をした結果，右表のような値を得た．

これによって，流動曲線を描き，液性限界および流動指数を求めよ．

この土の塑性限界が58.6% であるとすれば，塑性指数はいくらか．また，タフネス指数はいくらか．

落下回数	含水比（%）
11	137.2
18	130.2
35	123.1
51	119.3

〔**解**〕 試験の結果から，流動曲線を描くと図2・10のとおりである．
流動曲線から，

　　　液性限界　$w_L = 127.0\%$

式（2・8）より，

　　　流動指数　$I_f = w_8 - w_{80} = 139.9 - 113.5 = \mathbf{26.4}$

式（2・7）より，

　　　塑性指数　$I_p = w_L - w_p = 127.0 - 58.6 = \mathbf{68.4}$

式（2・9）より，

　　　タフネス指数　$I_t = \dfrac{I_p}{I_f} = \dfrac{68.4}{26.4} = \mathbf{2.59}$

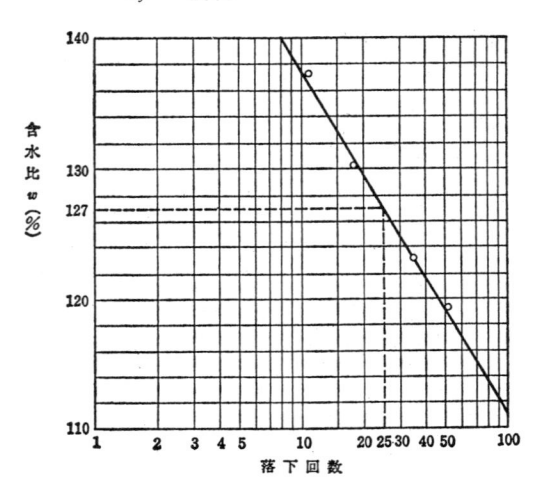

図 2・10 流 動 曲 線

〔2・6〕 ある土（ローム）について，JSF T 145 に規定する収縮定数の試験を行なったところ，次に掲げる結果を得た．この結果からこの土の収縮限界，収縮比を求め，さらにこれらの値から土粒子の密度を近似的に計算し，ピクノメーターによって求めた密度（$2.58\,\mathrm{g/cm^3}$）と比較せよ．

　　収縮皿に満たした水銀の体積　　$V = 22.00\,\mathrm{cm^3}$
　　乾燥した土の質量　　　　　　　$m_s = 28.11\,\mathrm{g}$
　　同じく体積　　　　　　　　　　$V_0 = 18.20\,\mathrm{cm^3}$
　　ペースト状の試料の含水比　　　$w = 38.4\%$

〔解〕 式（2・10）より収縮限界 w_s は，

$$w_s = w - \left(\frac{V - V_0}{m_s}\right)\rho_w \times 100 = 38.4 - \left(\frac{22.00 - 18.20}{28.11}\right) \times 100$$
$$= \mathbf{24.9\%}$$

また，収縮比 R は式（2・11）より，

$$R = \frac{m_s}{V_0 \rho_w} = \frac{28.11}{18.20} = \mathbf{1.54}$$

すなわち土粒子の密度は式（2・15）より，

$$\rho_s = \frac{1}{\dfrac{1}{R} - \dfrac{w_s}{100}} = \frac{1}{\dfrac{1}{1.54} - \dfrac{24.9}{100}} = \mathbf{2.50}\,\mathrm{g/cm^3}\,(<2.58)$$

〔2・7〕 前掲の例題〔2・6〕の土の体積変化と線収縮を計算せよ．ただし，体積変化の計算において，「ある含水比」として液性限界をとる．この土の液性限界 $w_L = 40.1\%$ である．

〔解〕 前問において
　　　収　縮　比　　$R = 1.54$
　　　収　縮　限　界　　$w_s = 24.9\%$
また問題において，$w_1 = w_L = 40.1\%$
すなわち，式（2・12）において体積変化は，

$$C = (w_1 - w_s)R = (40.1 - 24.9) \times 1.54 = \mathbf{23.4\%}$$

線収縮は式（2・13）より，

$$L_s = 100\left(1 - \sqrt[3]{\frac{100}{C + 100}}\right) = 100\left(1 - \sqrt[3]{\frac{100}{123.4}}\right) = \mathbf{6.8\%}$$

〔2・8〕 収縮定数試験の結果求めた体積変化 $C(\%)$ と線収縮 $L_s(\%)$ との関係曲線を描け．

〔解〕 まず，式（2・13）に C の種々の値を代入して，これに対応する L_s を求める（次ページの表，図 2・11）．

〔2・9〕 完全に飽和した粘土の含水比が 55% であった．この土の湿潤密度が $1.69\,\mathrm{g/cm^3}$ で，完全炉乾燥した後に実測した試料の密度が $1.56\,\mathrm{g/cm^3}$ であるとき，この土の土粒子の密度と収縮限界はいくらか．

〔解〕　$S_r = 100\%$ とすれば式（1・20）より，

$$e = w\frac{\dfrac{\rho_s}{\rho_w}}{100}$$

また式 (1・13) より,

$$\rho_t = \frac{\rho_s + \dfrac{\rho_s V_w}{V_s}}{1+e}\rho_w = \frac{\rho_s + S_r e \rho_w}{1+e} = \frac{\left(1+\dfrac{w}{100}\right)\rho_s}{1+\dfrac{w}{100}\dfrac{\rho_s}{\rho_w}}$$

$$\left(1+\frac{w}{100}\frac{\rho_s}{\rho_w}\right)\rho_t = \left(1+\frac{w}{100}\right)\rho_s$$

$$\therefore\ \rho_s = \frac{\rho_t}{\left(1+\dfrac{w}{100}\right)-\dfrac{w}{100}\dfrac{\rho_t}{\rho_w}} = \frac{1.69}{1.55-0.55\times 1.69} = \mathbf{2.72\ g/cm^3}$$

式 (2・14) および式 (2・11) より, 収縮限界は,

$$w_s = \left(\frac{1}{R}-\frac{1}{\rho_s}\right)\times 100 = \left(\frac{1}{\rho_d}-\frac{1}{\rho_s}\right)\times 100$$

$$= \left(\frac{1}{1.56}-\frac{1}{2.72}\right)\times 100 = (64.1-36.7) = \mathbf{27.4\%}$$

C	$\sqrt[3]{\dfrac{100}{C+100}}$	L_s
0%	1.000	0 %
10	0.969	3.1
20	0.941	5.9
30	0.916	8.4
40	0.894	10.6
50	0.874	12.6
60	0.855	14.5
70	0.838	16.2

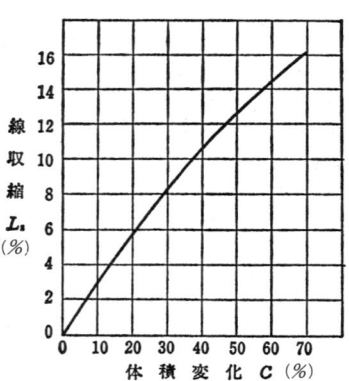

図 2・11 体積変化と線収縮

〔**2・10**〕 下の 3 種の土を地盤材料の工学的分類法および AASHTO 分類によって分類せよ.

		No. 1	No. 2	No. 3
ふるい通過百分率 (%)	2 mm	100	100	80
	0.425 mm	92	97	55
	0.075 mm	39	67	36
液性限界		N.P.	56	39
塑性限界		N.P.	29	20
塑性指数		—	27	19

〔解〕 図2・5,図2・6を用いて,地盤材料の工学的分類法によって分類すると,
    No.1の試料…………(SF)
    No.2の試料…………(CH)
    No.3の試料…………(SFG)
また,図2・7の塑性図を用いてAASHTO分類法によって分類すると,
    No.1の試料…………**A-4**
    No.2の試料…………**A-7-6**
    No.3の試料…………**A-6**
さらに,図2・8によって群指数を求めて分類の標示の後に付記すると,
    No.1の試料…………**A-4(1)**
    No.2の試料…………**A-7-6(15)**
    No.3の試料…………**A-6(2)**

〔2・11〕 4種の試料について,粒度試験とコンシステンシー限界の試験を行なっ

ふるい通過 %	No.1	No.2	No.3	No.4
19mm	100	100	100	100
9.5	100	100	100	91
4.75	100	100	100	84
2.0	100	100	100	79
0.86	71	100	98	67
0.425	40	100	96	54
0.25	24	100	93	48
0.106	14	100	87	41
0.075	12	98	84	38
0.05	10	94	80	33
0.005	7	26	36	1
0.001	5	4	8	0
W_L	N.P.	46	84	56
I_p	N.P.	30	42	27

〔解〕

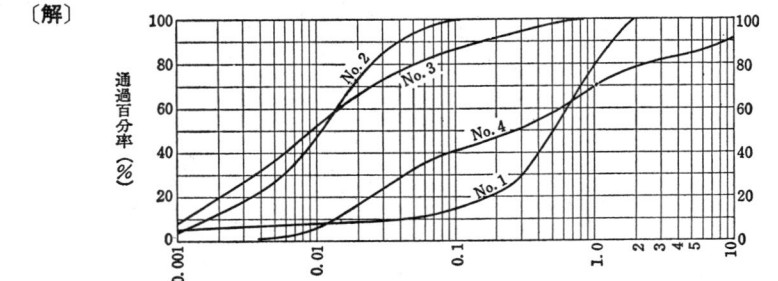

図2・12 粒径加積曲線

36　　　　　　第2章　粒度，土中の水分，土の分類

た結果，下表のような結果を得た．この試料の粒径加積曲線を描き，粒度による中分類（三角座標の分類），AASHTO 分類法および地盤材料の工学的分類法の小分類によって分類せよ．

	No. 1	No. 2	No. 3	No. 4
三角座標による中分類	砂 {S}	細粒土 {Fm}	細粒土 {Fm}	細粒分質砂 {SF}
AASHTO 分類法	A-1-6（0）	A-7-6（17）	A-7-5（20）	A-7-6（5）
工学的分類法の小分類	(S-F)	(CL)	(MH)	(SFG)

〔2・12〕　図2・13に示すおのおのの試料の粒径加積曲線から，おのおのの試料土の粘土含有百分率・シルト含有百分率・砂含有百分率を求めよ．また，おのおのの試料について，有効径，60％粒径および均等係数を求め，その粒度配合の良否を示せ．

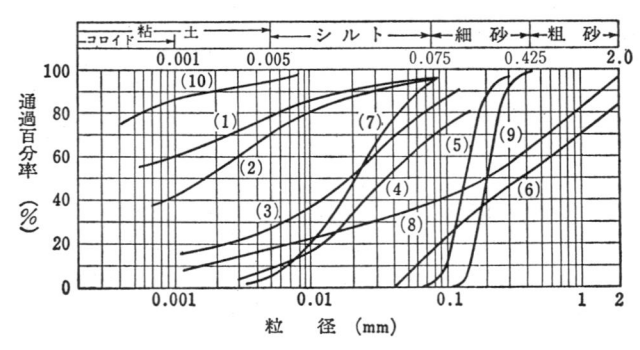

図2・13　粒径加積曲線

〔解〕

試料	粘土含有百分率	シルト含有百分率	砂含有百分率	礫含有百分率
(1)	78	18	4	0
(2)	70	25	5	0
(3)	28	54	18	0
(4)	9	59	32	0
(5)	0	2	98	0
(6)	0	17	66	17
(7)	5	89	6	0
(8)	18	20	62	0
(9)	0	0	96	4
(10)	95	5	0	0

試料	有効径 D_{10}(mm)	D_{60}(mm)	均等係数 D_{60}/D_{10}	粒度配合
(1)	—	0.001	—	—
(2)	—	0.0029	—	—
(3)	—	0.029	—	—
(4)	0.0055	0.052	9.5	不良
(5)	0.098	0.15	1.5	均等
(6)	0.058	0.64	11	良
(7)	0.0065	0.025	3.8	均等
(8)	0.0016	0.36	225	良
(9)	0.15	0.21	1.4	均等
(10)	—	—	—	—

[2・13] 前題 [2・12] に掲げた各試料土を，地盤材料の工学的分類による中分類（三角座標の方法），小分類および AASHTO 分類法によって分類せよ．ただし，(1)(2)(3)(4)(7)(8)(10) の試料の液性限界および塑性指数は次のとおりである．

試　料	(1)	(2)	(3)	(4)	(7)	(8)	(10)
液性限界	70	48	60	45	80	35	100
塑性指数	50	35	16	5	18	6	65

〔解〕

試　料	三角座標による中分類		地盤材料の工学的分類法による小分類	AASHTO 分類法による分類
(1)	細粒土	Fm	(CH)	A-7-6 (20)
(2)	細粒土	Fm	(CL)	A-7-6 (18)
(3)	細粒土	Fm	(MH)	A-7-5 (14)
(4)	細粒土	Fm	(ML)	A-5 (8)
(5)	砂	{S}	(S)	A-3 (0)
(6)	細粒分質砂	{SF}	(SFG)	A-3 (0)
(7)	細粒土	Fm	(MH)	A-7-5 (15)
(8)	細粒分質砂	{SF}	(SF)	A-4 (1)
(9)	砂	{S}	(S)	A-3 (0)
(10)	細粒土	Fm	(CH)	A-7-5 (20)

問　題 〔2〕

〔2・1〕 土のコンシステンシー指数 I_c および液性指数 I_L とは何か定義式を示せ．
〔解〕 $I_c = (w_L - w_n)/I_p, \quad I_L = (w_n - w_p)/I_p$

〔2・2〕 粒度の良い悪いは，粒径加積曲線のどのような指標で判別するかを示せ．
〔解〕 粒度の良い土：$U_c \geq 10, \quad 1 < U_c' \leq \sqrt{U_c}$，粒度の悪い土：左記以外

〔2・3〕 土の透水係数と 10% 粒径（有効径）との関係を示すヘーゼンの式を示せ．
〔解〕 $k = CD_{10}^2$

〔2・4〕 正規圧密粘土の非排水せん断強さとコンシステンシー限界との関係を示せ．
〔解〕 $c_u/P_0 = 0.11 + 0.0037 I_p$

〔2・5〕 最適粒度を示すといわれている，Talbot 曲線の定義式を示せ．
〔解〕 $p = (d/D)^n$ (%)
ただし，D は最大粒径，d は粒径で，p は粒径が d より小さい重量百分率である．

第3章 土 の 透 水

3·1 透 水 試 験

3·1·1 ダルシーの法則

土中の自由水は圧力勾配(こうばい)，温度勾配，密度勾配，電位差およびイオン濃度差などによって流れを生じる．このように土中の水分が液相で移動する現象を透水と呼ぶ．いま，図3·1に示すような飽和している土の試料にa点で過剰水圧 $u = \gamma_w \Delta h$ が加わったとすると，このときの動水勾配 i は，

$$i = \frac{1}{\gamma_w} \frac{u}{l} \tag{3·1}$$

である．このときの水の流速 v は粘性係数を η，比例定数を K とすれば，

$$v = \frac{K}{\eta} \gamma_w i \tag{3·2}$$

で与えられる．式(3·2)においては $K\gamma_w/\eta = k$ とおけば，

$$v = ki \tag{3·3}$$

となる．この動水勾配と流速との関係は**ダルシー（Darcy）の法則**と呼ばれ，ここに k は透水係数である．透水係数は土の間隙比や粒径によって異なるが，砂質土では有効径 D_{10} が k の値を決める重要な因子となる．ヘーズン（Hazen）によれば，透水係数と有効径の間には，

$$k = CD_{10}^2 \tag{3·4}$$

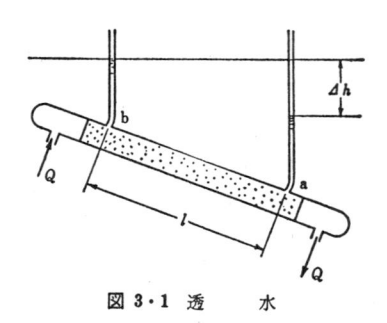

図 3·1 透 水

という関係があり，C の値はほぼ100に近い．また砂の透水係数 k は近似的に e^2 に比例するといわれており，さらに粒径が均一な場合には k は $e^3/(1+e)$ に比例するので，ある間隙比における砂の透水係数が知られれば，他の間

隙比における透水係数の値を推定できる．すなわち，

$$k_1 = k_2 \frac{e_1{}^3}{1+e_1} \times \frac{1+e_2}{e_2{}^3} \qquad (3\cdot5)$$

ここに k_1：間隙比 e_1 なる砂の透水係数（cm/s）
　　　k_2：同じ砂で，間隙比が e_2 になった場合の透水係数（cm/s）

3・1・2 室内透水試験

比較的透水性の高い土，たとえば粗砂あるいは細かい礫などの透水係数は**定水位透水試験**によって求める．この試験装置は図3・2に示すように試料に一定の水圧が加えられるようになっている．そして透水係数は，

$$k_t = \frac{Q}{AT}\cdot\frac{L}{h} \qquad (3\cdot6)$$

ここに　k_t：水温 $t°C$ のときの透水係数
　　　　　　（cm/s）
　　　　A：試料の断面積（cm²）
　　　　L：試料の長さ（cm）
　　　　h：試料の作用する水位差（cm）
　　　　T：透水量を測った時間（s）
　　　　Q：時間 T(s) 内における透水量（cm³）

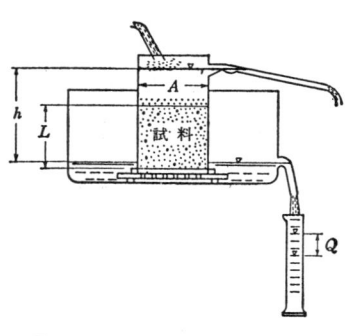

図 3・2 定水位透水試験器の原理

によって計算できる．一方，比較的透水度の低い土，たとえばシルトあるいは粘土などの透水係数は**変水位透水試験**によって求める．その試験装置は，図3・3に示すようにスタンドパイプを備え，その中の水位は透水量だけ時間とともに低下する．この場合，透水係数は次の式で計算できる．

$$k_t = 2.3\frac{La}{A(T_2-T_1)}\log_{10}\frac{h_1}{h_2}$$
$$(3\cdot7)$$

ここに　k_t：水温 $t°C$ のときの透水係数(cm/s)
　　　　A：試料の断面積（cm²）
　　　　L：試料の長さ（cm）

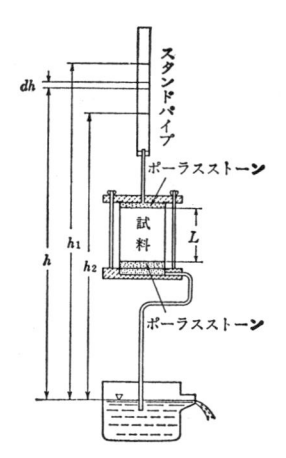

図 3・3 変水位透水試験器

a：スタンドパイプの断面積（cm²）
h_1：時刻 T_1 におけるスタンドパイプ内の水位（cm）
h_2：時刻 T_2 におけるスタンドパイプ内の水位（cm）
T_2, T_1：測定時間（s）

著しく透水度が低い粘土などの透水係数は**圧密試験**によって求めることができる．すなわち，

$$k = c_v m_v \gamma_w = c_v \frac{a_v}{1+e_0} \gamma_w \qquad (3・8)$$

ここに　k：透水係数（cm/s）
　　　　c_v：圧密係数（cm²/s）
　　　　m_v：体積圧縮係数（m²/kN）
　　　　γ_w：水の単位体積重量（N/cm³）
　　　　a_v：圧縮係数（m²/kN）
　　　　e_0：間隙比

である．

3・1・3　現場透水試験

自然地盤は，ふつう水平に堆積した層からなっている場合が多く，またそれぞれの土層ごとに性質が異なることもあり，室内試験の結果をそのまま地盤の透水係数として用いることができない場合が多い．このような自然地盤では透水係数を**現場透水試験**によって求めるのがよい．

現場透水試験は，比較的地下水位が高い場合には，一般に汲出し井戸と観測井戸を測線に沿って適当な間隔に配置し，一定の割合で地下水を汲みあげたときの定常状態になった地下水位の位置を測定して行なう．

いま，図3・4に示すように，自然地盤の中に不透水層に達する井戸を掘り，この井戸から一定の割合で水

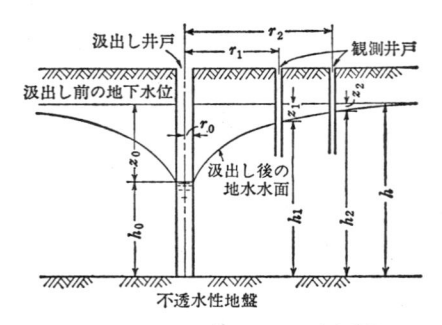

図3・4　地下水の汲出しによる透水試験

を汲み出しながら，定常状態における井戸の周辺地盤内の地下水位低下量を測定することにより，自然地盤の透水係数を計算することができる．

$$k = \frac{2.30Q}{\pi(h_2^2 - h_1^2)} \log_{10} \frac{r_2}{r_1} \tag{3・9}$$

　地下水位が低い場合には，上述した方法とは反対に井戸に一定の割合で水を注入しながら定常状態になった井戸の周辺地盤内の水位上昇量を測定して同じ要領で透水係数を求めることができる．

　また，汲上げの開始直後からの観測井戸内において変化しつつある水位の低下量を測定することにより，非定常状態での地盤の透水係数を求めることができる．**ヤコブ**（Jacob）**の方法**では，水位低下量 S を縦軸に，また $\log t/r^2$ を横軸にとって直線部分を延長することにより，次の式から透水係数を求めることができる．

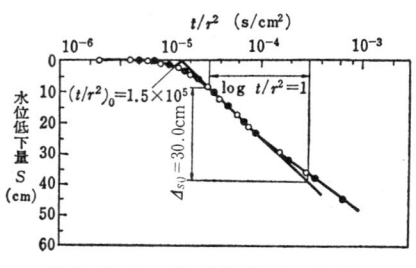

図 3・5　ヤコブの方法（赤井による）

$$\left.\begin{array}{l}
\text{透水量係数}: T = \dfrac{2.30 Q_w}{4\pi \Delta_{S_0}}\ (\text{cm}^2/\text{s}) \\[6pt]
\text{透 水 係 数}: k = T/D\ (\text{cm/s}) \\[6pt]
\text{貯 留 係 数}: J = 2.25 T(t/r^2)_0
\end{array}\right\} \tag{3・10}$$

ここに　k：透水係数 (cm/s)
　　　　D：帯水層の厚さ (cm)
　　　　Q_w：揚水量 (cm³/s)
　　　　Δ_{S_0}：直線部分の一つの対数サイクルに対する S の値 (cm)
　　　$(t/r^2)_0$：直線部分の延長が横軸 $S=0$ と交わる点の値 (s/cm²)

　観測井戸を設けることができないような場合に，単一の井戸から地下水を汲み出した後の水位の回復の速度を測定し，これから地盤の透水係数を求める方法もある．ボーリング穴に半径 r_0 の管を入れ，管の先端をボーリング穴の底に密着させる．管内の水を汲み上げた後，管内の水位上昇量を測定して，次の式より透水係数を求める（図 3・6）．

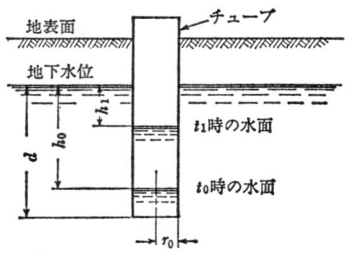

図 3・6　透水試験（チューブ法）

$$k = \frac{2.30\pi r_0^2}{E \cdot t} \log_{10}(h_0/h_t) \tag{3・11}$$

表 3・1 E の値 (cm)

深さ/直径 $=\dfrac{d}{2r}$	管（チューブ）の径（$2r$ cm）						
	2.5	5.1	7.6	10.2	12.7	15.2	20.3
1						39.6	53.1
2				26.2	33.2	39.4	52.9
3				26.2	33.0	39.4	52.6
4			19.6	26.2	32.8	39.2	52.1
5			19.6	25.9	32.8	38.9	51.8
6		13.0	19.3	25.9	32.6	38.6	51.6
7		13.0	19.3	25.6	32.2	38.6	51.3
8		13.0	19.1	26.6	32.2	38.4	51.0
10		12.7	19.1	25.2	31.8	37.9	
12	6.4	12.7	18.8	24.9	31.5		
15	6.1	12.5	18.3	24.6			
25	5.8	11.7	17.3				
40	5.3	10.2					
60	4.8						
100	3.8						

ここに　k：透水係数（cm/s）
　　　　r_0：管の半径（cm）
　　　　h_0：初期水位よりの水位低下量（cm）
　　　　h_t：t 時間後の回復した水位（cm）
　　　　E：表 3・1 に与える値

ボーリング穴内にケーシングを設置しない場合には，次の式によって透水係数を計算する．

$$k = 0.617 \frac{r}{S \cdot d} \frac{\Delta h}{\Delta t}$$

$$(3 \cdot 12)$$

ここに　k：透水係数（cm/min）
　　　　S：図 3・7 に示す係数
　　　　r：オーガー穴の半径（cm）
　　　　d：地下水位以下のオーガー穴の深さ（cm）

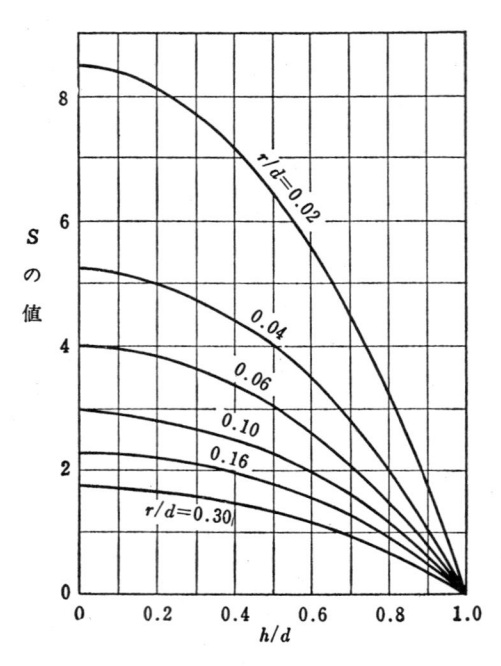

図 3・7　係数 S を求める図表

h：透水係数を求めるときのオーガー穴内の水深 (cm)
Δh：Δt 時間に穴内の水位が上昇する量 (cm)
Δt：水深 h(cm) の穴内の水位が Δh(cm) だけ上昇するのに要する時間 (min)

である．

3・2 浸潤線と流線網

地盤や土構造物の中を定常的に流れる水は定常浸透流と呼ばれ，この場合の水分子の移動の軌跡を**流線**と呼ぶ．土中の自由水面も一つの流線であり，アースダムや堤防の中の自由水面をとくに**浸潤線**と呼ぶ．

浸潤線を求めるには一般には**キャサグランド**（Cassagrande）**の方法**が用いられている．この方法は浸潤線の形が理論的にも実験的にも放物線状であることに基づいて得られたものである（図3・8）．

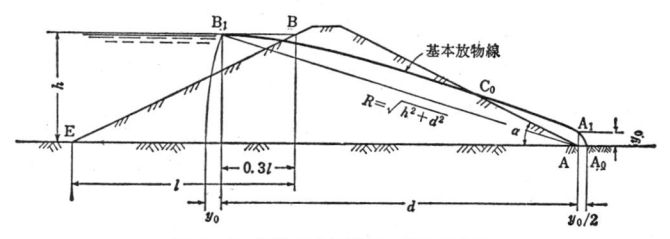

図 3・8 堤体内の浸潤線の基本放物線

$$x = \frac{y^2 - y_0^2}{2y_0} \tag{3・13}$$

ここに　$y_0 : \sqrt{h^2 + d^2} - d$
　　　　h：不透水性地盤上の水深
　　　　d：B_1 点から A 点に至る水平距離
　　　　l：B 点から E 点に至る水平距離
　　　　A：堤体の下流側斜面先，ただし，斜面先にのり留めや排水のためのロックフィルや排水ブランケットがあれば，それの最も上流端
　　　　B：上流側斜面の水際点
　　　　E：上流側斜面先
　　　　B_1：B より $0.3l$ だけ上流側の水面上の点

実際の浸潤線は一つの流線であるから，上流側斜面において，B 点から斜面

に垂直に流入し，また下流側では流線が堤体外に出ることはないので，基本放物線に対して所要の修正を行なう必要がある．すなわち，図3・9において，基本放物線 A_0—A_1—C_0—B_1 を修正して浸潤線 A—C—B を求める．浸潤線と下流側斜面との交点 C の位置は次の式によって求められる．

$$a + \Delta a = \frac{y_0}{1 - \cos \alpha} \tag{3・14}$$

ここに a：図3・9における $\overline{AC}$（図3・10参照）

図3・9 堤体内の浸潤線

(a)

$60°<\alpha<90°$　　　$a = \frac{3}{4} y_0 = \frac{3}{4}(\sqrt{h^2+d^2}-d)$　　　$90°<\alpha<180°$　　　$a = a_0 = \frac{1}{2}(\sqrt{h^2+d^2}-d)$
　　　　　　　　　　　　　　　　$\alpha = 90°$　　　　　　　　　　　　　　　　　　　　　　　　　　　　$\alpha = 180°$

基本放物線
$x = \frac{y^2 - y_0^2}{2y_0}$
$y_0 = \sqrt{h^2+d^2} - d$
$a_0 = \frac{y_0}{2}$

$\alpha = $ 浸出面勾配

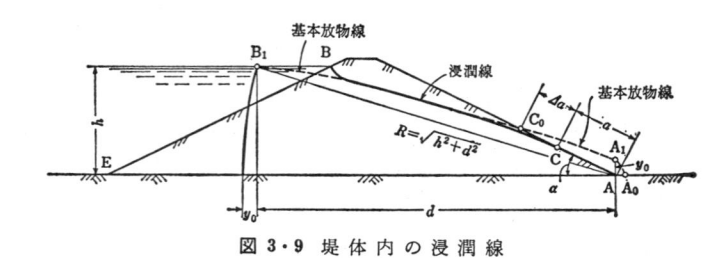

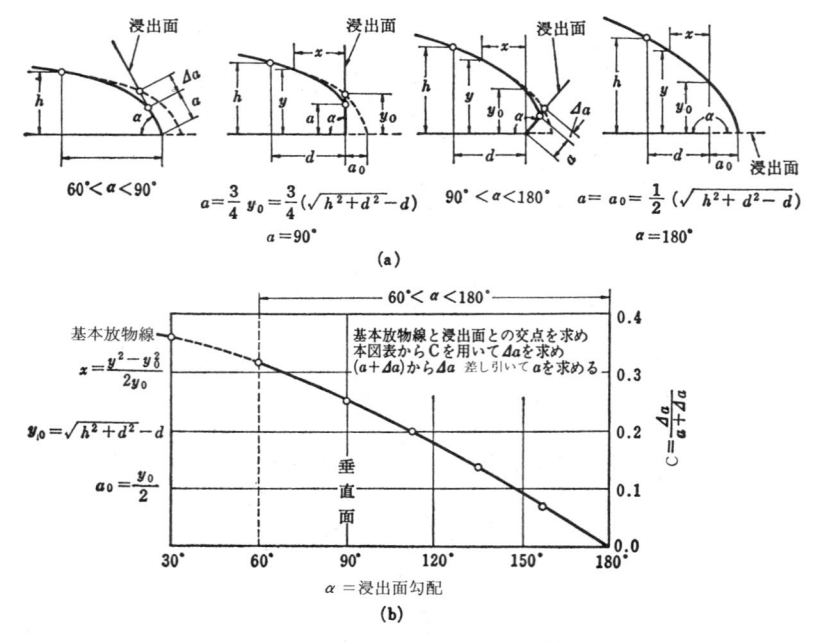

(b)

図 3・10 Δa および a を決定する図表

Δa：同じく $\overline{CC_0}$（図3・10参照）
y_0：式(3・13)参照
α：浸出面の傾斜角

　アースダムの不透水性ゾーンで見られるように，堤体の中央部とこれをはさむ部分とで透水度が著しく異なる場合には，透水度の高い部分を無視し，透水度の低い部分だけについて浸潤線を求める．一般に，堤体内の二つの部分の透水度の比が10以上であれば透水度の高い方の部分の浸潤線は無視できる．

　地盤中に浸透水流がある場合，水分子の移動の軌跡を示す曲線（流線）群とポテンシャルが同一値を示す点を連ねた曲線（**等ポテンシャル線**）群，すなわち2組の曲線群が描ける．それらの2組の曲線群は図3・11のように互いに直交する．この格子状，あるいは網状の曲線群を**流線網**という．流線網を図式方法によって描く場合，次のような考慮が必要である．

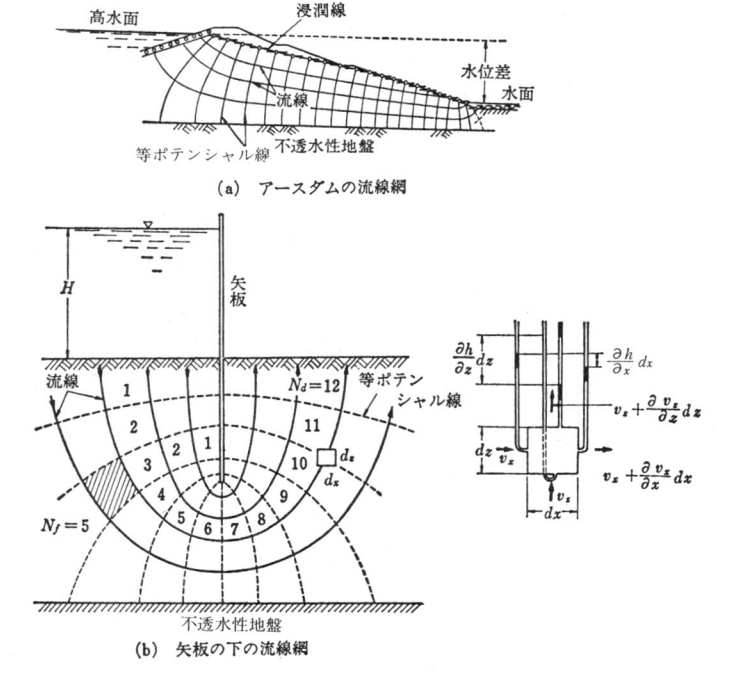

(a) アースダムの流線網

(b) 矢板の下の流線網

図 3・11 流 線 網

① 相隣る二つの流線の間にはさまれる部分の流量は等しくなるように流線の間隔を定める．

② 相隣る二つの等ポテンシャル線の間のポテンシャルの差はいずれも等しくなるように等ポテンシャル線の間隔を定める．

③ 流線と等ポテンシャル線は互いに直交する．すなわち二つの流線と二つの等ポテンシャル線に囲まれる面積は長方形か，これに近い形をなす．

④ 地盤や土の構造物の水に接する面において，流線は境界面に直角に流入または流出する．

⑤ 図3・11(a)の浸潤線と不透水性地盤の上面，また同図(b)の矢板の表面と不透水性地盤の上面はいずれも流線群の上下両方の限界を示す．

⑥ 図3・11において上・下流の水際面は，等ポテンシャル線群の両方の限界である．

⑦ 浸潤線と等ポテンシャル線群との相隣る交点群の間の鉛直距離は相等しい．

⑧ 地盤や盛土内において鉛直方向と水平方向の透水係数の値が異なるときは，実際の断面の水平方向の長さに $\sqrt{k_v/k_h}$ （ただし，k_v および k_h はそれぞれ鉛直および水平方向の透水係数の値）を掛けて縮小した断面を描き，これに対して等方性の場合の方法を適用して流線網を描き，これを再び $\sqrt{k_h/k_v}$ の割合で拡大する（図3・12）．

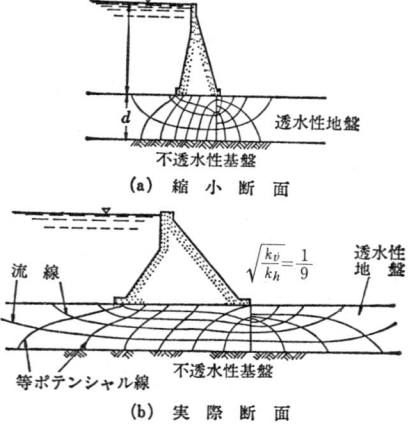

図3・12 鉛直方向と水平方向の透水係数が異なる場合の流線網の作図

流線網を応用して，基礎地盤や堤体内の浸透量を求めるには次の式による（流線網で囲まれる四辺形が正方形のとき）．

$$Q = kh\frac{N_f}{N_d} \tag{3・15}$$

ここに Q：単位幅の地盤や堤体の中の単位時間の浸透水量（m³/s/m）

k：透水係数（m/s）
h：上・下流の水位差（m）
N_f：流線ではさまれる部分の数
N_d：等ポテンシャル線ではさまれる部分の数

アースダムの堤体および基礎地盤内の浸透水量を計算によって求めるには次の式による．前掲図 3・10 において，浸出面の傾斜角 $\alpha = 180°$ の場合には，

$$Q = k y_0 = k(\sqrt{h^2 + d^2} - d) \tag{3・16}$$

ここに　Q：単位幅の堤体内の単位時間の浸透水量（m³/s/m）
　　　　k：透水係数（m/s）
　　　　h：上・下流の水位差（m）
　　　　d：下流側斜面先から，基本放物線と上流側水面との交点に至る水平距離（m）

しかし $\alpha = 30°〜180°$ の場合でも，平均浸透流路長と浸透流の断面はほとんど変わらないので，式(3・16) を適用してもよい．

$\alpha < 30°$ の場合は，

$$Q = k a \sin^2 \alpha \tag{3・17}$$

ここに　$a = \sqrt{h^2 + d^2} - \sqrt{d^2 - h^2 \cot^2 \alpha}$ によって計算できる．

3・3　排水と根切り工

土中の排水を行なう方法には，排水溝や集水井戸を設けて地下水面を自然に低下させる方法や，ポンプや真空吸引などの機械力を用いる方法，あるいは電気浸透法などいろいろあるが，それらの方法は地盤の土質，とくに土の粒度分布に応じて適否がある．土の粒度による各種排水方法の適用範囲は図 3・13 に示すとおりである．

細粒の土粒子からなる地盤や盛土が井戸や盲排水きょのような集水設備にじかに接していると，その境界付近では流出する排水の流速が大きいので，土中の細粒分が水とともに流失し，いわゆる**パイピング**の原因となる．このパイピング現象は流線が集中する箇所に発生しやすいので，このような部分の境界面付近に，粒度の相対関係がある限界を越えないような**フィルター層**を設けて細粒分の流失を防ぐ．フィルター層は，その粒度と細粒土の粒度との間に，水理的安定と排水性の両者の性質を維持するために次のような条件を満足しなけれ

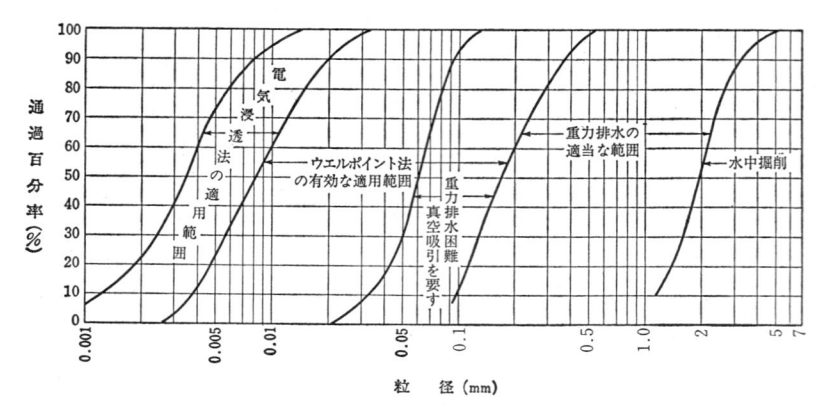

図 3・13 土質による各種排水方法の適用範囲

ばならない．

$$\left.\begin{array}{l}\dfrac{フィルターの D_{15}}{土層の D_{15}} = 12\sim40 \\[6pt] \dfrac{フィルターの D_{50}}{土層の D_{50}} = 12\sim50\end{array}\right\} \quad (3・18)$$

ここに D_{15} および D_{50}：粒径加積曲積における 15% 粒径および 50% 粒径

ときによると粒度の異なるフィルター層を幾層か重ねて用いることがある．たとえばコアタイプのフィルダムなどでコア材とロック材との粒度に著しい差異がある場合，トランジッションゾーンを設け，細・粗のいくつかのフィルター層間でも式(3・18) が成り立つようにする必要がある．

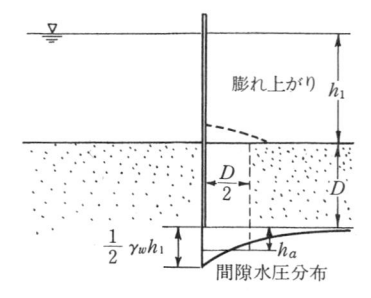

図 3・14 に示す矢板で締め切った透水性の基礎地盤や透水性基礎地盤上に透水度の低いダムや堤防を築造するような場合，動水傾度が大きくなると，鉛直方向のパイピングや**クイックサンド**現象が発生する．この種のクイックサンドに対する安全率は，

図 3・14 砂中の矢板に沿うパイピング

$$F_s = \frac{\dfrac{\dfrac{\rho_s}{\rho_w}-1}{1+e}\rho_w gD}{\dfrac{\rho_w gh_1}{2}} = 2\dfrac{\dfrac{\rho_s}{\rho_w}-1}{1+e}\dfrac{D}{h_1} \qquad (3 \cdot 19)$$

で与えられる.

ここに F_s：安全率, ρ_s：土粒子の密度
e：間隙比
h_1：水頭差 (m)
D：矢板の根入れ長 (m)

である. クイックサンドを防止するために, 矢板やダム・堤防などの下流側に押え盛土をする場合には式 (3・19) は,

$$F_s = \frac{\dfrac{\dfrac{\rho_s}{\rho_w}-1}{1+e}\rho_w gD + w_1}{\dfrac{\rho_w gh_1}{2}} \qquad (3 \cdot 20)$$

ここに w_1：単位面積当たりの盛土の重量 (kN/m²)

クイックサンドがちょうど発生するような動水傾度 i_F を **限界動水傾度** という. i_F は式 (3・19) において, $F_s = 1$ とおいて得られる.

$$i_F = \frac{h}{2D} = \frac{\dfrac{\rho_s}{\rho_w}-1}{1+e} \qquad (3 \cdot 21)$$

であり, i_F はほぼ 1 に近い値となる.

例　題　〔3〕

〔**3・1**〕　土の種類に応じた透水係数の概略値と試験方法について述べよ.

〔**解**〕　土の種類に応じた透水係数の概略値は表 3・2 に示すとおりであるが, 粒径の大小によって測定方法が異なるので, その粒度に適した試験方法を選ぶ必要がある. 透水試験には大別して現場試験と室内試験の 2 種類があるが, 現地の状態を良く反映する現場試験の結果を利用することが望ましい.

〔**3・2**〕　室内透水試験を行なうにあたって留意すべき事項をあげよ.

〔**解**〕　① 供試体および試験装置内の気泡を完全に取り除き, 供試体が飽和した状態で試験を行なう. 飽和させるために真空吸引をする場合には水みちができないよう留意する.

② 動水勾配 $i = h/l$ は, 現地で想定される値の付近に設定し, できるだけ層流範囲内の流速で行なう.

表 3・2 土の透水係数と試験方法

透水係数 (cm/s)	10^2	10^1	1	10^{-1}	10^{-2}	10^{-3}	10^{-4}	10^{-5}	10^{-6}	10^{-7}	10^{-8}	10^{-9}	10^{-10}
排水性	良好					やや不良				不透水性			
土の種類	きれいな砂利			きれいな砂と礫		極微粒砂, シルト, 砂・シルト・粘土の混合土, 成層のある粘土				不透水性の土, 風化帯以下の一様な粘土			
						植物および風化によって変質した不透水性粘土							
試験方法		現場試験								圧密試験			
		定水位透水試験											
					変水位透水試験								

③ 乱さない試料について試験を行なう場合には試料土を損傷しないよう注意し,供試体とモールドの壁面の間にパラフィン,グリースあるいはベントナイトのペーストを詰める.

④ 乱した試料については,現場密度と等しくなるように突き固めて試験を行なう.

〔3・3〕 ある砂について定水位透水試験を行なった結果,次のような値を得た.この砂の水温15℃における透水係数を求めよ.ただし,試料直径10.0cm,試料長さ10.0cm,水頭10.0cm,測定時間8分,透水量635cc,水温18℃である(水の粘性係数は表2・1を参照).

〔解〕 式(3・6)において, $L = 10.0$, $Q = 635$, $A = \pi r^2 = 3.14 \times (10.0/2)^2$ を代入すれば,

$$k_{18} = \frac{635 \times 10.0}{8 \times 60 \times 3.14 \times \left(\frac{10.0}{2}\right)^2 \times 10.0} = 1.69 \times 10^{-2} \text{cm/s}$$

$$k_{15} = \frac{\eta_T}{\eta_{15}} k_T \qquad \eta_{15} = 1.138 \times 10^{-3} \text{ (Pa·s)}$$
$$\qquad\qquad\qquad\quad \eta_{18} = 1.053 \times 10^{-3} \text{ (Pa·s)}$$
$$= 0.926 \times 1.69 \times 10^{-2} = \mathbf{1.56 \times 10^{-2}} \textbf{cm/s}$$

〔3・4〕 ある土の試料について,変水位透水試験を行なった結果,次のような値を得た.ただし,スタンドパイプの内径8mm,試料の直径10.0cm,試料の長さ9.0cm,測定開始時間(t_1)8時30分,終了時間(t_2)9時50分,t_1時間におけるスタンドパイプ内の水位162cm,t_2時間における水位143cm,水温9℃である.

〔解〕 式(3・7)より,

$$k_9 = \frac{2.3 \times 3.14 \times \left(\frac{0.8}{2}\right)^2 \times 9.0}{3.14 \times \left(\frac{10.0}{2}\right)^2 \times 4{,}800} \log_{10}\frac{162}{143} = 1.50 \times 10^{-6} \text{cm/s}$$

$$k_{15} = \frac{\eta_9}{\eta_{15}} k_9 = \frac{1.346}{1.138} \times 1.50 \times 10^{-6} \qquad \eta_9 = 1.346 \times 10^{-3} \text{ (Pa·s)}$$
$$\eta_{15} = 1.138 \times 10^{-3} \text{ (Pa·s)}$$
$$= \mathbf{1.77 \times 10^{-6}\,cm/s}$$

〔3·5〕 図3·15に示すような成層地盤の平均の透水係数を水平方向および鉛直方向について求めよ．

〔解〕
$$k_h = \frac{1}{d}(k_1 d_1 + k_2 d_2 + \cdots + k_n d_n) \tag{3·22}$$

$$k_v = \frac{d}{d_1/k_1 + d_2/k_2 + \cdots + d_n/k_n} \tag{3·23}$$

ここに k_h：水平方向の平均透水係数
k_v：鉛直方向の平均透水係数
k_n：第 n 層の透水係数
d_n：第 n 層の層厚
d：n 層までの層厚の和

である．式(3·22)より水平方向の透水係数は，
$$k_h = \frac{1}{20}(2.5 \times 10^{-4} \times 5 + 6.8 \times 10^{-3} \times 3 + 1.7 \times 10^{-5} \times 8 + 5.4 \times 10^{-4} \times 4)$$
$$= \mathbf{1.20 \times 10^{-3}\,cm/s}$$

図 3·15

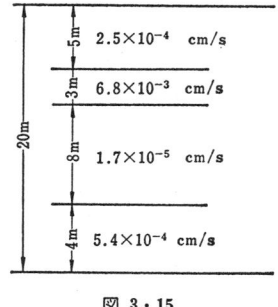

である．また，鉛直方向については式(3·23)により，
$$k_v = \frac{20}{5/2.5 \times 10^{-4} + 3/6.8 \times 10^{-3} + 8/1.7 \times 10^{-5} + 4/5.4 \times 10^{-4}}$$
$$= \mathbf{4.01 \times 10^{-5}\,cm/s}$$

〔3·6〕 例題〔3·3〕の試料について透水試験前に測定した供試体の質量が 1,430 g，含水比が 11.8 %，土粒子の密度が 2.70 g/cm³ であった．同じ含水比条件で乾燥密度 1.66 g/cm³ に締め固めたときの透水係数を推定せよ．

〔解〕 題意より，$W = 1,430\,g$，$V = 3.14 \times (10.0/2)^2 \times 10.0 = 785\,cm^3$，$\rho_s = 2.70\,g/cm^3$，$w = 11.8\,\%$ であるから式(1·3)，式(1·11)より，

$$\rho_t = \frac{W}{V} = \frac{1,430}{785} = 1.822\,g/cm^3$$

$$\rho_d = \frac{\rho_t}{\left(1 + \dfrac{w}{100}\right)} = \frac{1.822}{(1 + 0.118)} = 1.629\,g/cm^3$$

したがって，間隙比 e_1 は式(1·16)より，

$$e_1 = \frac{\rho_s}{\rho_d} - 1 = 0.657$$

締め固めた状態では $\rho_d = 1.66\,g/cm^3$ であるから，

$$e_2 = \frac{\rho_s}{\rho_d} - 1 = 0.627$$

よって，式(3・5) より，

$$k_2 = k_1 \times \frac{e_2^3}{1+e_2} \cdot \frac{1+e_1}{e_1^3} = 1.56 \times 10^{-2} \times \frac{0.2465}{1.627} \times \frac{1.657}{0.2836}$$
$$= 1.38 \times 10^{-2} \text{cm/s}$$

〔3・7〕 不透水性基盤上にある厚さ15mの土層において汲上げ井戸からの地下水汲上げによる現場透水試験を行なった．観測井戸は3個設け，その位置は汲上げ井戸の中心からそれぞれ5m，10m，20mであった．毎分6,000cm³の汲上げを開始してから約8時間で定常状態に達した．このときの観測井戸の水位はそれぞれ8m，10.8m，13mであった．この地盤の透水係数を求めよ．

〔解〕 式(3・9) より，

$$k_1 = \frac{2.3 \times \frac{6,000}{60}}{3.14 \times (1{,}300^2 - 800^2)} \log_{10} \frac{20}{5} = 4.19 \times 10^{-5} \text{cm/s}$$

$$k_2 = \frac{2.3 \times \frac{6,000}{60}}{3.14 \times (1{,}080^2 - 800^2)} \log_{10} \frac{10}{5} = 4.20 \times 10^{-5} \text{cm/s}$$

したがって，$k \fallingdotseq 4.20 \times 10^{-5} \text{cm/s}$

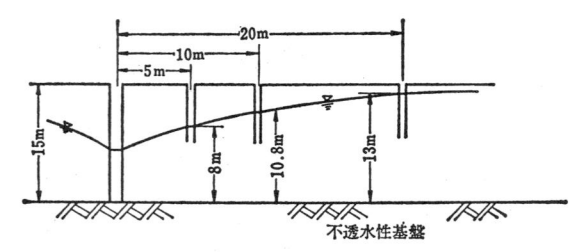

図 3・16 観測井戸の位置と水位

〔3・8〕 不透水層の上に厚さ4.3mの砂質地盤がある．地下水面が地表下45cmの位置にあった．いま，直径15cmのオーガーボーリング穴を掘削し穴の中の水を汲み出した後，穴の中の水位回復を測定したところ次のような値を得た．この地盤の透水係数を求めよ．

測定時間 (min)	地表面から水面までの深さ (cm)
0	185.0
5	155.5
10	111.4

〔解〕 式(3・12) において，

$$r = 15/2 = 7.5 \text{cm} \quad d = 430 - 45 = 385 \text{cm} \quad r/d = 7.5/385 = 0.0195$$

各測定時間に対応する h はそれぞれ，245.0, 274.5, 318.6(cm) であるから，測定時間内の平均水位は259.8, 296.6(cm) となる．したがって，h/d はそれぞれ 0.675, 0.770 となり，図3・7より S を読み取ると，4.80, 3.55 となる．式(3・12) より，k は，

$$k = 0.617 \frac{r}{S \cdot d} \cdot \frac{\Delta h}{\Delta t} = 0.617 \times \frac{7.5}{4.80 \times 385} \times \frac{185.0 - 155.5}{5 \times 60}$$

$$= 2.46 \times 10^{-4} \text{cm/s}$$
$$k = 0.617 \times \frac{7.5}{3.55 \times 385} \times \frac{155.5 - 111.4}{5 \times 60}$$
$$= 4.98 \times 10^{-4} \text{cm/s}$$

平均すると,
$$k = \mathbf{3.72 \times 10^{-4} \text{cm/s}}$$

〔3・9〕 道路盛土やアースダムなどで盛立ての途中で簡単に透水係数を求める方法を述べよ.

〔解〕 道路盛土や地表面に近い部分の透水性を簡単に調べるためには,図3・17に示すような水路または試験池を作り,これに水を入れて水深 H を保つ.単位時間,単位奥行き当たりの流量 Q が求まれば,地盤の平均的な透水係数は次の式で求められる.

もとの地盤の地下水面が浅い場合
$$k = \frac{Q}{B - 2H}$$

もとの地盤の地下水面が深い場合
$$k = \frac{Q}{B + 2H}$$

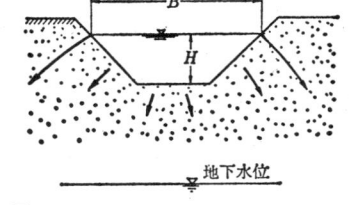

図 3・17 試験池による現場透水試験

〔3・10〕 堤高18m,底敷幅80m,上下流の斜面勾配が1:2の均一型アースダムがある.フィルターは下流ののり尻から25mの所まで基盤面に沿って設置されている.堤体材料の透水係数は $k = 3 \times 10^{-6}$ cm/s とし,満水位は堤頂より3m下にあるものとする.堤体の断面内における流線網を描き,単位幅当たりの浸透流量を計算せよ(図3・18).

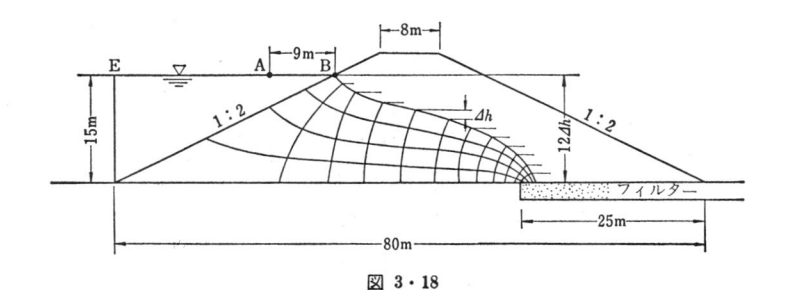

図 3・18

〔解〕 式(3・13)の基本放物線を求める.
$$\overline{AB} = 0.3 \overline{BE} = 9.0 \text{m}$$
$$d = 9 + 3 \times 2 + 8 + 18 \times 2 - 25 = 34 \text{ (m)}$$

$h = 15$ (m)
$y_0 = \sqrt{d^2 + h^2} - d = 3.16$ (m)
$x = \dfrac{y^2 - y_0^2}{2y_0} = \dfrac{y^2 - 9.99}{6.32}$

これより，いろいろな y の値に対する x の値を求めてプロットし，基本放物線を求め，これを修正すると図 3・18 に示す浸潤線を得る．N_d を 12 とすれば上下流の水位差を 12 等分し，浸潤線との交点を求め，等ポテンシャル線，流線を描き流線網を求める（3・2 参照）．$\alpha = 180°$（図 3・10 参照）であるから，式(3・16) より，単位幅 1m 当たりの流量は，

$Q = k(\sqrt{h^2 + d^2} - d) = 3 \times 10^{-6} \times 316 \times 100$
$ = 9.48 \times 10^{-2}\,\text{cm}^3/\text{s} = \mathbf{0.0082\,t/日}$

〔3・11〕 図 3・19 に示すような透水性地盤上に深さ 3m の止水壁をもったコンクリートダムがある．この場合，地盤の透水係数を，
$k_h = 2.0 \times 10^{-4}$ cm/s
$k_v = 5.6 \times 10^{-5}$ cm/s
として，流線網を描き単位幅当たりの浸透流量を求めよ．

〔解〕 k_h と k_v の値が異なるので縦と横の縮尺を変えて断面を描く．

$\sqrt{\dfrac{k_v}{k_h}} = \sqrt{\dfrac{2.6 \times 10^{-5}}{2.0 \times 10^{-4}}} = 0.529$

　　　縮尺したダム幅 $= 0.529 \times 8 = 4.23$ m

流線網を描けば，図 3・20 のようになる．

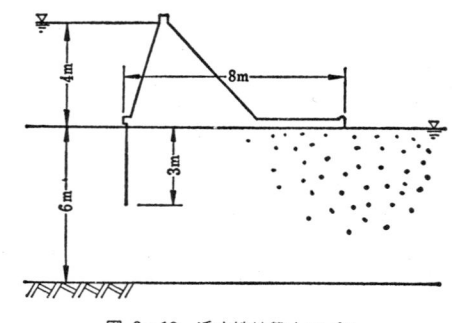

図 3・19 透水性地盤上のダム

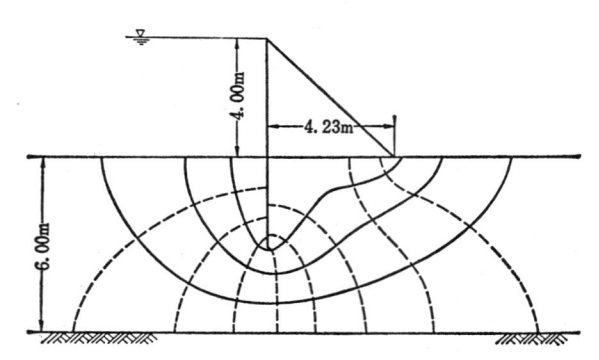

図 3・20 透水性地盤内の流線網

$$Q = \sqrt{k_h \cdot k_v} \cdot h \frac{N_f}{N_d}$$

より，$N_f = 4$，$N_d = 9$ であるから，単位幅 1m 当たりの流量は，

$$Q = \sqrt{2.0 \times 10^{-4} \times 5.6 \times 10^{-5}} \times 400 \times \frac{4}{9} \times 100$$

$$= 1.88 \text{ cm}^3/\text{s} = \mathbf{0.163 \text{ t}/日}$$

〔3・12〕 傾斜した粘土コアをもつロックフィルダムがある．コア材料の粒度は図3・21の④範囲にあり，ロックフィルの粒度は同図⑧線のようである．コアが水理的に安定を保つためには，フィルターの構成をどのようにしたらよいか．

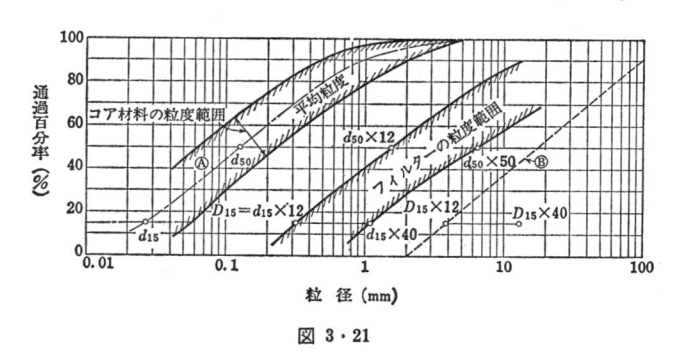

図 3・21

〔解〕 式(3・18)の関係から D_{15} と D_{50} についてフィルター材のもつべき値の範囲が得られる．これを図示すると図3・21のハッチングのようになる．

問　　　題　〔3〕

〔3・1〕 直径7.3cm，高さ16.8cmの土供試体について，定水位透水試験を行なった．水頭差を75cmに保ったまま1分間の透水量を測定したところ945cm³であった．室温を20℃として，この土の透水係数を求めよ．

〔解〕 8×10^{-2} cm/s

〔3・2〕 変水位透水試験を行なったところ，次のような結果を得た．

スタンドパイプの初めの水位　　150cm　　測定時間　　281s
スタンドパイプの終わりの水位　60.5cm　　試料の長さ　15cm
スタンドパイプの直径　　　　　0.5cm　　試料の直径　10cm

この試料土の透水係数を求めよ．

〔解〕 1.21×10^{-4} cm/s

〔3・3〕 乾燥した砂が乾燥密度 $\rho_d = 1.75$ t/m³ で詰められている．この砂の土粒

子密度を 2.70 g/cm³ として間隙比を求め，この土層に加えられる限界動水勾配を求めよ．

〔解〕 1.10

〔3・4〕 圧密試験から求められる透水係数の式を示せ．

〔解〕 $k = a_v \gamma_w C_v/(1+e)$

〔3・5〕 土の断面を平均的に流れる水の流速を v として，間隙を流れる水の実際の流速を求めよ．ただし，土の間隙比を e とする．

〔解〕 $v_a = (1+e)v/e$

第4章　弾性地盤内の応力分布

4・1　半無限弾性地盤上の鉛直集中荷重による地盤内の応力

4・1・1　集中荷重による応力のブーシネスクの解

半無限弾性地盤の表面に**集中荷重**が作用したときの土中の応力は，**ブーシネスク**（Boussinesq）によって初めて求められた．応力を求める点の座標および応力の分力を図4・1のようにとると応力は次の式のようになる．ここに，μはポアソン比である．

$$\sigma_z = \frac{P}{2\pi} \cdot \frac{3z^3}{(r^2+z^2)^{5/2}}$$
$$= \frac{3P}{2\pi z^2} \cos^5 \theta \qquad (4\cdot1)$$

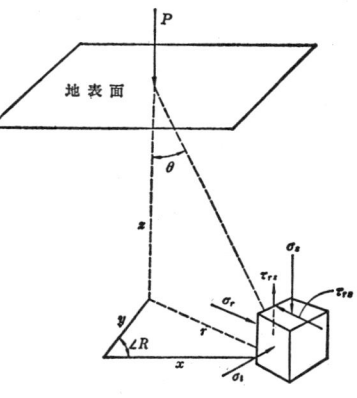

図 4・1　ブーシネスク式の座標

$$\sigma_r = \frac{P}{2\pi}\left\{\frac{3r^2 z}{(r^2+z^2)^{5/2}} - \frac{1-2\mu}{r^2+z^2+z\sqrt{r^2+z^2}}\right\}$$
$$= \frac{P}{2\pi z^2}\left\{3\sin^2\theta\cdot\cos^3\theta - \frac{(1-2\mu)\cos^2\theta}{1+\cos\theta}\right\} \qquad (4\cdot2)$$

$$\sigma_t = -\frac{P}{2\pi}(1-2\mu)\left\{\frac{z}{(r^2+z^2)^{3/2}} - \frac{1}{r^2+z^2+z\sqrt{r^2+z^2}}\right\}$$
$$= -\frac{P}{2\pi z^2}(1-2\mu)\left\{\cos^3\theta - \frac{\cos^2\theta}{1+\cos\theta}\right\} \qquad (4\cdot3)$$

$$\tau_{rz} = \frac{P}{2\pi}\frac{2rz^2}{(r^2+z^2)^{5/2}} = \frac{3P}{2\pi z^2}\sin\theta\cdot\cos^4\theta \qquad (4\cdot4)$$

地盤内応力のうち，表面変位や圧密沈下の計算に直接的に関係するのは鉛直応力（σ_z）である．式(4・1)から，鉛直応力は次の式のように書ける．

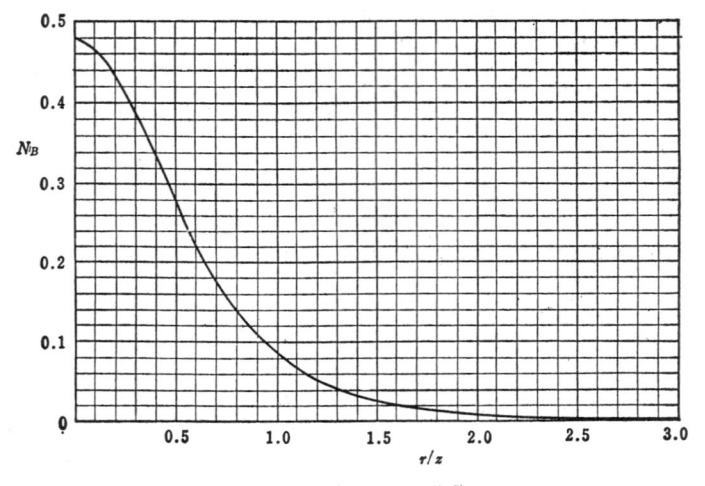

図 4・2 ブーシネスク指数
$$N_B = \frac{3}{2\pi} \cdot \frac{1}{\left\{1+\left(\frac{r}{z}\right)^2\right\}^{5/2}}$$

$$\sigma_z = N_B \frac{P}{z^2} \qquad (4\cdot5)$$

ここに $N_B = \dfrac{3}{2\pi} \dfrac{1}{\left\{1+\left(\dfrac{r}{z}\right)^2\right\}^{5/2}}$

N_B は**ブーシネスク指数**と名づけられ，無次元数である（図4・2）．

弾性地盤内で鉛直応力やせん断応力の等しい点は球根状の分布を示す．これを**圧力球根**という．

4・1・2 集中荷重による応力のフレーリッヒの解

実際の地盤は，成層状態をして堆積していること，また地表からの深さが増すにつれて土の圧縮性が減少するなどのために，ブーシネスクの式は現実の地盤に適用できないことが多い．ことに砂質地盤では，地盤内の応力はブーシネスクの式で求めた値より荷重点の下で集中して発生する傾向がある．そのために，**フレーリッヒ**（Fröhlich）は集中係数 ν を導入して，ブーシネスクの式の修正を試みた．

図4・1の状態において，フレーリッヒの式は次のとおりである．

$$\sigma_z = \frac{\nu P}{2\pi r^2} \cos^{\nu+2}\theta \tag{4・6}$$

$$\sigma_r = \frac{\nu P}{2\pi r^2} \cos^{\nu}\theta \cdot \sin\theta \tag{4・7}$$

$$\sigma_t = 0 \tag{4・8}$$

$$\tau_{rz} = \frac{\nu P}{2\pi r^2} \cos^{\nu+1}\theta \cdot \sin\theta \tag{4・9}$$

この集中係数 ν とポアソン比 μ との間には，

$$\nu = \frac{1}{\mu} + 1 \tag{4・10}$$

の関係がある．したがって，非排水条件のもとで非圧縮性とみなされる飽和粘性土では，$\mu = 0.5$ となり，$\nu = 3$ である．その他の条件の砂や粘性土では $\nu = 4 \sim 5$ であるといわれている．$\nu = 3$ の場合，フレーリッヒの式は $\mu = 0.5$ とおいた場合のブーシネスクの式と等しくなる．

4・2 半無限弾性地盤上にある鉛直線荷重による応力

図 4・3 に示すように，y 線上に単位長さ当たり q なる強さの一様な**線荷重**が働くとき，土中の応力は集中荷重を受けるときのブーシネスクの式あるいはフレーリッヒの式において，

$$P = q \cdot dy$$

$$\sigma_z = d\sigma_z$$

として，y を $-\infty$ から $+\infty$ の区間で積分して求められる．y 方向には応力の変化がないので，座標系は平面変形の二次元問題となり，図 4・4 のようにとる．

ブーシネスクの解による応力は式 (4・11)〜式 (4・13) で与えられる．

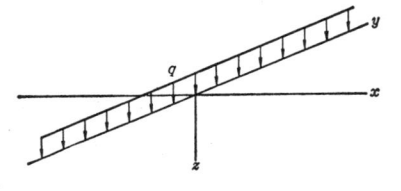

図 4・3 線荷重の分布

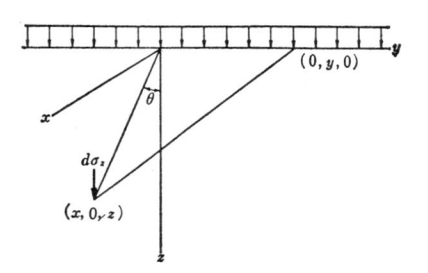

図 4・4 線荷重による地中応力

$$\sigma_z = \frac{2q}{\pi} \frac{z^3}{(x^2+z^2)^2} = \frac{2q}{\pi \cdot z} \cos^4 \theta \tag{4・11}$$

$$\sigma_x = \frac{2q}{\pi} \frac{z \cdot x^2}{(x^2+z^2)^2} = \frac{2q}{\pi \cdot z} \cos^2 \theta \cdot \sin^2 \theta \tag{4・12}$$

$$\tau_{xz} = \frac{2q}{\pi} \frac{z^2 \cdot x}{(x^2+z^2)^2} = \frac{2q}{\pi \cdot z} \cos^3 \theta \cdot \sin \theta \tag{4・13}$$

そして,

$$N_B = \frac{2}{\pi} \left\{ \frac{1}{1+\left(\frac{x}{z}\right)^2} \right\}^2$$

とおけば式(4・11)は式(4・14)で表わされる.

$$\sigma_z = N_B \cdot \frac{q}{z} \tag{4・14}$$

式(4・14)において N_B は集中荷重の場合と同様に影響値であって,図4・5のようになる.

フレーリッヒの解による応力は式(4・15)〜式(4・17)で表わされる.

図 4・5 $N_B = \frac{2}{\pi} \left\{ \frac{1}{1+\left(\frac{x}{z}\right)^2} \right\}^2$

$$\sigma_z = f \frac{q}{z} \cos^{\nu+1} \theta \tag{4・15}$$

$$\sigma_x = f \frac{q}{z} \cos^{\nu-1} \sin^2 \theta \tag{4・16}$$

$$\tau_{xz} = f \frac{q}{z} \cos^\nu \theta \sin \theta \tag{4・17}$$

ただし,係数 f は集中係数 ν によって表4・1のように変化する.なお, $\nu = 3$ では,ブーシネスクの式による解と一致する.

表 4・1 係数 f と ν との関係

ν	1	2	3	4	5	6
f	$1/\pi$	$1/2$	$2/\pi$	$3/4$	$8/3\pi$	$15/16$

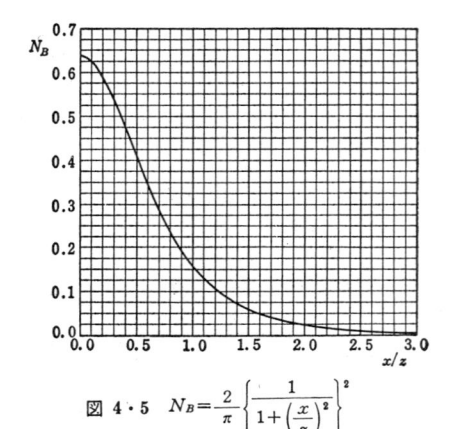

4・3 半無限弾性地盤上にある帯状荷重による応力

4・3・1 等分布帯状荷重による応力

図4・6のように，荷重が幅にくらべて長さが大きい範囲に帯状に分布する場合（**帯状荷重**），荷重強度が単位面積当たり $\bar{q}$ であるとすると，4・2の場合と同様に，平面ひずみ状態を考えればよい．すなわち，式(4・11)～式(4・13)において，$q = \bar{q}d\xi$ としてフーチングの幅について積分すればよい．図4・7において，$\beta = \beta_2 - \beta_1$，$\psi = \beta_2 + \beta_1$ とおくと，土中の応力は次のようになる．

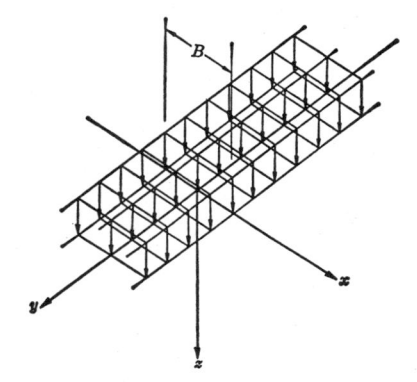

図 4・6 帯状荷重の分布

$$\sigma_z = \frac{q}{\pi}(\beta + \sin\beta \cdot \cos\psi) \tag{4・18}$$

$$\sigma_x = \frac{q}{\pi}(\beta - \sin\beta \cdot \cos\psi) \tag{4・19}$$

$$\tau_{xz} = \frac{q}{\pi}\sin\beta \cdot \sin\psi \tag{4・20}$$

また，主応力 σ_1，σ_3 は次のようになり，図の円周上では一定である．

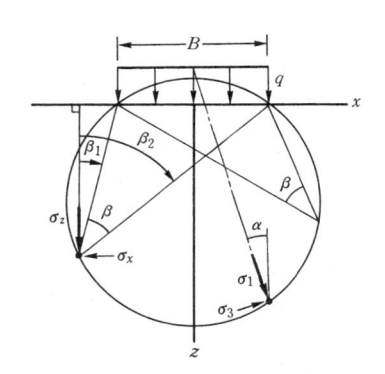

図 4・7 帯状荷重による応力状態

$$\sigma_1 = \frac{q}{\pi}(\beta + \sin\beta) \tag{4・21}$$

$$\sigma_3 = \frac{q}{\pi}(\beta - \sin\beta) \tag{4・22}$$

さらに，主応力が鉛直方向となす角 α は式(4・23)で与えられる．

$$\tan 2\alpha = \frac{2\tau_{xz}}{\sigma_z - \sigma_x} = \tan\psi$$

$$\therefore \quad \alpha = \frac{\beta_2 + \beta_1}{2} = \frac{\phi}{2} \tag{4・23}$$

4・3・2 盛土荷重による応力

河川堤防や道路・鉄道の盛土のような**堤状の帯状荷重**によって生じる地盤内の応力を求めるには，**オスターバーグ**（Osterberg）**の図表**（図4・8）を用いると便利である．この図表は a/z と b/z（a, b は図4・8(a) 参照）の関数としての影響値 I を示すものであり，地表面下 z における鉛直応力は

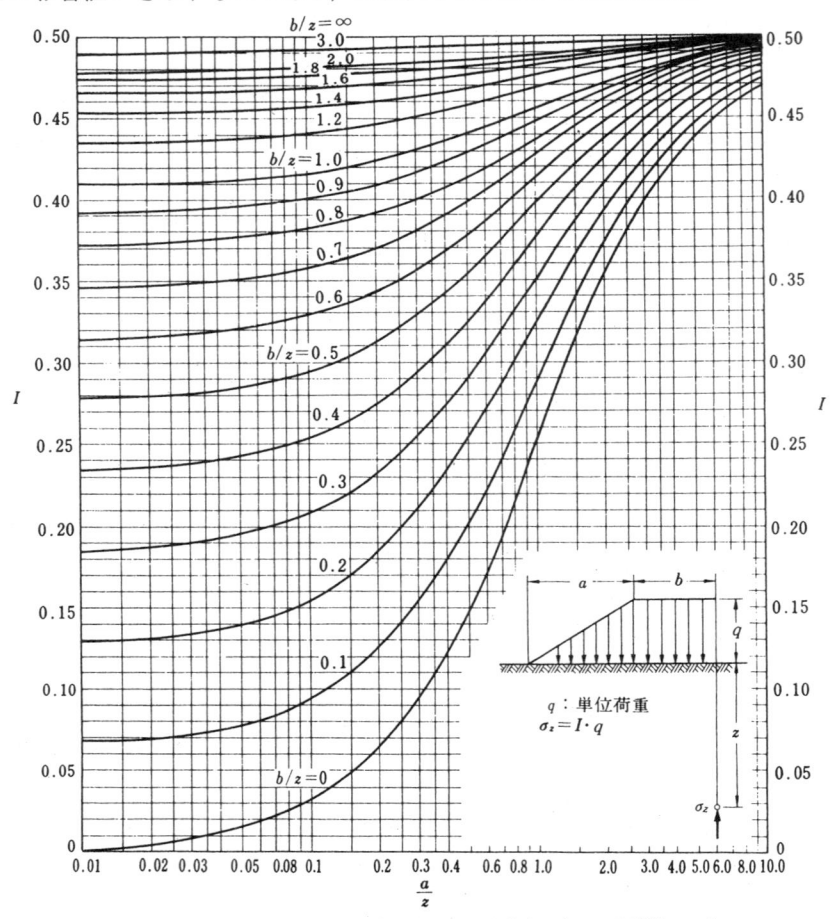

図4・8（a） 盛土荷重による半無限体中の鉛直応力を求める影響値の図表
（オスターバーグの図表）

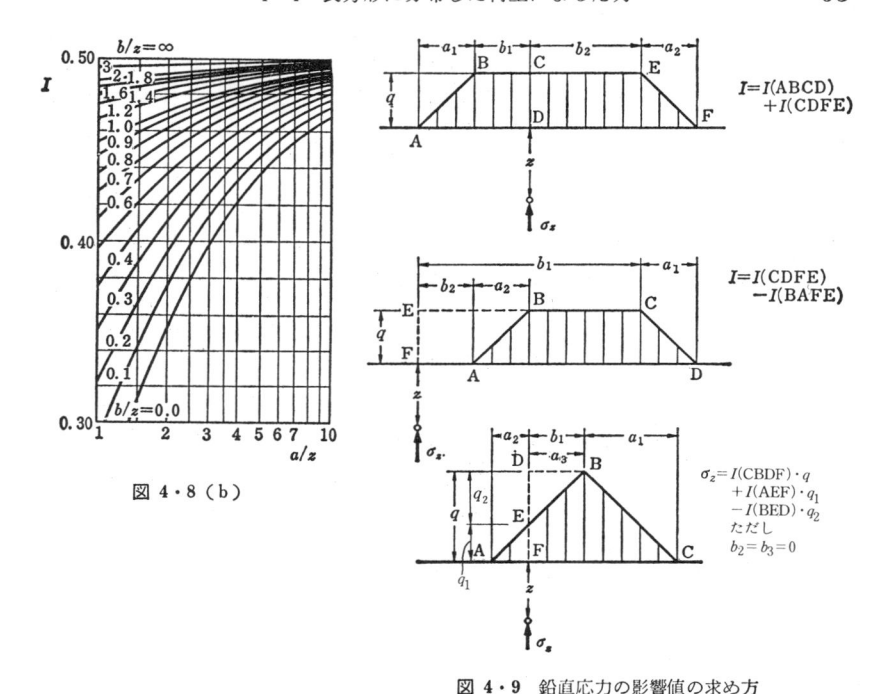

4・4 長方形に分布した荷重による応力

図 4・8 (b)

図 4・9 鉛直応力の影響値の求め方

$$\sigma_z = I \cdot q \tag{4・24}$$

で与えられる．鉛直応力を求める点が盛土の直下から外れている場合や，盛土の斜面の直下の応力を求める場合，あるいは盛土の断面が三角形の場合の応力は，図 4・9 に示すように，荷重の断面を分割したり，重ね合わせて求めることができる．

4・4 長方形に分布した荷重による応力

4・4・1 ブーシネスクの解を用いる近似法

4・1・1に述べたブーシネスク指数 N_B を用いて地表面に荷重が分布しているときの地盤中の鉛直応力 σ_z を求めることができる．たとえば，図 4・10 のような**長方形に分布した荷重** q があるとする．この面積を n 個の小さな区域に分割する．いま，フーチングの隅角 A 点の直下 z なる深さの地中の鉛直応力を求めるときは，分割したおのおのの小面積の図心と A 点との水平距離 r_i

を求め，これを用いておのおのの小面積ごとのブーシネスク指数 N_{Bi} を算出すると，求める応力 σ_z は式 (4・5) から式 (4・25) のように求められる．

$$\sigma_z = \sum_{i=1}^{n} N_{Bi} \frac{q_i}{z^2} \qquad (4 \cdot 25)$$

ここに q_i：各分割区域内の分布荷重

A 点以外の点の直下の応力も同様にして求めることができる．

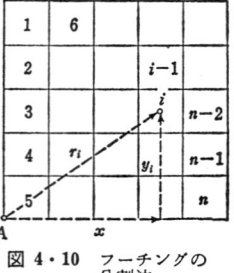

図 4・10 フーチングの分割法

4・4・2 ニューマークの図表による方法

上記のような計算法のかわりに，等分布荷重のあるときには，**ニューマーク** (Newmark) によって提案された方法により，地中の任意の深さにおける鉛直応力を求めることもできる．すなわち，長方形面積の隅角直下の z なる深さにおける鉛直応力 (σ_z) は次の式で与えられる．

$$\sigma_z = \frac{q}{4\pi} \left[\frac{2mn\sqrt{m^2 + n^2 + 1}}{m^2 + n^2 + m^2 n^2 + 1} \cdot \frac{m^2 + n^2 + 2}{m^2 + n^2 + 1} \right.$$
$$\left. + \tan^{-1} \frac{2mn\sqrt{m^2 + n^2 + 1}}{m^2 + n^2 - m^2 n^2 + 1} \right] \qquad (4 \cdot 26)$$

ここに q：等分布荷重の強さ
m, n：長方形の両辺の長さを，応力を求める点の深さ (z) でそれぞれ割った数

式 (4・26) を，

$$\sigma_z = q \times f_B(m, n) \qquad (4 \cdot 27)$$

とおき，m, n に対する $f_B(m, n)$ を求めると図 4・11 のようになる．

4・4・3 影響図表法

地表面で円形に等分布された荷重がある場合，円の中心直下の鉛直応力 σ_z は式 (4・1) を積分して求めることができる．

$$\sigma_z = \left[1 - \left\{ \frac{1}{1 + (r/z)^2} \right\}^{3/2} \right] \times q = I \cdot q \qquad (4 \cdot 28)$$

ここに I：影響値，$r/z = 0$ では $I = 0$，$r/z = \infty$ では $I = 1.0$

いくつかの同心円と放射線で区画された範囲の影響値が一定になるようにすると，図 4・12 が求められる．この図を**影響図表**といい，図 4・12 の場合の影

4・4 長方形に分布した荷重による応力

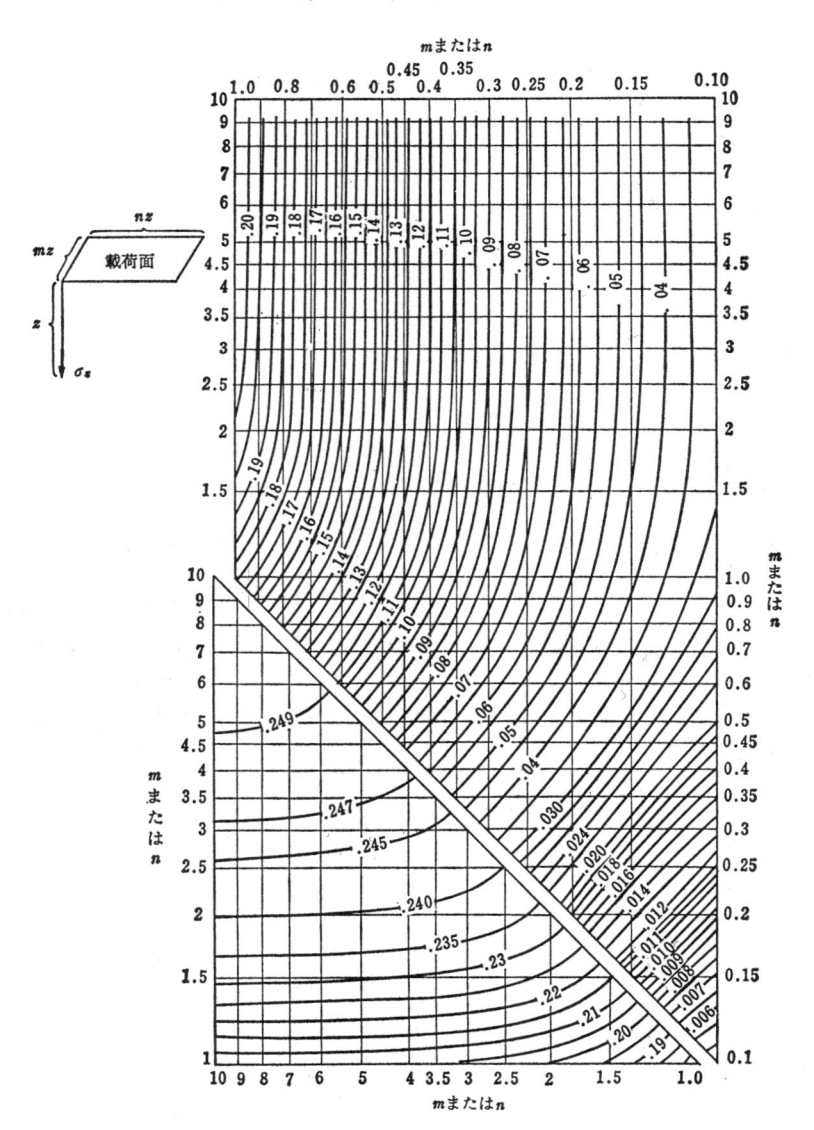

図 4・11 等分布長方形荷重の隅角下の σ_z を求める図表
（ニューマークの図表）

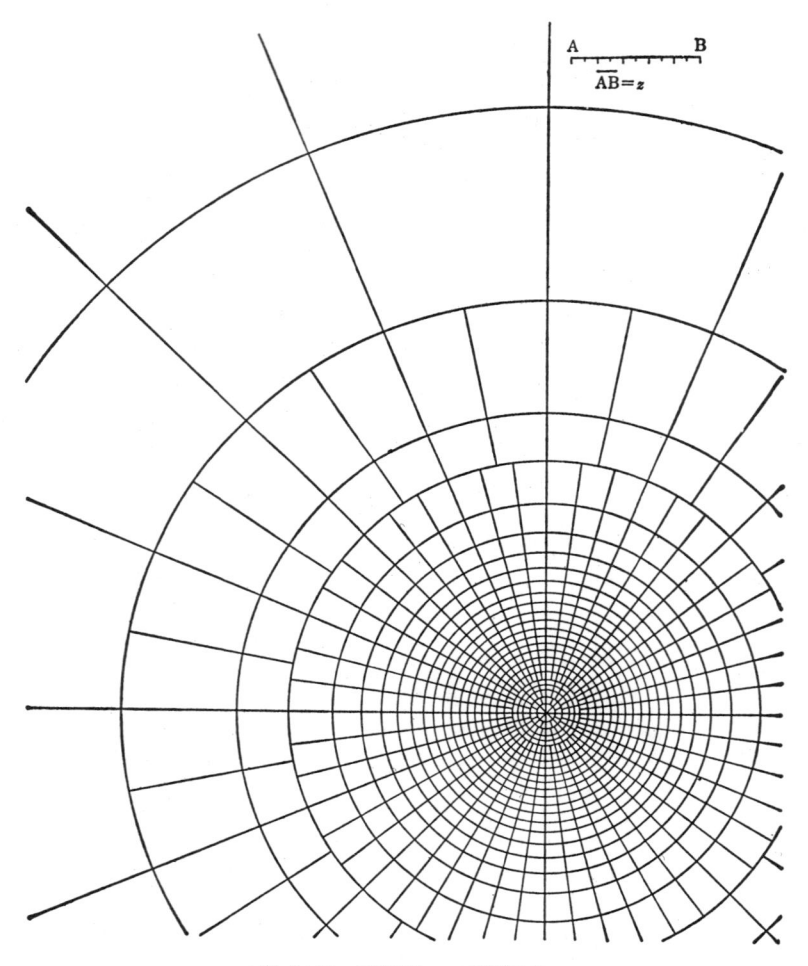

図 4・12 鉛直応力 σ_z の影響図表

響値は $I = 0.001$ である．

影響図表を用いて，地表の任意の平面形に等分布した荷重による深さ z の地中の鉛直応力 (σ_z) を求めるには，深さ z が図 4・12 の AB 線に等しくなるような縮尺で載荷平面の形を描き，鉛直応力を求めようとする位置の地盤上の点を影響図表の中心に一致させて，この載荷面積の中に含まれる区画の数

(n) を求めると，σ_z は次の式で求められる．

$$\sigma_z = q \times n \times 0.001 \tag{4・29}$$

なお，荷重が等分布でないときには，区画の数を数えるときに荷重強度に応じた重みをつければよい．また，載荷面積に一部がかかっている区画の数は 0.5 掛けで計算すればよい．

4・5 荷重分散法による近似解

地表に載荷された荷重による応力は地中深くなるにしたがい分散していく．その分散のしかたはほぼ一様で，図 4・13 のように深さ方向に 1 に対して横に 0.5 広がる程度である．したがって，地表面で幅 B，長さ L の矩形範囲に等分布荷重 q が載荷された場合，深さ z のところでは $(B + z) \times (L + z)$ の範囲に分散するので，鉛直応力 σ_z は近似的に

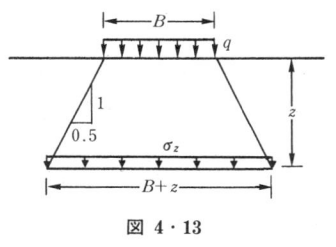

$$\sigma_z = \frac{qBL}{(B + z)(L + z)} \tag{4・30}$$

図 4・13

4・6 構造物基礎の接地圧

4・6・1 地盤を弾性支承としたときの接地圧

図 4・14 のように弾性支承されているはりのたわみは次の式で表わされる．

$$EI \frac{d^4 w}{dx^4} = q(x) - kw \tag{4・31}$$

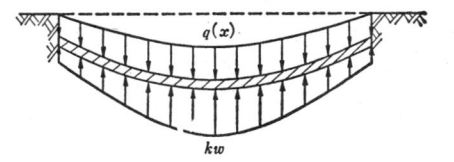

図 4・14 弾性ばりに作用する力

ここに w：はりのたわみ量（cm）
　　　　EI：はりの曲げ剛性（N·cm²）
　　　　k：地盤反力係数（N/cm³）

$P = kw$ は地盤がはりに及ぼす反力であり，これが接地圧である．いま，非常にたわみやすいはりの場合には，式(4・31) で $EI \fallingdotseq 0$ であるので，$P =$

$kw = q(x)$ となり，接地圧は荷重強度に等しくなる．一方，剛性の高いはりの場合には $EI \fallingdotseq \infty$ であり，$w = $ 一定となるので接地圧を求めることはできない．

4・6・2 地盤を弾性体としたときの接地圧

ブーシネスクは種々の平面形をなす剛性基礎版下の接地圧を求めた．

軸対称で等分布荷重（q）を受ける帯状基礎では，

$$P = \frac{2q}{\pi B} \frac{1}{\sqrt{1 - \left(\frac{2x}{B}\right)^2}} \tag{4・32}$$

ここに　B：基礎の幅
　　　　x：中心軸から接地圧を求める位置までの距離

中心に集中荷重（Q）を受ける円形基礎では，

$$P = \frac{Q}{2\pi R^2} \frac{1}{\sqrt{1 - \left(\frac{r}{R}\right)^2}} \tag{4・33}$$

ここに　R：基礎の半径
　　　　r：円の中心からの距離

図心に集中荷重（Q）を受ける長方形基礎では，

$$P = \frac{Q}{\pi^2 BL} \frac{1}{\sqrt{\left\{1 - \left(\frac{2x}{B}\right)^2\right\}\left\{1 - \left(\frac{2y}{L}\right)^2\right\}}} \tag{4・34}$$

ここに　B：基礎の幅
　　　　L：基礎の長さ
　　　　x, y：接地圧を求める点の図心からの距離（縦距・横距）

これらの式によると，いずれの場合にも基礎版の周縁では接地圧が無限大になる．これは現実と合わないので，オーデ（Ohde）は帯状基礎について周縁から $0.07B$ の範囲は計算の対象外として次の式を提案した．

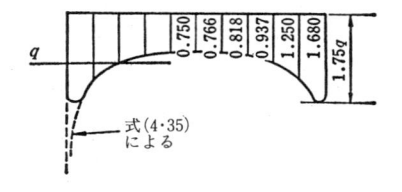

図 4・15　帯状基礎下の接触応力

$$P = \frac{0.75q}{\sqrt{1 - \left(\frac{2x}{B}\right)^2}} \tag{4・35}$$

周縁より $0.07B$ においては $P = 1.75q$ とし，接地圧分布は図 4・15 のようになる．また，一般に，剛性基礎下の粘性土および砂質地盤での接地圧分布は図 4・16 のようになるといわれている．

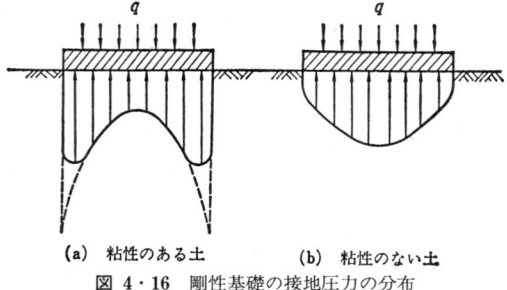

図 4・16 剛性基礎の接地圧力の分布
(a) 粘性のある土　(b) 粘性のない土

例　題　〔4〕

〔**4・1**〕 1000 kN の集中荷重が地表面にかかっているとき，荷重の直下，深さ 10 m の点における鉛直方向の圧力 σ_z を求めよ．また，荷重点から水平に 5 m 離れた点の直下，深さ 10 m における鉛直方向の応力 σ_z を求めよ．

〔**解**〕 **ブーシネスクの式による方法**

式 (4・1) において，$P = 1000$ kN，$z = 10$ m，$r = 0$ とすれば，荷重点の直下，深さ 10 m における鉛直応力は，

$$\sigma_z = \frac{1000}{2\pi} \times \frac{3}{10^2} = \mathbf{4.77\ kN/m^2}$$

また，$P = 1000$ kN，$z = 10$ m，$r = 5$ m とすると，荷重点から水平に 5 m 離れた点の直下，深さ 10 m の鉛直応力は，

$$\sigma_z = \frac{1000}{2\pi} \times \frac{3 \times 10^3}{(5^2 + 10^2)^{5/2}} = \frac{3 \times 10^5}{2\pi \times 174{,}693} = \mathbf{2.73\ kN/m^2}$$

〔**別解 1.**〕 **ブーシネスク指数による方法**

図 4・2 を用いると，荷重点直下では，$r = 0$ であるから，$r/z = 0$ であるので，$N_B = 0.48$ である．したがって，式 (4・5) より，

$$\sigma_z = 0.48 \times \frac{1000}{10^2} = \mathbf{4.8\ kN/m^2}$$

また，荷重点より水平に 5 m 離れた点の直下，深さ 10 m では，$r/z = 0.5$ であるから，$N_B = 0.28$ である．したがって，

$$\sigma_z = 0.28 \times \frac{1000}{10^2} = \mathbf{2.8\ kN/m^2}$$

〔**別解 2.**〕 **フレーリッヒの式による方法**

フレーリッヒの式 (4・6) によって求めれば，荷重点直下では，$\cos\theta = \dfrac{z}{\sqrt{r^2 + z^2}}$ であるから，$r = 0$ より $\cos\theta = 1$ となり，$\sigma_z = \dfrac{\nu}{2\pi} \cdot \dfrac{1000}{10^2} = \dfrac{\nu}{2\pi}$ である．ここで，$\nu = 3$ とおけば，$\sigma_z = \mathbf{4.77\ kN/m^2}$

同様に，荷重点より5m離れた点の直下，深さ10mでは，$\cos\theta = \dfrac{10}{\sqrt{5^2+10^2}} = 0.894$ であり，式(4・6)より $\sigma_z = \dfrac{\nu}{2\pi}\cdot\dfrac{1000}{10^2}(0.894)^{\nu+2}$ となる．$\nu = 3$ とおけば，

$$\sigma_z = \mathbf{2.73\ kN/m^2}$$

〔**4・2**〕 100 kN/m の一様な線荷重が地表面にかかっているとき，
① 荷重の直下，深さ10mにおける鉛直応力 σ_z を求めよ．
② 荷重に直角に5m離れた点の直下，深さ10mにおける鉛直応力を求めよ．

〔**解**〕 **ブーシネスクの式による方法**
① 式(4・11)において，$q = 100$ kN/m, $z = 10$ m, $x = 0$ とおくと

$$\sigma_z = \dfrac{2\times 100}{\pi}\times\dfrac{1}{10} = \mathbf{6.37\ kN/m^2}$$

② 式(4・11)において，$q = 100$ kN/m, $z = 10$ m, $x = 5$ m とおくと，

$$\sigma_z = \dfrac{2\times 100}{\pi}\times\dfrac{10^3}{(5^2+10^2)^2} = \dfrac{2\times 10^4}{\pi\times 15{,}625} = \mathbf{4.07\ kN/m^2}$$

〔**別 解 1.**〕 **ブーシネスク指数による方法**
① $x/z = 0$ であるから，図4・5より，$N_B = 0.64$ である．したがって，式(4・14)より，

$$\sigma_z = 0.64\times\dfrac{100}{10} = \mathbf{6.4\ kN/m^2}$$

② $x/z = 0.5$ であるから，図4・5より，$N_B = 0.41$ となる．したがって，式(4・14)より，

$$\sigma_z = 0.41\times\dfrac{100}{10} = \mathbf{4.1\ kN/m^2}$$

〔**別 解 2.**〕 **フレーリッヒの式による方法**
① 式(4・15)において，$x = 0$ では $\cos\theta = \dfrac{z}{\sqrt{x^2+z^2}} = 1$ であるから，$\sigma_z = f\cdot\dfrac{100}{10} = 10f$ となる．$\nu = 3$ では，表4・1より，$f = 2/\pi$ であるから，

$$\sigma_z = \mathbf{6.37\ kN/m^2}$$

② $\cos\theta = \dfrac{10}{\sqrt{5^2+10^2}} = 0.894$ であるから，式(4・15)より，

$$\sigma_z = f\cdot\dfrac{100}{10}\cdot(0.894)^{\nu+1} = 10f\cdot(0.894)^{\nu+1}$$

となる．$\nu = 3$ では，表4・1より，$f = 2/\pi$ であるから，

$$\sigma_z = \dfrac{20}{\pi}\times(0.894)^{\nu+1} = \mathbf{4.07\ kN/m^2}$$

〔**4・3**〕 幅5mで100 kN/m² の帯状荷重が地表面にあるとき，
① 荷重幅の中心直下6mの深さの鉛直応力を求めよ．
② 荷重幅の中心より3m離れた点の直下，深さ6mにおける鉛直応力を求めよ

(図 4・17).

〔解〕

① 図 4・7 より, $\beta_1 = -\beta_2$ となるから, 式(4・18) において, $\psi = 0$ である. また, 図 4・17 を参照すれば,

$$\tan \frac{\beta}{2} = \frac{2.5}{6} = 0.4167$$

∴ $\beta = 45.240° = 0.790$ ラジアン

となるから, 式(4・18) に $\psi = 0°$, $\beta = 45.24° = 0.790$ ラジアンを代入すると,

$$\sigma_z = \frac{100}{\pi} \times (0.790 + \sin 45.24 \times 1.0)$$
$$= \frac{100}{\pi} \times (0.790 + 0.710)$$
$$= \mathbf{47.7\ kN/m^2}$$

② 図 4・17 において,

$$\tan \beta_1 = \frac{0.5}{6.0} = 0.0833$$
$$\tan \beta_2 = \frac{5.5}{6.0} = 0.9167$$

∴ $\beta_1 = 4.76°$ $\beta_2 = 42.51°$

図 4・17

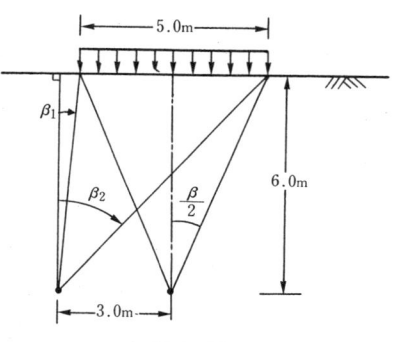

したがって,

$$\beta = \beta_2 - \beta_1 = 42.51 - 4.76 = 37.75° = 0.659\ \text{ラジアン}$$
$$\psi = \beta_2 + \beta_1 = 42.51 + 4.76 = 47.27°$$

これらの値を式(4・18) に代入すると σ_z は次のようになる.

$$\sigma_z = \frac{100}{\pi}(0.659 + \sin 37.75° \cdot \cos 47.27°)$$
$$= \frac{100}{\pi}(0.659 + 0.612 \times 0.679) = \frac{100 \times 1.075}{\pi} = \mathbf{34.2\ kN/m^2}$$

〔**4・4**〕 例題〔4・3〕の各点の主応力および最大せん断応力を求めよ.

〔解〕 ①の場合

$\beta = 0.790$, $\sin \beta = 0.710$ であるから式(4・21), 式(4・22) より,

$$\sigma_1 = \frac{100}{\pi}(0.790 + 0.710) = \mathbf{47.7\ kN/m^2}$$
$$\sigma_3 = \frac{100}{\pi}(0.790 - 0.710) = \mathbf{2.5\ kN/m^2}$$

また, 最大せん断応力は,

$$\tau_{\max} = \frac{\sigma_1 - \sigma_3}{2} = \frac{47.7 - 2.5}{2} = \mathbf{22.6\ kN/m^2}$$

②の場合

$\beta = 0.659$, $\sin \beta = 0.612$, $\cos \psi = 0.679$

であるから，

$$\sigma_1 = \frac{100}{\pi}(0.659 + 0.612) = \mathbf{40.5\ kN/m^2}$$

$$\sigma_3 = \frac{100}{\pi}(0.659 - 0.612) = \mathbf{1.5\ kN/m^2}$$

$$\tau_{max} = \frac{\sigma_1 - \sigma_3}{2} = \frac{40.5 - 1.5}{2} = \mathbf{19.5\ kN/m^2}$$

〔4・5〕 図4・18に示すような盛土の下のA, B, C, D点における σ_z を求めよ．ただし，盛土の土の単位体積重量は $\gamma_t = 17.6\ kN/m^3$ とする．

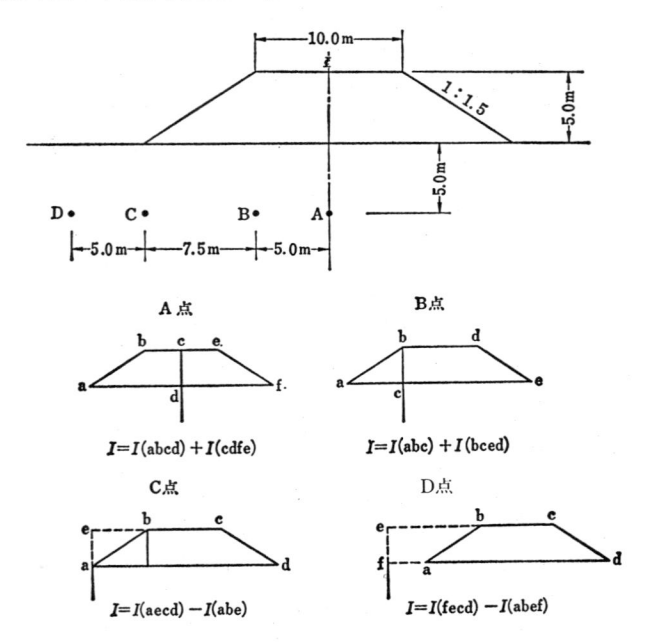

図 4・18

〔解〕 図4・9を参考にして，A，B，C，D点に対する式(4・24)の I を図中に示すようにとると，おのおのの場合の σ_z が求められる．ここに，$q = 5.0 \times 17.6 = 88.0\ kN/m^2$ である．

① **A 点** $I(\mathrm{abcd}) = I(\mathrm{cdfe})$ に対して，$a/z = 7.5/5 = 1.5$　$b/z = 5/5 = 1.0$ であるから，図4・8より，$I(\mathrm{abcd}) = I(\mathrm{cdfe}) = 0.464$

したがって，
$$\sigma_z = 2I(\mathrm{abcd}) \cdot q = 2 \times 0.464 \times 88.0 = \mathbf{81.7\ kN/m^2}$$

② **B 点**

$I(\text{abc})$ に対して, $a/z = 7.5/5 = 1.5$ $b/z = 0$
$I(\text{bced})$ に対して, $a/z = 7.5/5 = 1.5$ $b/z = 10/5 = 2$
であるから
$I(\text{abc}) = 0.315, \quad I(\text{bced}) = 0.487$
したがって,
$\sigma_z = \{I(\text{abc}) + I(\text{bced})\} \times q = (0.315 + 0.487) \times 88.0 = \mathbf{70.6\,kN/m^2}$

③ **C 点**

$I(\text{aecd})$ に対して, $a/z = 7.5/5 = 1.5$ $b/z = 17.5/5 = 3.5$
$I(\text{abe})$ に対して, $a/z = 7.5/5 = 1.5$ $b/z = 0$
であるから,
$I(\text{aecd}) = 0.491, \quad I(\text{abe}) = 0.315$
$\therefore \sigma_z = \{I(\text{aecd}) - I(\text{abe})\} \times q = (0.491 - 0.315) \times 88.0 = \mathbf{15.5\,kN/m^2}$

④ **D 点**

$I(\text{fecd})$ に対して, $a/z = 7.5/5 = 1.5$ $b/z = 22.5/5 = 4.5$
$I(\text{abef})$ に対して, $a/z = 7.5/5 = 1.5$ $b/z = 5/5 = 1.0$
であるから,
$I(\text{fecd}) = 0.495, \quad I(\text{abed}) = 0.464$
$\therefore \sigma_z = \{I(\text{fecd}) - I(\text{abed})\} \times q = (0.495 - 0.464) \times 88.0 = \mathbf{2.7\,kN/m^2}$

〔4・6〕 地表面の $8\,m \times 16\,m$ の長方形に $q = 49\,kN/m^2$ の等分布荷重があるとき, 図4・19に示すような A, B, C 点の下, 深さ 10 m における σ_z を求めよ.

〔**解**〕 **ブーシネスクの解を用いる近似法**

荷重分布を図4・19(b) に示すように $2\,m \times 2\,m$ の正方形に分割し, 各区分の分布荷重の和 $(2\,m \times 2\,m \times 49\,kN/m^2 = 196\,kN)$ が, それぞれの正方形の中央に集中荷重としてかかったものと考える. A, B, C 点から各正方形の中心までの距離を r_i とすると, それぞれの場合における N_{Bi} が表4・2, 表4・3, 表4・4に示すように求まる. したがって, 式(4・25)により, σ_z は次のように求まる.

① **A 点** この場合は図4・19(c) の adef における A 点の応力を求めこれを4倍すれ

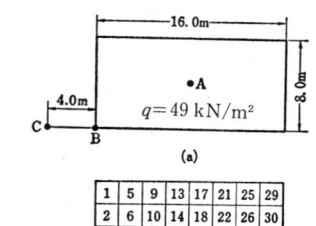

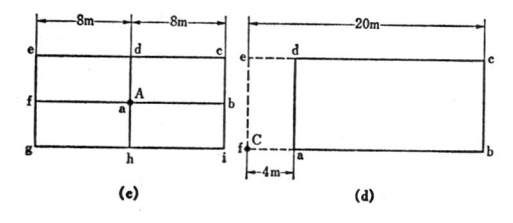

図 4・19

ばよい．したがって，表 4・2 から，$\sum N_{Bi} = 2.344$ であるからこれを式 (4・25) に代入すると次のようになる．

表 4・2 A 点の σ_z を求めるための $\sum N_{Bi}$

区割の番号	x_i (m)	y_i (m)	$r_i^2 = x_i^2 + y_i^2$ (m²)	$\left\{1+\left(\dfrac{r_i}{z}\right)^2\right\}^{5/2}$	N_{Bi}
1	7.0	3.0	58.00	3.1379	0.152
2	7.0	1.0	50.00	2.7557	0.173
5	5.0	3.0	34.00	2.0786	0.230
6	5.0	1.0	26.00	1.7821	0.268
9	3.0	3.0	18.00	1.5125	0.316
10	3.0	1.0	10.00	1.2691	0.376
13	1.0	3.0	10.00	1.2691	0.376
14	1.0	1.0	2.00	1.0506	0.454

$\sum N_{Bi} = 2.344$

$$\sigma_z = 4 \times \frac{q_i}{z^2} \sum N_{Bi} = 4 \times \frac{196}{10^2} \times 2.344 = \mathbf{18.4 \ kN/m^2}$$

② **B 点**　同様の方法で図 4・19 (b) を参照して，表 4・3 から，$\sum N_{Bi} = 4.445$ であるから，

$$\sigma_z = \frac{q_i}{z^2} \sum N_{Bi} = \frac{196}{10^2} \times 4.445 = \mathbf{8.7 \ kN/m^2}$$

表 4・3 B 点の σ_z を求めるための $\sum N_{Bi}$

区割の番号	x_i (m)	y_i (m)	$r_i^2 = x_i^2 + y_i^2$ (m²)	$\left\{1+\left(\dfrac{r_i}{z}\right)^2\right\}^{5/2}$	N_{Bi}
1	1.0	7.0	50.0	2.7557	0.173
2	1.0	5.0	26.0	1.7821	0.268
3	1.0	3.0	10.0	1.2691	0.376
4	1.0	1.0	2.0	1.0508	0.454
5	3.0	7.0	58.0	3.1379	0.152
6	3.0	5.0	34.0	2.0786	0.230
7	3.0	3.0	18.0	1.5125	0.316
8	3.0	1.0	10.0	1.2691	0.376
9	5.0	7.0	74.0	3.9937	0.120
10	5.0	5.0	50.0	2.7557	0.173
11	5.0	3.0	34.0	2.0786	0.230
12	5.0	1.0	26.0	1.7821	0.268
13	7.0	7.0	98.0	5.5165	0.087
14	7.0	5.0	74.0	3.9937	0.120
15	7.0	3.0	58.0	3.1379	0.152
16	7.0	1.0	50.0	2.7557	0.173

例　題〔4〕

区割の番号	x_i (m)	y_i (m)	$r_i^2 = x_i^2 + y_i^2$ (m²)	$\left\{1+\left(\frac{r_i}{z}\right)^2\right\}^{5/2}$	N_{Bi}
17	9.0	7.0	130.0	8.0227	0.060
18	9.0	5.0	106.0	6.0907	0.078
19	9.0	3.0	90.0	4.976	0.096
20	9.0	1.0	82.0	4.4687	0.107
21	11.0	7.0	170.0	11.9787	0.040
22	11.0	5.0	146.0	9.4916	0.050
23	11.0	3.0	130.0	8.0227	0.060
24	11.0	1.0	122.0	7.3432	0.065
25	13.0	7.0	218.0	18.0330	0.026
26	13.0	5.0	194.0	14.8207	0.032
27	13.0	3.0	178.0	12.8858	0.037
28	13.0	1.0	170.0	11.9787	0.040
29	15.0	7.0	274.0	27.0507	0.018
30	15.0	5.0	250.0	22.9177	0.021
31	15.0	3.0	234.0	20.3876	0.023
32	15.0	1.0	226.0	19.1886	0.025

$\sum N_{Bi} = 4.445$

③　C 点　表 4・4 より，$\sum N_{Bi} = 2.195$ であるから，

$$\sigma_z = \frac{q_i}{z^2} \sum N_{Bi} = \frac{196}{10^2} \times 2.195 = \mathbf{4.3\,kN/m^2}$$

表 4・4　C点の σ_z を求めるための $\sum N_{Bi}$

区割の番号	x_i (m)	y_i (m)	$r_i^2 = x_i^2 + y_i^2$ (m²)	$\left\{1+\left(\frac{r_i}{z}\right)^2\right\}^{5/2}$	N_{Bi}
1	5.0	7.0	74.0	3.9937	0.120
2	5.0	5.0	50.0	2.7557	0.173
3	5.0	3.0	34.0	2.0786	0.230
4	5.0	1.0	26.0	1.7821	0.268
5	7.0	7.0	98.0	5.5165	0.087
6	7.0	5.0	74.0	3.9937	0.120
7	7.0	3.0	58.0	3.1379	0.152
8	7.0	1.0	50.0	2.7557	0.173
9	9.0	7.0	130.0	8.0227	0.060
10	9.0	5.0	106.0	6.0907	0.078
11	9.0	3.0	90.0	4.976	0.096
12	9.0	1.0	82.0	4.4687	0.107
13	11.0	7.0	170.0	11.9787	0.040
14	11.0	5.0	146.0	9.4916	0.050
15	11.0	3.0	130.0	8.0227	0.060
16	11.0	1.0	122.0	7.3432	0.065

区割の番号	x_i (m)	y_i (m)	$r_i^2 = x_i^2 + y_i^2$ (m²)	$\left\{1+\left(\frac{r_i}{z}\right)^2\right\}^{5/2}$	N_{Bi}
17	13.0	7.0	218.0	18.0330	0.026
18	13.0	5.0	194.0	14.8207	0.032
19	13.0	3.0	178.0	12.8858	0.037
20	13.0	1.0	170.0	11.9786	0.040
21	15.0	7.0	274.0	27.0507	0.018
22	15.0	5.0	250.0	22.9177	0.021
23	15.0	3.0	234.0	20.3876	0.023
24	15.0	1.0	226.0	19.1886	0.025
25	17.0	7.0	338.0	40.1500	0.012
26	17.0	5.0	314.0	34.8739	0.014
27	17.0	3.0	298.0	31.6015	0.015
28	17.0	1.0	290.0	30.0373	0.016
29	19.0	7.0	410.0	58.7389	0.008
30	19.0	5.0	386.0	52.0704	0.009
31	19.0	3.0	370.0	47.8900	0.010
32	19.0	1.0	362.0	45.8780	0.010

$\sum N_{Bi} = 2.195$

〔別 解 1.〕 ニューマークの図表による方法

① **A 点** 載荷面を図4・19(c) のように4等分し，adefに作用するa点下の応力を求め，これを4倍すればよい．

$$m = \frac{8}{10} = 0.8, \quad n = \frac{4}{10} = 0.4$$

であるから，図4・11より，$f_B(m, n) \fallingdotseq 0.092$ を得る．したがって，式(4・27) を用いて，

$$\sigma_z = 4 \times q \times f_B(m, n) = 4 \times 49 \times 0.092 = \mathbf{18.0 \ kN/m^2}$$

② **B 点** $m = \frac{16}{10} = 1.6, \quad n = \frac{8}{10} = 0.8$ であるから，図4・11より，$f_B(m, n) = 0.178$ を得る．したがって，

$$\sigma_z = 49 \times 0.178 = \mathbf{8.7 \ kN/m^2}$$

③ **C 点** 図4・19(d) を参照して，c点下の応力を次のようにして求める．

$$\sigma_z = q\{f_B(m, n)_{(bcef)} - f_B(m, n)_{(adef)}\}$$

載荷面bcefに対して，

$$m = \frac{20}{10} = 2.0, \quad n = \frac{8}{10} = 0.8$$

であるから，$f_B(m, n)_{(bcef)} = 0.182$

載荷面adefに対して，

$$m = \frac{4}{10} = 0.4, \quad n = \frac{8}{10} = 0.8$$

であるから，$f_B(m, n)_{\text{(adef)}} = 0.092$ となる．したがって，
$$\sigma_z = q\{f_B(m, n)_{\text{(bcef)}} - f_B(m, n)_{\text{(adef)}}\}$$
$$= 49 \times (0.182 - 0.092) = 49 \times 0.09 = \mathbf{4.4\ kN/m^2}$$

〔**別 解 2.**〕 **影響円による方法**

図 4·20 に示すように，深さ $z(10\,\text{m})$ を AB に縮尺して，載荷面を描き，応力を求めようとする点，A，B，C を影響図表の中心に重ね，それぞれの場合の区画 n を数える．

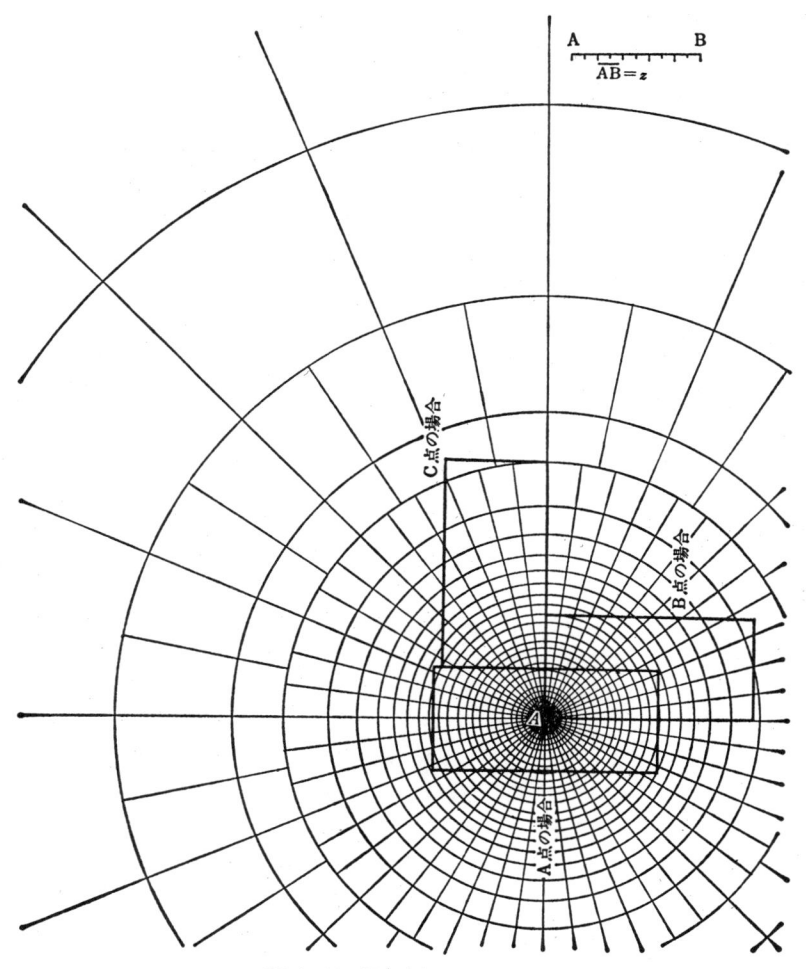

図 4·20 鉛直応力 σ_z の影響図表

① **A 点**　$n = 378$ であるから式(4・29)より，
$\sigma_z = q \times n \times 0.001 = 49 \times 378 \times 0.001 = \mathbf{18.5\ kN/m^2}$
② **B 点**　$n = 180$ であるから，
$\sigma_z = 49 \times 180 \times 0.001 = \mathbf{8.8\ kN/m^2}$
③ **C 点**　$n = 85$ であるから，
$\sigma_z = 49 \times 85 \times 0.001 = \mathbf{4.2\ kN/m^2}$

〔**4・7**〕 地表面に直径 20 m の円形基礎のタンクが建設された．荷重が 180 kN/m² の等分布のとき，タンク中央直下の深さ 10 m での地中応力 σ_z を略算法で求めよ．

〔**解**〕 地表面で直径 20 m の載荷重は深さ 10 m では直径 30 m の範囲に分散される．したがって，

$$\sigma_z = \frac{180 \times \frac{\pi}{4} \times 20^2}{\frac{\pi}{4} \times 30^2} = \mathbf{80\ kN/m^2}$$

問　題　〔4〕

〔**4・1**〕 地表面に 60 kN の集中荷重がある．この直下 5 m，横に 3 m 離れた位置での荷重による鉛直応力を求めよ．
〔**解**〕　$0.53\ kN/m^2$

〔**4・2**〕 幅 6 m で 200 kN/m² の帯状荷重が地表面にあるとき，中央直下と載荷幅端部直下 3 m 深さでの荷重による鉛直応力を求めよ．
〔**解**〕　$164\ kN/m^2$，$96\ kN/m^2$

〔**4・3**〕 図 4・21 の三角形盛土の中央直下 6 m での荷重による鉛直応力を求めよ．$\gamma_t = 16\ kN/m^3$ とする．
〔**解**〕　$68\ kN/m^2$

〔**4・4**〕 図 4・22 の中庭のある建物の重さが 100 kN/m² のとき，中庭中央 A 点の直下 10 m での荷重による鉛直応力を求めよ．
〔**解**〕　$23\ kN/m^2$

〔**4・5**〕 地表面の 5 m × 8 m の長方形の範囲に 200 kN/m² の等分布荷重があるとき，載荷面中央直下 5 m での荷重による鉛直応力を略算法で求めよ．
〔**解**〕　$62\ kN/m^2$

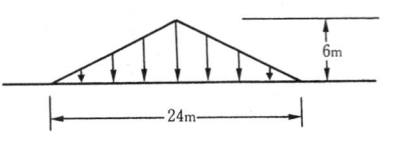

図 4・21

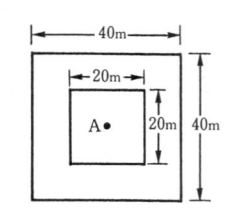

図 4・22

第5章　基礎の圧密沈下

5・1　土の圧密

5・1・1　圧密現象

飽和している細粒の土の表面に載荷重が加わると長時間にわたって沈下を生じるが，この場合，個々の土粒子や間隙を満たす水に生じる弾性的変形はほとんど無視しうるほど小さく，沈下の大部分は，土が圧縮力を受けたために，その間隙水が外部に排出され，土粒子の配列が変化するためによって生じるものである．このような透水度の低い土の上に築造された構造物の重量や土の自重のために，土中の水分が時間的遅れを伴いながら排出され，それにつれて土が徐々に圧縮される現象を圧密という．

5・1・2　一次元圧密理論

テルツァギー（Terzaghi）**の一次元圧密理論**の根拠となる主な仮定は次のようなものである．

① 土は全く均質である．
② 土粒子の間隙は常に完全に飽和されている．
③ 土中の水分は一軸的に排水され，かつ，ダルシーの法則が完全に成立する．
④ 土の圧縮も一軸的に行なわれる．
⑤ ある種の土の性質は土の受ける圧力の大きさにかかわらず一定である．
⑥ 間隙比—圧力の関係は理想的に直線化できる．

これらの仮定に基づいてテルツァギーは式(5・1)で表わされる基本方程式を導いた．

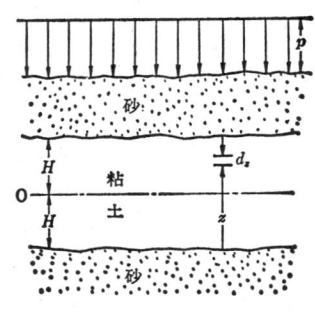

図 5・1　粘土層の圧密

$$\frac{\partial u}{\partial t} = c_v \frac{\partial^2 u}{\partial z^2} \tag{5・1}$$

ここに　u：間隙水圧 (kN/m²)
　　　　c_v：圧密係数 (cm²/day)

図5・1に示した境界条件

　　　$z=0$ および $z=2H$ において $u=0$
　　　$t=0$ および $z=2H$ において $u=p$

に対して式(5・1)を解くと，

$$u = \frac{4}{\pi} p \sum_{n=0}^{\infty} \frac{1}{2n+1} \left[\sin\frac{(2n+1)\pi z}{2H}\right] e^{-(2n+1)^2 \pi^2 T_v/4} \tag{5・2}$$

$$T_v = \frac{c_v}{H^2} \cdot t \tag{5・3}$$

ここに　u：間隙水圧 (kN/m²)
　　　　n：整数
　　　　e：自然対数の底
　　　z, H：図5・1参照
　　　　T_v：時間係数（ディメンションなし）
　　　　t：間隙水圧が式(5・2)で示される大きさに減少するまでの時間 (s)
　　　　c_v：圧密係数 (cm²/day)

5・1・3　圧密試験

圧密試験の方法は JIS A 1217 と「JIS A 1217 に対する土質工学会せん断試験法委員会改訂案（1969）」に規定されている．

（1）　圧縮係数と圧密指数　　土の圧密試験において間隙比 e と圧密圧力 p

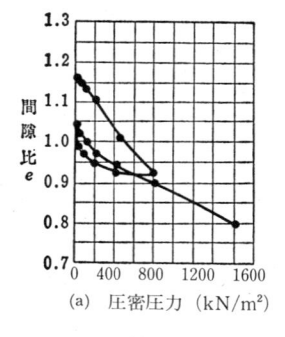

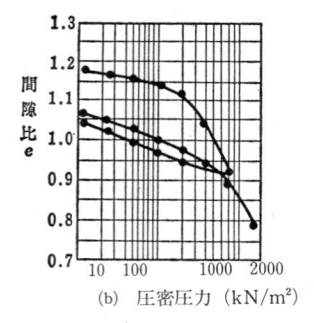

図 5・2　e-p 曲線および e-$\log p$ 曲線

との関係を示すと図 5・2 のようになる．図 5・2 の (a) に示す e-p 曲線の傾度を**圧縮係数**といい，同図 (b) に示す e-$\log p$ 曲線の傾度を**圧縮指数**という．すなわち，

$$\text{圧縮係数} \quad a_v = \frac{e_0 - e}{p - p_0} \tag{5・4}$$

$$\text{圧縮指数} \quad C_c = \frac{e_0 - e}{\log_{10}\dfrac{p}{p_0}} \tag{5・5}$$

ここに　p_0：初めの圧密圧力（kN/m²）
　　　　p：増加した後の圧密圧力（kN/m²）
　　　　e_0：圧密圧力 p_0 に相当する間隙比
　　　　e：同じく圧密圧力 p に相当する間隙比

（2）体積圧縮係数　圧密試験において，圧密圧力の増加に対する試料の体積減少の割合を**体積圧縮係数**といい式 (5・6) で表わされる．

$$m_v = \frac{e_0 - e}{1 + e_0} \cdot \frac{1}{p - p_0} = \frac{a_v}{1 + e_0} \tag{5・6}$$

ここに　m_v：体積圧縮係数（m²/kN）

また，圧密を一軸的であると考えると式 (5・6) は，

$$m_v = \frac{h_0 - h}{h_0} \cdot \frac{1}{p - p_0} \tag{5・7}$$

で表わされる．

ここに　h_0：初めの試料の厚さ（cm）
　　　　h：圧密圧力 p に対する試料の厚さ（cm）

（3）先行圧密応力（圧密降伏応力）　図 5・2(b) の e-$\log p$ 曲線の傾度が中途で緩から急に変わるのは，試料が事前に圧縮圧力を受けたためである．試料が受けた**先行圧密応力**の大きさを決定する方法は e-$\log p$ 曲線の直線部分の傾度 C_c（圧縮指数）を求め，$C_c' = 0.1 + 0.25 C_c$ なる傾度をもつ直線と e-$\log p$ 曲線の接点 A（図 5・3 参照）を決め，A 点を通って $C_c'' = \dfrac{1}{2} C_c'$ なる傾度の直線と正規圧密部分の最急傾度の部分を延長した直線

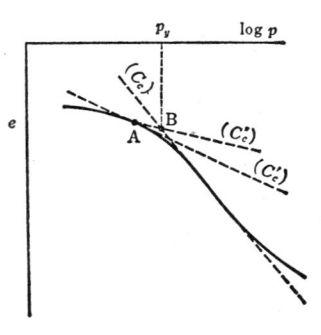

図 5・3　先行圧密応力の決定法

(C_c) との交点 B を求める．この B 点の圧力座標を先行圧密応力とする．

（4）圧密係数　土が圧密圧力を受けて圧縮される場合，圧密量の時間的割合はその土の圧縮性と透水性によって定まる．圧密の時間的過程を検討する上に必要な**圧密係数**は式(5・8) で与えられる．

$$c_v = \frac{k}{m_v \gamma_w} = \frac{k(1+e_m)}{a_v \gamma_w} \tag{5・8}$$

ここに　c_v：圧密係数 (cm²/day または cm²/s)
　　　　k：透水係数 (cm/day または cm/s)
　　　　m_v：体積圧縮係数 (m²/kN)
　　　　γ_w：水の単位体積重量 (N/cm³)
　　　　e_m：平均間隙比
　　　　a_v：圧縮係数 (m²/kN)

圧密荷重がかかってから，任意の時間を経たときの圧密度は式(5・9) で与えられる時間係数の関数として示される．

$$U_z = f(T_v) \tag{5・9}$$

$$T_v = \frac{c_v}{H^2} t \tag{5・10}$$

ここに　U_z：圧密度
　　　　T_v：時間係数（ディメンションなし）
　　　　c_v：圧密係数 (cm²/day または cm²/s)
　　　　t：圧密度が 0 から U_z に進む時間 (day または s)
　　　　H：試料の最大排水距離 (cm)，試料の上下両面から排水される場合には H は最初の試料の厚さの 1/2 とする．

圧密試験の結果，圧密係数を計算するには，後述する方法によって $U_z = 0.5$，または $U_z = 0.9$ に相当する圧密時間 t_{50} または t_{90} を求める．上下両面から排水される普通の圧密試験では

　　　　t_{50} に相当する　$T_v = 0.197$,　　t_{90} に相当する　$T_v = 0.848$

であるので，

$$c_v = \frac{0.197 H^2}{t_{50}} \times 1440 \tag{5・11}$$

$$c_v = \frac{0.848 H^2}{t_{90}} \times 1440 \tag{5・12}$$

から計算できる．

ここに，c_v：圧密係数 (cm²/day)
　　　　t_{50}：圧密度 0.5 に相当する圧密時間 (min)
　　　　t_{90}：圧密度 0.9 に相当する圧密時間 (min)

圧密度 0.9 に相当する圧密経過時間 t_{90} を求める方法を $\sqrt{t}$ 法という．すなわち圧密試験において，ダイヤルゲージの沈下の読み d に対して圧密経過時間の平方根 $\sqrt{t}$ の曲線を描き（例題〔5・6〕参照），次にこの曲線の直線部分の修正した原点 d_0 を通り，その 1.15 倍の傾度をもつ直線を引くと，これと d-$\sqrt{t}$ 曲線の交点によって t_{90} とこれに対応するダイヤルゲージの沈下 d_{90} とが与えられる（図 5・4）．図中の $\Delta d'$ は一次圧密量を表わす．

また，曲線定規法は次のように行なう．縦軸にダイヤルゲージの読み d を，横軸に時間 t の対数をとって，測定結果を半対数方眼紙に描く．次に測定結果を描くのに用いた半対数方眼紙と同じ方眼紙（トレーシングペーパー）に，圧密度（U）と時間（T）との理論的な関係を圧密度のスケールを変えて多数描く（図 5・5），これを曲線定規という．たとえば，$T = 0.01$，0.1 および 1.0 に対する U はそれぞれ，11.3%，35.6% および 93.1% であるから，T の対数目盛に対し U に一定の比例定数を掛けた値を用いて曲線定規を作る．この曲線定規を測定結果の d-$\log t$ 曲線の上に重ね，互いに上下左右に平行移動させて d-$\log t$ 曲線と最も長い範囲で一致する定規の曲線を選び，曲線定規のゼロ線に相当するダイヤルゲージの読みを初期補正値 d_0 とする．このようにし

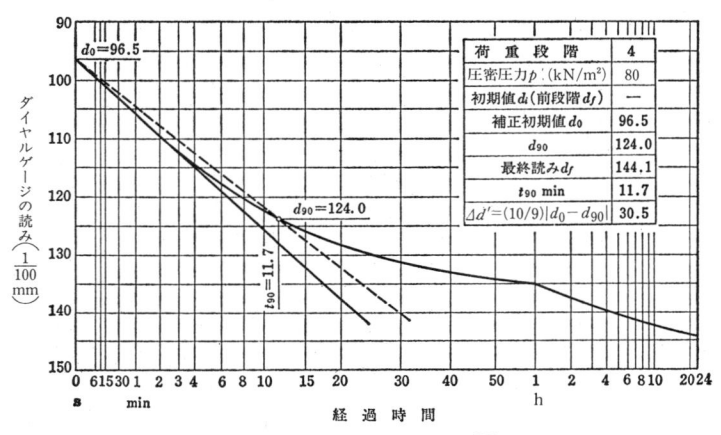

荷重段階	4
圧密圧力 p (kN/m²)	80
初期値 d_i（前段階 d_f）	—
補正初期値 d_0	96.5
d_{90}	124.0
最終読み d_f	144.1
t_{90} min	11.7
$\Delta d' = (10/9)|d_0 - d_{90}|$	30.5

図 5・4　圧密係数の求め方（$\sqrt{t}$ 法）

84   第5章 基礎の圧密沈下

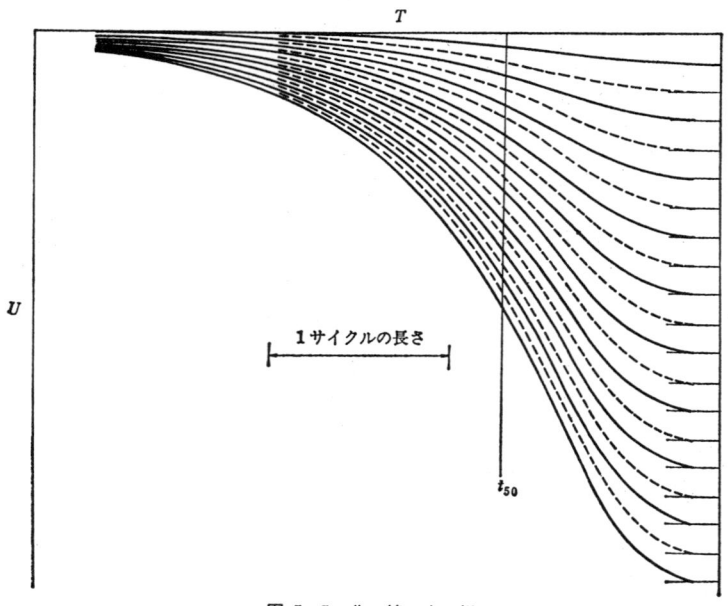

図 5・5 曲 線 定 規

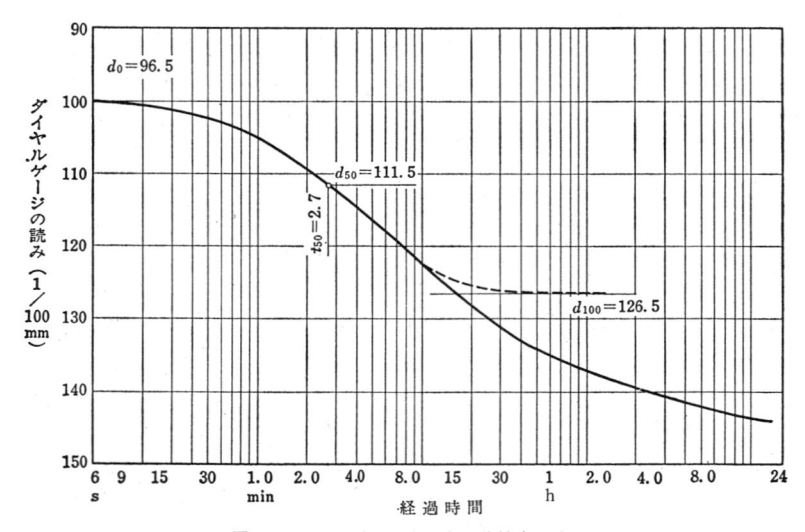

図 5・6 圧密係数の求め方（曲線定規法）

て選んだ理論曲線と測定結果の d-$\log t$ 曲線のダイヤルゲージの読みのスケールとから一次圧密量 d_{100} を読みとる．また理論曲線の t_{50} に相当する d-$\log t$ 曲線の時間目盛から t_{50} を求める（図 5・6）．

5・2 基礎の圧密沈下

テルツァギーの一次元圧密理論に基づいた圧密沈下の計算法を述べると次のとおりである．計算に用いる圧密特性を示す諸係数は，JIS A 1217 に規定する試験法および整理法によって求めたものを用いる．圧密については一般に沈下量の大きさと沈下の速さとを求める．

5・2・1 圧密沈下量の計算

圧密試験の結果から，圧密性の基礎地盤に生ずる沈下量を計算するには式(5・13)による．

$$\varDelta H_1 = \frac{e_1 - e_2}{1 + e_1} \cdot H_1 \tag{5・13}$$

ここに　$\varDelta H_1$：最終圧密沈下量（cm）
　　　　H_1：圧密される土層の厚さ（cm）
　　　　e_1：構造物を築造する前の間隙比，すなわち構造物築造前の圧密性の土層の厚さの中央における有効圧力 p_1 に対する間隙比で，圧密試験で得られた e-$\log p$ 曲線から求める．
　　　　e_2：構造物築造後の間隙比，すなわち，p_1 と構造物築造後に増加した有効圧力 σ_z との和に対する間隙比で，e-$\log p$ 曲線から求められる．なお，有効圧力 σ_z は第4章に述べた地中応力算定法により求める．

沈下量の計算は，式(5・13)によるほか，C_c あるいは m_v を用いる場合もある．なお，基礎地盤が，圧密に関する性質の異なる複数の水平層からなる場合には各層ごとに式(5・13)を適用し，それぞれの $\varDelta H$ を加え合わせればよい．

5・2・2 圧密所要時間の計算

ある圧密度 U_z に達するまでの所要時間は

$$t = \frac{1}{c_v} \cdot H^2 \cdot T_v \tag{5・14}$$

ここに　t：圧密度 U_z に達するたでの所要時間（day または s）

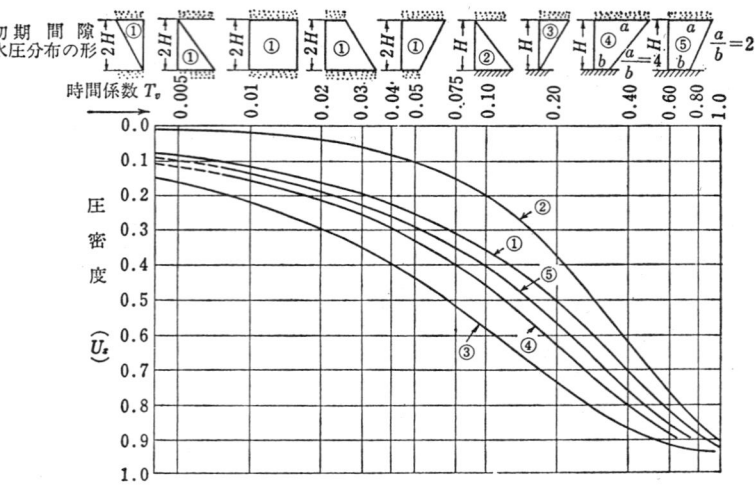

図 5・7 圧密度と時間係数との関係

H：圧密を起こす土層の最大排水距離 (cm)
c_v：土層に加わる圧密圧力が p_1 から p_2 に増加する場合の平均圧密係数 (cm^2/day または cm^2/s)
T_v：圧密度 U_z に対する時間係数，たとえば図 5・7 から求める．

また，ある経過時刻 t における圧密量 $\varDelta H_t$ を求めるには，まず

$$T_v = \frac{tc_v}{H^2} \tag{5・15}$$

から時間係数 T_v を求め，次にこの T_v に相当する圧密度 U_z を図 5・7 から求めると，

$$\varDelta H_t = U_z \cdot \varDelta H_1 \tag{5・16}$$

によって計算できる．

次に圧密粘土層が多層からなる場合には次に述べる近似的な手法を用いる．いま，式(5・15) を変形すると，

$$H = \sqrt{\frac{t \cdot c_v}{T_v}} \tag{5・17}$$

となる．いま圧密係数が $c_v{}'$ の土があり，それが圧密係数 c_v，排水距離 H である土と同じ時間に同じ圧密度になったものとすると，その排水距離 H' は

5·2 基礎の圧密沈下

$$H' = \sqrt{\frac{t \cdot c_v{'}}{T_v}} \tag{5・18}$$

でなければならない．したがって，

$$H' = H\sqrt{\frac{c_v{'}}{c_v}} \tag{5・19}$$

となる．

したがって圧密粘土層が c_v の異なる n 個の土層からなる場合には，これを均一な $c_v{'}$ の単一な層に換算すると，その層厚は，

$$z = H_1\sqrt{\frac{c_v{'}}{c_{v1}}} + H_2\sqrt{\frac{c_v{'}}{c_{v2}}} + \cdots\cdots + H_n\sqrt{\frac{c_v{'}}{c_{vn}}} \tag{5・20}$$

で与えられる．

5・2・3 漸増荷重による圧密

実際の現場では完成された構造物を他所から運んでくるのではなく，構造物は時間をかけて築造される．この場合，圧密沈下は建設工事の当初から始まり構造物が完成されるまでに相当の沈下が生じる．ほぼ一定の割合で荷重が増加する場合には次に示す近似解法が用いられている．

図 5・8 は時間 t_0 かかって荷重強度 q_0 が完成する場合を示す．曲線 A は最初から全荷重 q_0 が載荷されたときの沈下曲線である．漸増荷重により構造物が完成した時点 t_0 の沈下量は，最初から全荷重が $t_0/2$ 時間載荷されたときの沈下量と同じと考えて曲線 A の $t_0/2$ 時間での沈下量（圧密度）$U_{t_0/2}$ が漸増荷重の t_0 時の沈下量となる．同様に荷重漸増中の時間 t' における沈下量は曲線 A の $t'/2$ 時の沈下量から求まるが，t' 時の荷重強度が q_0

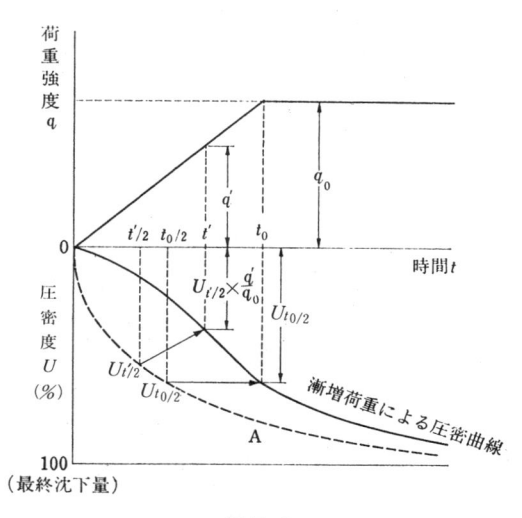

図 5・8

ではなく q' しかないので，沈下量は $U_{t'/2} \times q'/q_0$ となる．完成時以降の沈下曲線は曲線 A から $t_0/2$ 時間だけずれたものとなる．

5・2・4 サンドパイルによる圧密

サンドパイルを用いたときの圧密所要時間は水平方向の排水によるものが支配的となるので，次の式により与えられる．

$$t = \frac{d_e^2 T_h}{c_h} \tag{5・21}$$

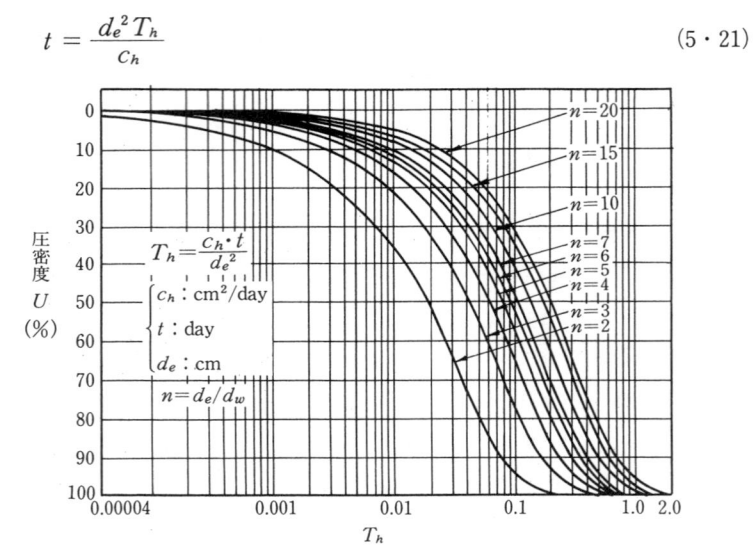

図中凡例:
$$T_h = \frac{c_h \cdot t}{d_e^2}$$
c_h : cm²/day
t : day
d_e : cm
$n = d_e/d_w$

図 5・9 サンドドレーンに対する T_h と U の関係（高木による）

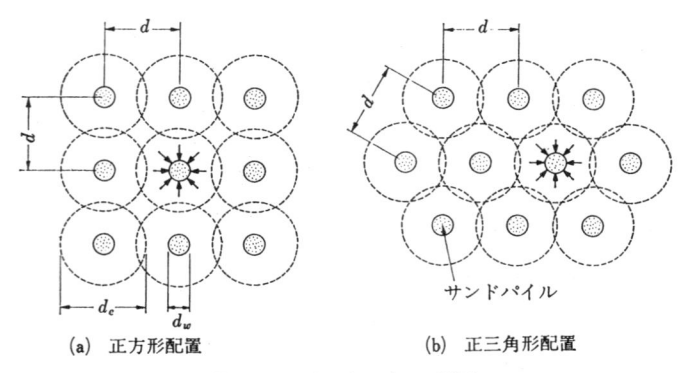

(a) 正方形配置　　(b) 正三角形配置

図 5・10 サンドパイルの配置

ここに　t：圧密度 U に達するまでの所要時間（day）
　　　　T_h：時間係数（図5・9）
　　　　d_e：サンドパイルの有効間隔（cm）
　　　　c_h：水平方向の圧密係数（cm²/day）

d_e は各サンドパイル（直径 d_w）への間隙水の流入範囲から求められ，パイルの中心間隔を d とすると，正方形配置か正三角形配置（図5・10）かによって次のようになる．

　　　正方形配置　　$d_e = 1.13d$　　　　　　　　　　　　　　　　（5・22）

　　　正三角形配置　$d_e = 1.05d$　　　　　　　　　　　　　　　　（5・23）

c_h は圧密試験で求められる圧密係数 c_v をそのまま用いることが多い．

例　題〔5〕

〔5・1〕　圧密現象について簡明に説明せよ．
〔解〕　透水度の低い土の上に築造された構造物の重量や土の自重のために，土中の水分が時間的遅れを伴いながら排出されるにつれて，土が徐々に圧縮される現象を圧密という．

〔5・2〕　圧密の機構を模型を用いて説明せよ．
〔解〕　図5・11のような，シリンダーの中にスプリングを介して隔離された一連の小穴のあいたピストンの模型を用いる．シリンダーの中のピストンとスプリングは，土の中の土粒子が形成する骨格を表わし，土の間隙に相当するシリンダーの内部は水で満たされているものとする．もし最上部のピストンに単位面積当たり p なる圧力が加わると，シリンダーの内部の水はピストンにうがたれた小穴を通じて外部に排出される．この場合，圧力 p に対する水の抵抗力，すなわち外力 p によりシリンダーの中に生じる水圧の大きさと，その水圧の減少の時間的割合は，ピストンにうがたれた小穴の数とその直径とに関係するものである．これは実際の土においては透水度に相当する．たとえばピストンの穴の径が小さく，また数も少なければ，シリンダーの中の水は非常に緩慢

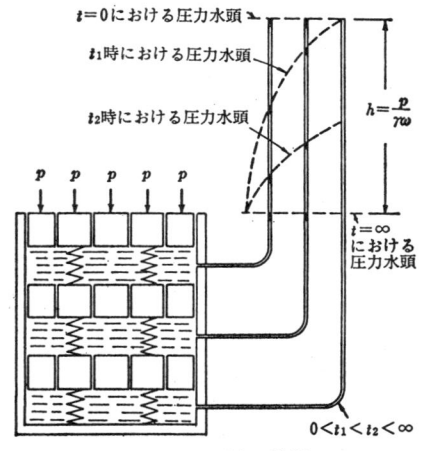

図 5・11　圧密の模型

に排出される．いま，最上部のピストンの上に圧力 p がかかった瞬間を考えると，シリンダーの中の水は外部に排出されていないので，スプリングは変形せず，ピストン上にかかった圧力 p は水圧によって下方に伝達され，したがってシリンダー中の水には静水圧より $u(=p)$ だけ高い水圧が生じる．この水圧を間隙水圧または過剰水圧という．

しかしながら，時間の経過に伴って，シリンダーの水分は徐々に上部のピストンの小穴を経て外部に排出されるに従い，スプリングに変形が起こり，p なる外圧の一部はスプリングで支持されるようになり，間隙水圧 u は減少する．このようにスプリング（実際は土粒子による骨格）に働く圧力を内部摩擦に有効な応力であるということから有効応力という．時間がさらに経過し，シリンダー中の水が十分排除され，スプリングが完全に変形し，シリンダー内の容積が減少すると，外圧力 p はすべてスプリングによって支えられ間隙水圧は消散する．これで圧密は終了したことになる．

〔5・3〕 テルツァギーの一次元圧密理論が立脚しているいくつかの仮定を述べよ．

〔解〕 ① 土は全く均質である． ② 土粒子の間隙は常に完全に飽和している． ③ 土中の水分は一軸的に排水され，かつダルシーの法則が成り立つ． ④ 土の圧縮も一軸的に行われる． ⑤ ある種の土の性質は土の受ける圧力の大きさにかかわらず一定である． ⑥ 間隙比-圧力の関係は理想的に直線化できる．

〔5・4〕 厚さ 20 m の堅固な粘土地盤上に設けられた建築物の沈下を観測したところ，完成後ある年月を経て，沈下量が 5.5 cm に達したとき，沈下が停止した．この粘土地盤中における建築物の下の，建築物による平均圧力が 60 kPa であるとすれば，この粘土層の体積圧縮係数はいくらか．

〔解〕 式(5・7) より，
$$m_v = \frac{h_0 - h}{h_0} \cdot \frac{1}{p - p_0} = \frac{0.055}{20} \times \frac{1}{60} = \mathbf{0.00458 \ m^2/kN}$$

〔5・5〕 ある粘土の試料について圧密試験を行なった結果，次のような成績が得られた．これから間隙比-荷重強度曲線を描き，先行圧密応力 p_y とこれに対する間隙比 e_y ならびに圧縮指数を求めよ．

試料の断面積　　$A = 28.26 \ cm^2$
試料の厚さ(試験前) $2H_1 = 2.00 \ cm$
土粒子の密度　　$\rho_s = 2.662 \ g/cm^3$
試料の乾燥質量　$m_d = 47.76 \ g$
初期含水比　　　$w_0 = 77.32\%$

〔解〕 試料の間隙比は次の式によって計算できる．
$$e = \frac{h}{h_s} - 1$$

荷重段階	圧密量 $\Delta d \ (10^{-3} \ cm)$	圧力 $p \ (kN/m^2)$	試料高 $h \ (cm)$
1	17.0	10	1.983
2	13.0	20	1.970
3	22.0	40	1.948
4	37.0	80	1.911
5	94.0	160	1.817
6	149.0	320	1.668
7	150.0	640	1.518
8	137.0	1280	1.381
9	−124.0	10	1.505

ここに $h_s = \dfrac{m_d}{\rho_s \cdot A}$

$= \dfrac{47.76}{2.662 \times 28.26}$

$= 0.635$

この結果，各荷重段階の間隙比を求めると，表5・1に示すようになる．さらに，$e\text{-}\log p$ 曲線を描くと図5・12となる．圧縮指数 C_c は図5・12の直線部分（片対数）の傾度であるから，たとえば，$p = 100$ と $1000\,\mathrm{kN/m^2}$ に対する e の差として，

表 5・1

荷重段階	圧　力 $p(\mathrm{kN/m^2})$	試料高さ $h(\mathrm{cm})$	間隙比 e
1	10	1.983	2.12
2	20	1.970	2.10
3	40	1.948	2.07
4	80	1.911	2.01
5	160	1.817	1.86
6	320	1.668	1.63
7	640	1.518	1.39
8	1280	1.381	1.17
9	10	1.505	1.37

$C_c = 2.02 - 1.26 = \mathbf{0.76}$

と求まる．計算で求めるなら，式(5・5)より，表5・1の荷重段階5と8の値を用い，

$$C_c = \dfrac{e_0 - e}{\log_{10}\dfrac{p}{p_0}} = \dfrac{1.86 - 1.17}{\log_{10}\dfrac{1280}{160}} = 0.76$$

先行圧密応力 p_y は，$C_c' = 0.1 + 0.25 C_c = 0.29$ なる傾度の直線と $e\text{-}\log p$ 曲線の接点を求め，$C_c'' = \dfrac{1}{2} C_c' = 0.15$ なる傾度の直線と直線部分の延長線との交点より，

$p_y = \mathbf{112\,kN/m^2}$

また，これに対応する間隙比 e_y は，

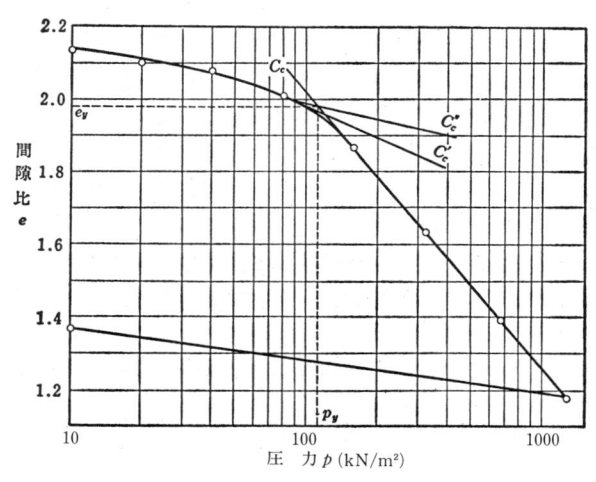

図 5・12

$e_y = 1.98$

〔5・6〕 例題〔5・5〕において圧力 160 kN/m² および圧力 320 kN/m² 間の平均の圧密係数を $\sqrt{t}$ 法によって算出せよ．ただし，圧力 160 kN/m² および 320 kN/m² の載荷によって生じた時間と沈下量は表 5・2 のとおりである．

〔解〕 圧力 160 kN/m² および 320 kN/m² の載荷によって生じた沈下量の経時変化をグラフに示すと，図 5・13 および図 5・14 となる．図 5・13 および図 5・14 からそれぞれの荷重に対する t_{90} を求めると表 5・3 に示すようになる．さらに，圧密係数は表 5・4 に示すように求められる．

表 5・2

圧力 (kN/m²)	経過時間	沈下量 (ダイヤルゲージの読み)	圧力 (kN/m²)	経過時間	沈下量 (ダイヤルゲージの読み)
160	8 s	103	320	8 s	198
	15	105		15	204
	30	109		30	212
	1 min	114		1 min	224
	2	120		2	240
	4	127		4	256
	8	133		8	270
	15	139		15	282
	30	145		30	295
	1 h	150		1 h	305
	2	154		2	312
	4	156		4	316
	8	157		8	318

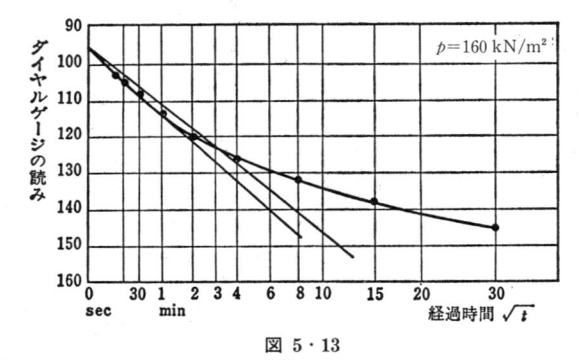

〔5・7〕 ある圧力の載荷によって生じた時間と沈下量を表 5・5 に示した．圧密係数を曲線定規法によって求めよ．

〔解〕 載荷によって生じた沈下量の経時変化をグラフに示すと図 5・15 となり，図から $t_{50} = 5.2$ となる．したがって，圧密係数は式 (5・11) より

$$c_v = \frac{0.197 H^2}{t_{50}} \times 1440$$

$$= \frac{0.197 \times 2^2}{5.2} \times 1440$$

$$= \mathbf{218 \ cm^2/day}$$

〔5・8〕 地表にある幅 40 m，奥行 80 m の構造物の基礎（基礎底面の圧力は 2450 kN/m² とする）の中央直下における圧密沈下量を求めよ．ただし，土層の厚さは 20 m

図 5・13

図 5・14

例　題〔5〕

表 5・3

荷重段階	5	6
圧密圧力 $p(\mathrm{kN/m^2})$	160	320
初期値 d_f（前段階の d_f）	89	183
補正初期値 d_0	96	183
d_{90}	125.5	251
最終読み d_f	183	332
t_{90} (min)	3.4	3.2
$\Delta d' = (10/9)\|d_0 - d_{90}\|$	32.8	75.5

表 5・4

荷重段階	圧力 p (kN/m²)	圧力 $\bar{p}$ (kN/m²)	$0.848\left(\dfrac{\bar{h}}{2}\right)^2$	t_{90} (min)	c_v' (cm²/min)	$\Delta d'$ (10⁻³cm)	$\dfrac{\Delta d'}{\Delta d}$	c_v (cm²/day)
5	160	113	0.7366	3.4	0.2166	32.8	0.3489	108.8
6	320	226	0.6437	3.2	0.2012	75.5	0.5067	146.7

（上に厚さ 8m の砂層，下に厚さ 12m の粘土層がある．粘土層の下は砂層）とし，地下水面は地表から 4m の深さにあるものとする．また，粘土の圧密の計算に必要な数値は例題〔5・5〕のものを用いる．砂の単位体積重量は 17.6 kN/m³，水中単位体積重量は 11.1 kN/m³，粘土の水中単位重量は 10.0 kN/m³ とする．

表 5・5

経過時間	沈下量（ダイヤルゲージの読み）	経過時間	沈下量（ダイヤルゲージの読み）
8 s	113	15	146
15	115	30	157.5
30	116.5	1 h	168
1 min	119.5	2	177
2	123.5	4	182
4	129	8	187.5
8	137		

〔解〕　まず，粘土層の中間の深さ（地表から 14m）における構造物の重量によって生じる鉛直圧力 σ_z を計算する．その方法は第 4 章で述べた長方形分割法によるものである（図 4・11 参照）．

図 5・16 から

$$\sigma_z = 4 \times \sigma_{\mathrm{ABIH}}$$

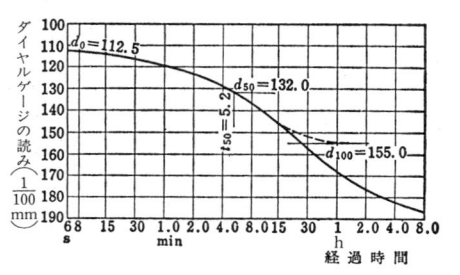

図 5・15　時間－圧密量曲線（曲線定規法）

$$\sigma_{ABIH} : m = \frac{40}{14} = 2.858$$

$$n = \frac{20}{14} = 1.429$$

$$q = 245.0 \text{ kN/m}^3$$

$$\therefore \sigma_{ABIH} = 245.0 \times 0.229$$

$$= 55.1 \text{ kN/m}^2$$

$$\therefore \sigma_z = 4 \times 55.1$$

$$= 220.5 \text{ kN/m}^2$$

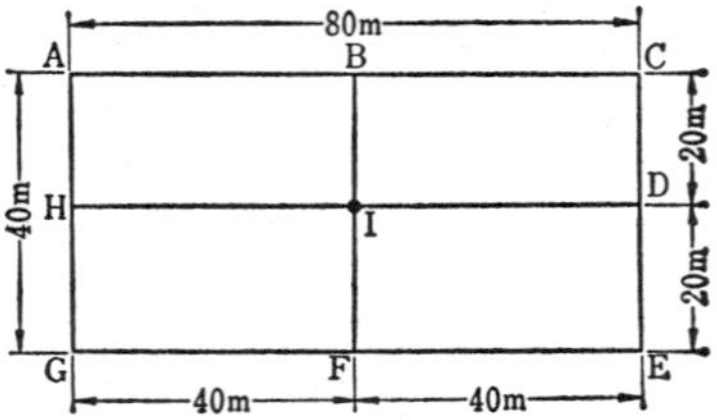

図 5・16

次に，粘土層の中位面上の土かぶりによる圧力 p_1 は，

地下水面上の砂の重量	$17.6 \text{ kN/m}^3 \times 4\text{ m} = 70.4$
地下水面以下の砂の重量	$11.1 \text{ kN/m}^3 \times 4\text{ m} = 44.4$
地下水面以下の粘土の重量	$10.0 \text{ kN/m}^3 \times 6\text{ m} = 59.4$

$$p_1 = 174.2 \text{ kN/m}^2$$

したがって，

$$p_3 = p_1 + \sigma_z = 174.2 + 220.5 = 395 \text{ kN/m}^2$$

となり，図 5・12 から，$e_1 = 1.82$，$e_2 = 1.56$ となる．

結局，粘土層の最終圧密沈下量は式(5・13) より，

$$\Delta H_1 = \frac{e_1 - e_2}{1 + e_1} \cdot H_1 = \frac{1.82 - 1.56}{1 + 1.82} \times 12 \text{ m} = \mathbf{1.11 \text{ m}}$$

〔5・9〕 例題〔5・8〕において，平均圧密係数を 158 cm²/day として，構造物が最終沈下量の 1/2 の沈下を生じるまでの日数を計算せよ．

〔解〕 $U_z = 1/2$ であれば，図 5・7 より $T_v = 0.197$ となり，

$$t_{50} = \frac{0.197 \times H^2}{c_v} = \frac{0.197 \times 600^2}{158} = \mathbf{448 \text{ 日}}$$

〔5・10〕 例題〔5・8〕および〔5・9〕において，厚さ 12 m の粘土層が表5・6に示すように，c_v のそれぞれ異なった5層からなる場合，構造物が最終沈下量の 1/2 の沈下を生じるまでの日数を計算せよ（換算層厚を用いる）．

〔解〕 $U_z = \frac{1}{2}$ であれば図 5・7 より $T_v = 0.197$，したがって，

$$t_{50} = \frac{0.197 \times H^2}{c_v} = \frac{0.197 \times 685^2}{173}$$

$$\fallingdotseq 535 \text{ 日} \fallingdotseq \mathbf{1.5 \text{ 年}}$$

換算層厚の計算は表5・7に示した．

〔5・11〕 図 5・8 で $t_0 = 200$ 日，$q_0 = 294$ kN / m²，地盤の $c_v = 72$ cm²/ day，最終沈下量 140 cm が予測されるとき，工事を始め

表 5・6

層の番号	層厚 (m)	c_{vt} (cm²/day)
1	2.0	173
2	3.0	122
3	2.0	108
4	2.0	158
5	3.0	130

例　題〔5〕

表 5・7

層の番号 (i)	c_{vi} (cm²/day)	c_v'/c_{vi} ただし $c_v'=173$	$\sqrt{\dfrac{c_v'}{c_{vi}}}$	層厚 H_i (m)	$H'=H_i\sqrt{\dfrac{c_v'}{c_{vi}}}$ 換算層厚 (m)
1	173	1.00	1.00	2.0	2.0
2	122	1.41	1.19	3.0	3.6
3	108	1.60	1.26	2.0	2.5
4	158	1.09	1.04	2.0	2.1
5	130	1.33	1.15	3.0	3.5
				12.0	13.7

て100日後と200日後（完成時）の沈下量を求めよ．圧密粘土層厚は12mで両面排水状態である．

〔解〕　最初から $q_0=294$ kN/m² の載荷がされて50日後の圧密度を求めると，式 (5・14) から，

$$50=\frac{600^2\times T_v}{72}$$

$$T_v=0.01$$

図5・7により圧密度は0.12となるから，沈下量は，

$$0.12\times140=16.8\text{ cm}$$

工事が始まって100日後の荷重は147 kN/m² であるから，

$$\varDelta H_{100}=16.8\times\frac{147}{294}=\mathbf{8.4\,cm}$$

工事を始めて200日後の沈下量は最初から q_0 が作用したときの100日後の沈下量であるから，

$$100=\frac{600^2\times T_v}{72}$$

$T_v=0.02$ であるから図5・7より圧密度は0.16

したがって，

$$\varDelta H_{200}=0.16\times140=\mathbf{22.4\,cm}$$

〔5・12〕　粘土層厚16 m，圧密係数57.6 cm²/day の地盤に直径40 cm のサンドパイルを正方形配置，間隔160 cm で打設した．50％圧密に要する日数を求めよ．

〔解〕　式 (5・22) より，

$$d_e=1.13\times160=180.8\text{ cm}$$

$$n=\frac{180.8}{40}\fallingdotseq4.5$$

図5・9より圧密度50％のときの T_h はほぼ0.075，

$c_h\fallingdotseq c_v$ として式 (5・21) より，

$$t=\frac{180.8^2\times0.075}{57.6}=\mathbf{42\text{ 日}}$$

問　題　〔5〕

〔**5・1**〕　両面排水状態にある厚さ 4.6 m の粘土層がある．粘土の圧密係数が 43.2 cm²/day のとき 50 %圧密に要する日数を求めよ．
〔**解**〕　241 日

〔**5・2**〕　厚さ 2 cm の粘土試料の圧密試験の結果，最初の 18 分で 50% 圧密に達した．同じ排水条件にある厚さ 4 m の同じ粘土層が 50% 圧密に要する日数はいくらか．
〔**解**〕　500 日

〔**5・3**〕　地表面への載荷重により圧密粘土層中央で鉛直圧力が 100 kN/m² 増加した．粘土層中央での土被り圧は 160 kN/m² であり，粘土の $e\text{-}\log p$ 曲線は図 5・12 とする．粘土層厚が 14 m のとき最終圧密沈下量はいくらか．
〔**解**〕　78 cm

〔**5・4**〕　問題〔5・3〕の粘土層の圧密係数が 100 cm²/day のとき，載荷してから 1 年後の沈下量は何 cm か．粘土層は両面排水状態にあるものとする．
〔**解**〕　24 cm

〔**5・5**〕　工事を始めて 1 年で工事が完了する現場で，最終沈下量 80 cm が予測されている．圧密粘土層の厚さは 10 m で両面排水状態，粘土の圧密係数は 57.6 cm²/day である．施工速度は一定と考え，工事完了時の沈下量を予測せよ．
〔**解**〕　18.4 cm

〔**5・6**〕　粘土層厚 20 m，圧密係数 72 cm²/day の地盤に直径 50 cm のサンドパイルを正三角形配置，間隔 190 m で打設するときの 80 %圧密に要する日数を求めよ．
〔**解**〕　83 日

第6章　土のせん断強さ

6・1　せん断強さの概念

　土の構造物や地盤に破壊が生じるのは，自重や外力によって，それらの内部の各点に生じた応力の大きさがある限度を越え，土中のある面に沿ってすべりが生じるためである．土の内部にせん断応力が生じると，その応力の大きさに応じて土塊に変形が生じ，同時に，土中にはすべりに抵抗しようとする力が生じる．この力をせん断抵抗力と呼ぶ．

　この土のせん断抵抗力の大きさには限度があり，ある限度を越えて増大することはできない．このせん断抵抗力の大きさの限度を**せん断強さ**という．したがって，土の内部に発生したせん断応力の大きさがせん断強さに達すると，その部分に大きな変形が生じ，土塊は破壊する．

　土のせん断強さは，土の工学的性質の中でも重要な性質の一つである．自然の山腹や切取り斜面，道路・堤防・アースダムなどの盛土が安定を保っているのは土がせん断強さをもっているからであり，また，基礎地盤の支持力や，土に接している構造物に働く土圧の大きさも土のせん断強さによって大きく影響される．

6・2　主応力・主応力面およびモールの応力円

6・2・1　主応力および主応力面

　ある物体に任意の大きさの外力が任意の方向に働いている場合，これを二次元問題として考えると，物体内の任意の要素に働く応力は図6・1のように表わされる．y軸と任意の角αをなす面に働く**垂直応力**σと**せん断応力**τは式(6・1)で表わされる．

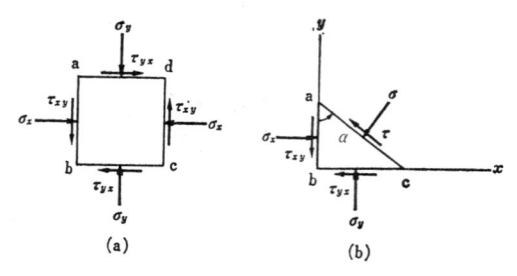

図 6・1 物体内の任意の要素に働く応力

$$\left.\begin{array}{l}\sigma = \dfrac{\sigma_x + \sigma_y}{2} + \dfrac{\sigma_x - \sigma_y}{2} \cos 2\alpha - \tau_{xy} \sin 2\alpha \\ \tau = \dfrac{\sigma_x - \sigma_y}{2} \sin 2\alpha + \tau_{xy} \cos 2\alpha \end{array}\right\} \quad (6\cdot 1)$$

図 6・1 において，α が変化するとせん断応力も変化するが，せん断応力の働かない ac 面がある．このようなせん断応力の働かない面を**主応力面**といい，その面に働く垂直応力を**主応力**という．このような状態のときの角 α と主応力 (σ_1, σ_3) とは式 (6・2) で表わされる．

$$\left.\begin{array}{l}\tan 2\alpha = \dfrac{2\tau_{xy}}{\sigma_y - \sigma_x} \\ \sigma = \sigma_1, \ \sigma_3 = \dfrac{\sigma_x + \sigma_y}{2} \pm \dfrac{1}{2} \sqrt{(\sigma_x - \sigma_y)^2 + 4\tau_{xy}^2} \end{array}\right\} \quad (6\cdot 2)$$

図 6・1 において，$\tau_{xy} = 0$ であれば ($\tau_{yx} = \tau_{xy} = 0$)，ab 面, bc 面に働く応力 σ_x, σ_y は主応力であり，互いに直交する．これを σ_1, σ_3 と書くと，物体内のある点において，任意の面に働く応力は式 (6・3) で表わされる．

$$\left.\begin{array}{l}\sigma = \dfrac{\sigma_1 + \sigma_3}{2} + \dfrac{\sigma_1 - \sigma_3}{2} \cos 2\alpha \\ \tau = \dfrac{\sigma_1 - \sigma_3}{2} \sin 2\alpha \end{array}\right\} \quad (6\cdot 3)$$

6・2・2 モールの応力円

式 (6・1) から，α を消去すると，

$$\sigma^2 + \tau^2 = \left\{\sqrt{\left(\dfrac{\sigma_x - \sigma_y}{2}\right)^2 + \tau_{xy}^2}\right\}^2 \quad (6\cdot 4)$$

となる．これは，半径が，

である円を表わす．したがって，図6・1に示す (σ, τ) は式（6・4）の円周上の点で与えられる（図6・2）．この関係を示す円を**モール（Mohr）の応力円**という．

主応力 σ_1，σ_3 の大きさとその方向が既知であれば，任意の面上の応力はモールの応力円により次のようにして求めることができ

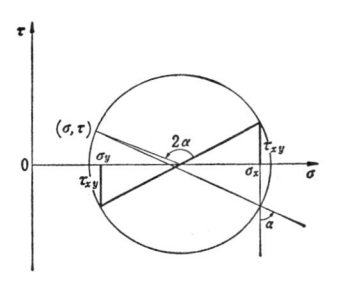

図6・2 モールの応力円

る．図6・3(a) に示すように主応力の方向と大きさが既知であれば，図6・3(b) のように O′ 点 $\left(\sigma = \dfrac{\sigma_1 + \sigma_3}{2}, \ \tau = 0\right)$ を中心とし，$(\sigma_1 - \sigma_3)$ を直径とするモールの応力円が描ける．次に，B点を通り，(a) 図のⅢ-Ⅲに平行な線を描き，これとモールの応力円との交点 P（この点を**極**と呼ぶ）からa-bに平行な線を引き，応力円との交点を D とすれば，∠DO′A = 2α であるから，D点の座標は式（6・3）の σ と τ を表わす．また，極PからA，Bを通る直線の方向は主応力面の方向である．

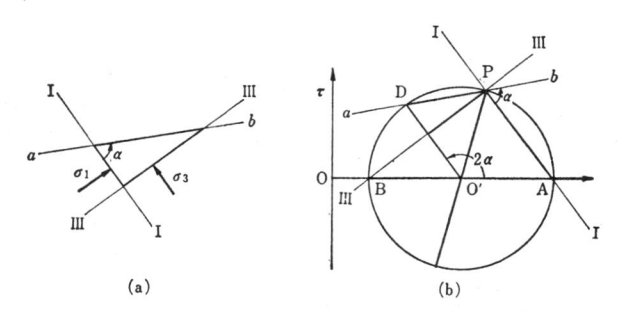

図6・3 任意の面上の応力とモールの応力円

6・3 間隙圧および有効応力

　土は土粒子・水・空気の3相からなっており，この土が外力を受けると，その外力の一部は水および空気によって受けもたれる．この水と空気によって受けもたれる圧力，すなわち**間隙圧** u は**間隙水圧** u_w と**間隙空気圧** u_a の和で，

(a) (b)

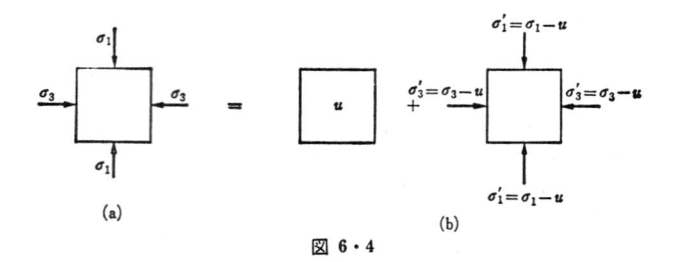

図 6・4

次の式のように表わされる.

$$u = u_w(x) + u_a(1-x) \tag{6・5}$$

ここに　u：間隙圧
　　　　x：土の飽和度によって変化する係数，飽和土では $x = 1$，乾燥土では $x = 0$

飽和した土では，式 (6・5) において $x = 1$ であるから，間隙圧は $u = u_w$ となり，間隙水圧だけとなる.

一方，土が外力を受けたときに，土粒子によって受けもたれる圧力を**有効応力**という．したがって，土に作用する外力は有効応力と間隙圧とによって受けもたれる．いま，図 6・4(a) に示すように土の要素に σ_1, σ_3 なる外力が作用すると，この土中には間隙圧 u が等方的に発生するので，その外力は図 6・4(b) の応力と釣合いを保つ．このときの σ_1', σ_3' は有効応力であり，

$$\left.\begin{array}{l}\sigma_1' = \sigma_1 - u \\ \sigma_3' = \sigma_3 - u\end{array}\right\} \tag{6・6}$$

となる．

6・4　モール・クーロンの破壊規準

ある材料が応力を受けるときの限界の強さは破壊規準として表わされる．土の破壊規準としては，一般に**クーロン**（Coulomb）の提案した規準が用いられている．すなわち，土のせん断強さは次の式で表わされる．

$$\tau = c + \sigma \tan \phi \tag{6・7}$$

ここに　τ：土のせん断強さ
　　　　c：粘着力

図 6・5

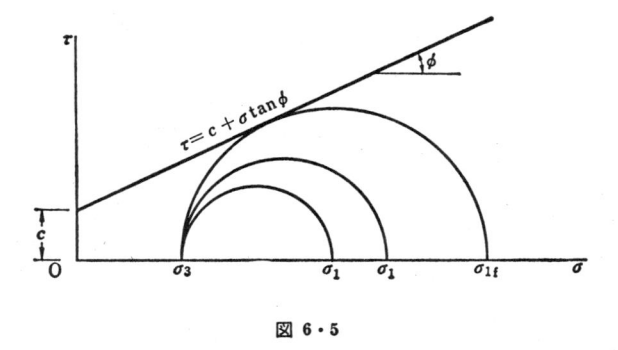

σ：土中の破壊面に働く全垂直応力
ϕ：内部摩擦角

式 (6・7) を有効応力について書くと, 次のようになる.

$$\tau = c' + \sigma' \tan \phi' = c' + (\sigma - u) \tan \phi' \qquad (6・8)$$

ここに　u：間隙水圧
　　　　c'：有効応力表示による粘着力
　　　　σ'：土中の破壊面において土粒子間に働く有効応力
　　　　ϕ'：有効応力表示による内部摩擦角

　土中のある要素に働く主応力 σ_1, σ_3 がわかると, 6・2 で述べたように, モールの応力円を描くことができる. いま, σ_3 を一定にして, σ_1 を増大させると, モールの応力円の直径がしだいに増大し, 遂にはクーロンの式で表わされる**破壊線**に接して土は破壊する. この破壊線を**モール・クーロンの破壊規準**という (図 6・5).

6・5　せ ん 断 試 験

　土のせん断強さは土の種類だけによって定まるものではなく, 土の密度, 含水比, 応力履歴, あるいは試験時の排水条件などによって変化する. したがって, 土のせん断試験を行なうときには, どのような条件のもとにある土のせん断強さを求めるのか, という目的を明らかにして試験を行なわなければならない.
　土のせん断強さを求める試験には, 室内試験と原位置試験とがある. 室内試験としては, ふつう

① 直接せん断試験（一面せん断試験）
② 三軸圧縮試験
③ 一軸圧縮試験

の三つが用いられており，原位置試験としては，ベーン試験が用いられている．

また，供試体の排水条件によって，次のように区分することができる．
① 非圧密非排水せん断試験（UU 試験）
② 圧密非排水せん断試験（CU 試験）
③ 圧密排水せん断試験（CD 試験）

非圧密非排水せん断試験はせん断する前も，せん断中も，供試体からの排水を全く許さない試験方法であり，この試験結果は，施工中の粘土地盤の安定や支持力を推定するような短期的な状態を検討するのに利用される．**圧密非排水せん断試験**はせん断する前に，圧密圧力を加えて供試体内から排水し，せん断中には排水させない．この試験結果は，十分に圧密された地盤の上に急速に盛土したときなどの地盤の安定性の検討や，地盤が圧密されたときに期待される土の強さを推定するときなどに用いられる．**圧密排水せん断試験**はせん断試験の前に CU 試験と同様に十分圧密させ，さらにせん断中にも供試体中に間隙水圧を生じないように排水をしながら試験を行なう方法である．この試験の結果は砂質土地盤の静的な安定や支持力，あるいは，粘性土地盤の長期にわたる安定性を検討するときに用いられる．

6・5・1 直接せん断試験

高さの低い円筒形や直方体形の供試体の一つの端面を固定し，他の端面をそれに平行に移動させ，供試体の軸に直角な面にせん断破壊を起こさせる試験を**直接せん断試験**といい，**一面せん断試験**がその代表的なものである．この一面せん断試験機の概要を図 6・6 に示す．供試体の応力状態を模式的に示すと図 6・7 のようになる．

せん断面上の垂直応力 σ とせん断応力 τ は次の式によって求める．

$$\sigma = \frac{P}{A} \tag{6・9}$$

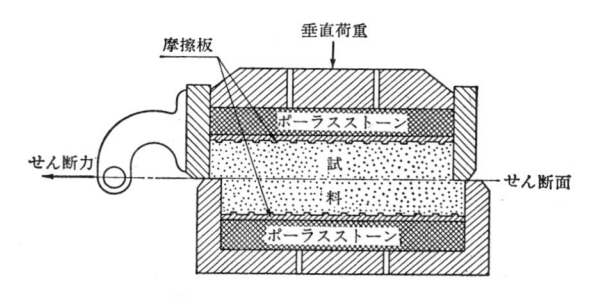

図 6・6 一面せん断試験機の機構

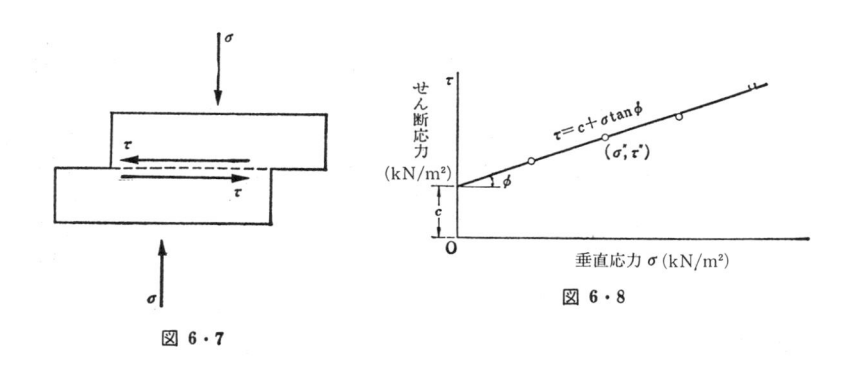

図 6・7

図 6・8

$$\tau = \frac{S}{A} \tag{6・10}$$

ここに　P：垂直荷重（kN）
　　　　S：せん断力（kN）
　　　　A：供試体の水平断面積（m²）

　直接せん断試験では，いくつかの異なる大きさの垂直応力に対してせん断応力を求め，その結果を σ-τ 座標に示すと，式 (6・7) あるいは式 (6・8) で示される直線関係を有する．この直線（破壊線）の τ 軸との交点の縦距ならびに傾斜から，粘着力 c と内部摩擦角 ϕ が求められる（図 6・8）．

6・5・2　三軸圧縮試験

　一般に用いられている三軸圧縮試験機の概要は図 6・9 のようである．**三軸圧縮試験**は，円筒形供試体に拘束圧力 σ_c を加え，ついで軸方向に軸差応力 σ_d を加えて，供試体をせん断破壊させる．したがって，軸力 σ_1，側圧 σ_3 は次の

ようになる．

$$\left.\begin{array}{l}\sigma_1 = \sigma_c + \sigma_d \\ \sigma_3 = \sigma_c\end{array}\right\} \quad (6\cdot11)$$

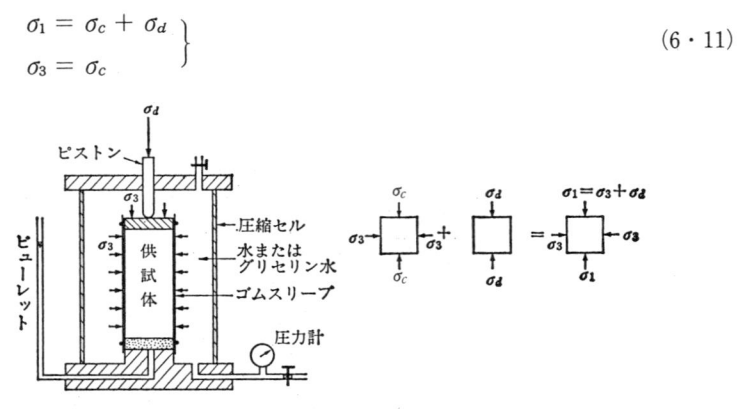

図6・9 三軸圧縮試験機の機構

この試験において，軸力 σ_1 と側圧 σ_3 とは主応力である．したがって，異なる大きさの拘束圧力を受けるいくつかの供試体をせん断破壊するまで圧縮して，それぞれの供試体について，σ_1 と σ_3 とを求めてモールの応力円を描き，その包絡線を求めると，式 (6・7) あるいは式 (6・8) で示される破壊線が求められる（図6・10）．直接せん断試験の場合と同様に，この破壊線の τ 軸との交点の縦距と傾斜から粘着力と内部摩擦角が求められる．

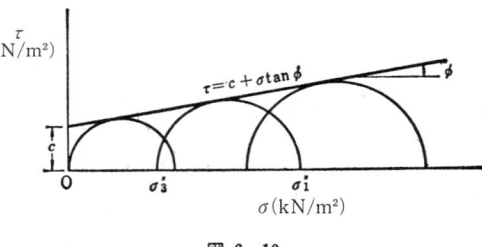

図6・10

6・5・3 一軸圧縮試験

三軸圧縮試験と同じような円筒形の供試体について，軸方向力だけを加えて圧縮をする試験を**一軸圧縮試験**という．この試験は，三軸圧縮試験において，$\sigma_3 = 0$ の場合と考えればよいので，破壊時のモールの応力円は図6・11のようになる．このとき，軸力の働く面（最大主応力面）と破壊面の角度 α_f がわかれば，σ-τ 座標の原点を通り，σ 軸と α_f なる角をもつ直線を引くことができる．この直線とモールの応力円との交点をAとし，A点においてモールの応

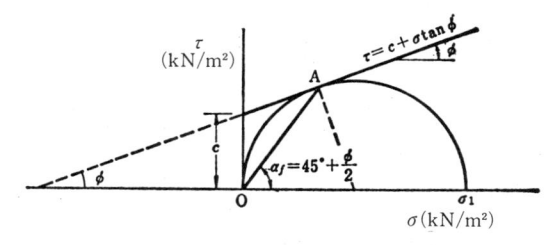

図 6・11

力円に接線を引けば,この接線が式 (6・7) で表わされる破壊線となる.したがって,粘着力および内部摩擦角は次のようにして求められる.

$$\left.\begin{array}{l} c = \dfrac{\sigma_1(1-\sin\phi)}{2\cos\phi} = \dfrac{\sigma_1(1+\cos 2\alpha_f)}{2\sin 2\alpha_f} \\ \phi = 2\alpha_f - 90° \end{array}\right\} \quad (6・12)$$

しかし,一般には試験の際の供試体の端部拘束条件の影響などのために,破壊面の角度が $\alpha_f = \left(45° + \dfrac{\phi}{2}\right)$ を満足することは難しいので,一軸圧縮試験の結果から内部摩擦角を正確に求めることはできない.

飽和した粘性土について非排水試験を行ない,全応力表示を行なうと $\phi = 0$ となるので,図 6・11 の破壊線は水平となる.したがって,この場合のせん断強さ・粘着力・一軸圧縮強さの間には次の関係が成り立つ.

$$\tau = c = \frac{q_u}{2} \quad (6・13)$$

ここに q_u:一軸圧縮強さ (kN/m²)

6・5・4 ベーン試験

ベーン試験は比較的軟い粘性土よりなる自然地盤のせん断強さを現位置で測定するのに用いられる.図 6・12 に示すように 4 枚の金属製の羽根のついたロッドをボーリング穴の底に押し込み,ロッドの頂部にねじりモーメントを与えて,羽根の外縁に沿ってせん断を起こさせるものである.この試験では,非排水せん断強さ τ を原位置で求めたものと考えられ,$\phi \fallingdotseq 0$ となり,$\tau \fallingdotseq c_u$ となる.したがって,粘着力 c_u は次の式で求められる.

$$c_u \fallingdotseq \tau = \frac{M}{\pi\dfrac{D^2 H}{2} + \dfrac{\pi D^3}{6}} \quad (6・14)$$

ここに　M：最大ねじりモーメント（kN·m）
　　　　D：羽根の全幅（m）
　　　　H：羽根の高さ（m）

例　題〔6〕

〔**6·1**〕　図6·13に示す要素のOA面，OB面に(σ_x, τ_{xy})，(σ_y, τ_{xy})が作用しているとき，BA面上の(σ, τ)，主応力，および，OA面が主応力面となす角度を計算で求めよ．

〔**解**〕　力の釣合いより，三角形OABに作用するx方向，y方向の合力は，それぞれ0でなければならない．したがって，奥行きを単位長さ1として，AB面の面積をSとすると次の式が成り立つ．

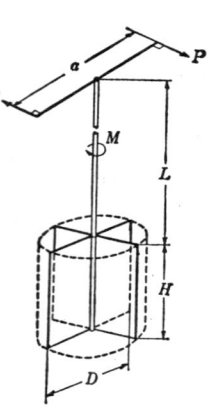

$\sigma_x \cdot S\cos\alpha - \tau_{xy} \cdot S\sin\alpha - S \cdot \sigma \cdot \cos\alpha - S \cdot \tau\sin\alpha = 0$　　　（1）

$\sigma_y \cdot S\sin\alpha - \tau_{xy} \cdot S\cos\alpha - S \cdot \sigma \cdot \sin\alpha + S \cdot \tau\cos\alpha = 0$　　　（2）

式（1）×$\cos\alpha$＋式（2）×$\sin\alpha$より，

$\sigma = \sigma_x \cdot \cos^2\alpha + \sigma_y \cdot \sin^2\alpha - 2\tau_{xy} \cdot \sin\alpha \cdot \cos\alpha$
$= \dfrac{\sigma_x + \sigma_y}{2} + \dfrac{\sigma_x - \sigma_y}{2}\cos 2\alpha - \tau_{xy} \cdot \sin 2\alpha$　　　（3）

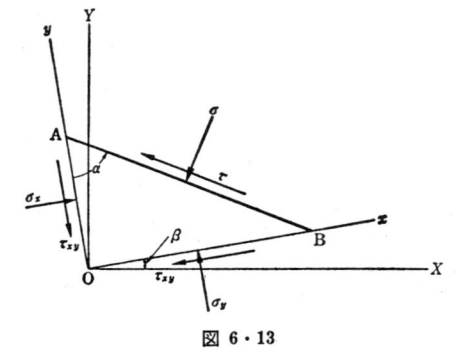

式（1）×$\sin\alpha$－式（2）×$\cos\alpha$より，

$$\tau = \dfrac{\sigma_x - \sigma_y}{2}\sin 2\alpha + \tau_{xy}\cos 2\alpha \qquad (4)$$

を得る．

式（4）において，$\tau = 0$とすれば，主応力面とOA面（y軸）のなす角を得る．すなわち，

$\tan 2\alpha = \dfrac{2\tau_{xy}}{\sigma_y - \sigma_x}$

これを，式（3）に代入すると，

$$\sigma = \sigma_1,\ \sigma_3 = \dfrac{\sigma_x + \sigma_y}{2} \pm \dfrac{1}{2}\sqrt{(\sigma_x - \sigma_y)^2 + 4\tau_{xy}^2}$$

〔**6·2**〕　例題〔6·1〕におけるσ，τおよびαをモールの応力円で示せ．

図6·12　ベーン試験機

図6·13

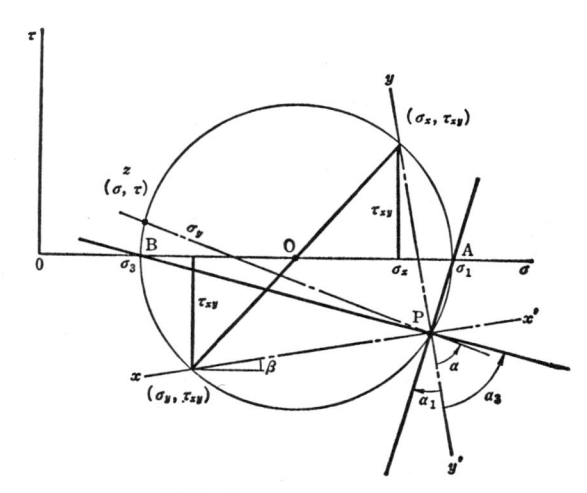

図 6・14　モールの応力円による表示

〔解〕 図6・14に示すように，(σ_x, τ_{xy})，(σ_y, τ_{xy}) を通り，中心が $O\left(\dfrac{\sigma_x + \sigma_y}{2}, 0\right)$ なる円を描く．(σ_x, τ_{xy}) より，図 6・13 の OA に平行な線 $(y\text{-}y')$ を引くと，モールの応力円と P 点（極）で交わる．$y\text{-}y'$ より反時計回り（図 6・13 の α の方向）に α をとり，P 点を通る直線を引くと，応力円と Z で交わる．この Z 点の応力 (σ, τ) が AB 面上の応力を与える．

また，P 点を通り，$\tau = 0$ となる主応力 (σ_1, σ_3) を与える A, B 点を結ぶ直線を引くと，$y\text{-}y'$ 線と，P-A 線，P-B 線のなす角は主応力面と OA 面，OB 面のなす角 α_1, α_3 を与える．

〔6・3〕 応力を受けた土中の1点における最大および最小主応力がそれぞれ $100\,\mathrm{kN/m^2}$ および $30\,\mathrm{kN/m^2}$ であるとき，この点を通り最大主応力面と 25° をなす面上の垂直応力とせん断応力を求めよ．

〔解〕 $\sigma_1 = 100\,\mathrm{kN/m^2}$, $\sigma_3 = 30\,\mathrm{kN/m^2}$ のときのモールの応力円は，図 6・15 で表わされる．この点を通り σ_1 の作用面（最大主応力面）と 25° をなす面上に働

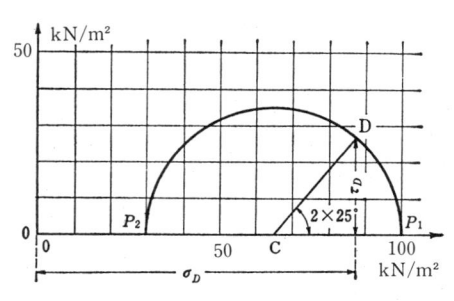

図 6・15　土中の応力

くせん断応力 τ_D および垂直応力 σ_D の値は,図中のD点の縦横の座標で与えられる.

$$\tau_D = \frac{100-30}{2} \times \sin(2 \times 25°) = \mathbf{27\ kN/m^2}$$

$$\sigma_D = \frac{100+30}{2} + \frac{10-30}{2}\cos(2 \times 25°) = 65 + 23$$
$$= \mathbf{88\ kN/m^2}$$

〔**6・4**〕 砂と粘土のせん断強さの特徴を示せ.

〔**解**〕 砂のせん断強さは土粒子間の摩擦力によって生じている.したがって,砂は粘着力が0に近く,内部摩擦角が大きい.垂直応力に応じてせん断強さが大きくなるので,同じ砂のせん断強さは地中深くなるほど大きくなる.

粘土のせん断強さは吸着水の相互作用による粘着力によって生じている.したがって,粘土は粘着力が大きく,内部摩擦角は0に近い(図6・16).

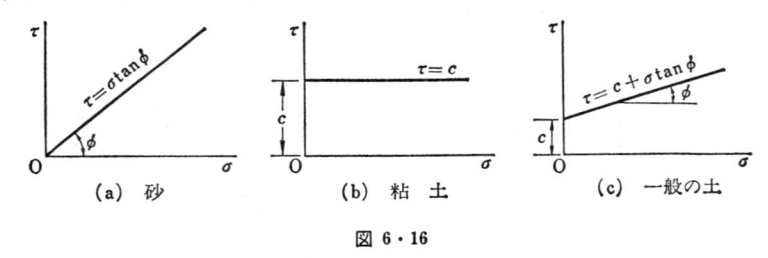

図 6・16

〔**6・5**〕 粘性土の非圧密非排水せん断試験を行なったときの,全応力表示と有効応力表示による粘着力と内部摩擦角の相違を示せ.

〔**解**〕 飽和粘性土について非圧密非排水試験を行なう場合,拘束圧力を増大させてもその分だけ間隙水圧が増大し,有効応力の変化はないので,せん断強さは拘束圧力の大きさに関係なく一定となる.したがって,これらの関係を全応力で表示すると図6・17のようになり,

$$\phi_u = 0$$
$$c_u = \frac{1}{2}(\sigma_1 - \sigma_3)$$

となる.また,有効応力表示をすると,ただ1個の応力円しか描けず,破壊線を求めることができない.

不飽和粘性土では,毛管張力によって間隙圧は負となっている.このような供試体に拘束圧力を加えると,間隙内の空気が圧縮されるために,たとえ非排水状態でも拘束圧力に等しい大きさの間隙圧の増加は生じない.そのために,拘束圧力の増加とともに有効応力は増大し,せん断強さも増大する.さらに拘束圧力が増大すると,間隙内の空気は間隙水中に溶解し,飽和土のようになる.したがって,不飽和土の場合でも拘束圧力が高くなると,全応力表示では図6・18(a)のように,$\phi_u = 0$ となる.しかし,有効応力表示をすると,同図 (b) に示すように $\phi' \neq 0$ である.

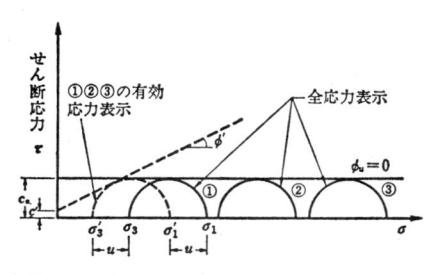

図 6・17 飽和土の非圧密非排水せん断試験の結果

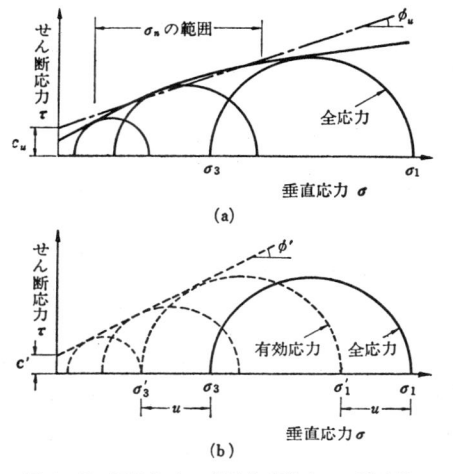

図 6・18 不飽和土の非圧密非排水せん断試験の結果

〔6・6〕 圧密非排水せん断試験を行なったときの,全応力表示と有効応力表示による粘着力と内部摩擦角の相違を示せ.

〔解〕 圧密圧力 p_b で等方圧密した供試体について,非排水状態で拘束圧力を変えて試験したときのモールの応力円は UU 試験と同様,いずれも同一直径となり,全応力表示では $\phi=0$ となる.

したがって,CU 試験で粘着力,内部摩擦角を求めるためには,異なる圧密圧力で圧密してせん断試験をしなければならない.図 6・19(a) の曲線 abc で示されるような正規圧密粘性土の非排水せん断強さ c_u と圧密圧力 p の関係は (b) 図のようになり,正規圧密粘性土の CU 試験では c_u/p が一定となるので,この関係から圧密による土の強度増加を推定することができる.

一方,(a) 図の bd 線上の d 点で示されるような過圧密粘土では,(b) 図の d 点で示されるように p_a で圧密された正規圧密粘土のせん断強さよりもせん断強さは大きくなる.

同じ試験の結果を有効応力に基づくモールの応力円で表示し,その包絡線(破壊線)を描くと (d) 図のようになり,正規圧密土では $c'=0$ となり,過圧密土では $c' \neq 0$ となる.

〔6・7〕 圧密排水せん断試験を行なったときの,全応力表示と有効応力表示による粘着力と内部摩擦角との関係を示せ.

〔解〕 圧密排水せん断試験の結果は,直接有効応力で表わされる.したがって,全応力表示も有効応力表示も同じである.この試験で得られた ϕ_d は CU 試験の有効応力表示で得られた ϕ' とほぼ一致する.

〔6・8〕 粘性土の練り返しによる強度低下の度合を見るにはどのようにすればよいか.

〔解〕 乱さない試料と,同じ土を練り返した試料について一軸圧縮試験を行ない,

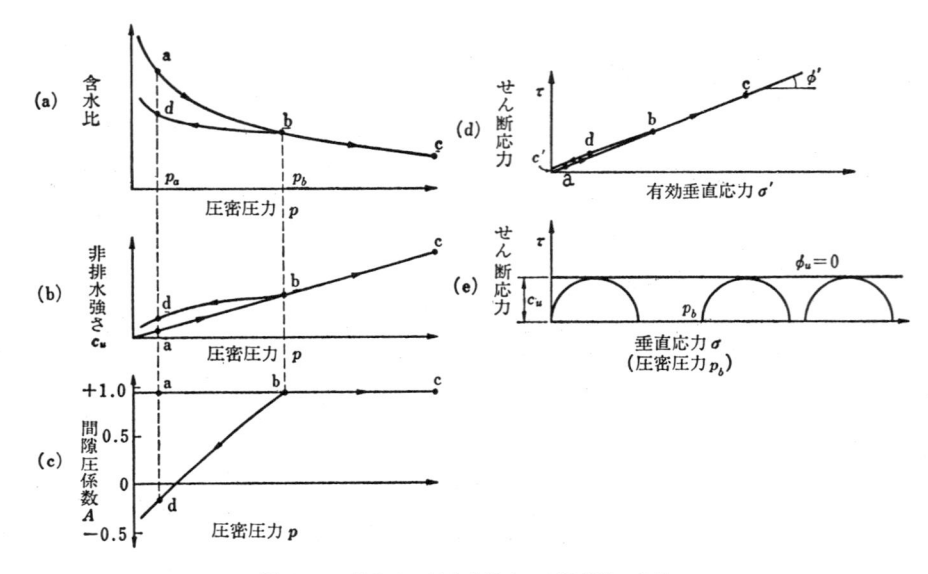

図 6・19 飽和土の圧密非排水せん断試験の結果

両者の一軸圧縮強さの比（**鋭敏比**）を見ればよい．すなわち，鋭敏比 S_t は，自然状態の乱さない供試体の一軸圧縮強さ q_u と，乱さない供試体と同じ含水比，同じ密度の練り返した供試体の一軸圧縮強さ q_r との比，$S_t = \dfrac{q_u}{q_r}$ で表わされる．練り返した供試体では，一軸圧縮試験で極大値を示さないか，または最大値が明確でない場合が多い（図 6・20）．この場合には，15% ひずみに相当する応力をもって一軸圧縮強さ q_r とするか，あるいは，乱さない供試体の q_u に相当するひずみと同じ大きさのひずみに対応する強さ q_r' により $S_t' = \dfrac{q_u}{q_r'}$ として鋭敏比を求めることもある．

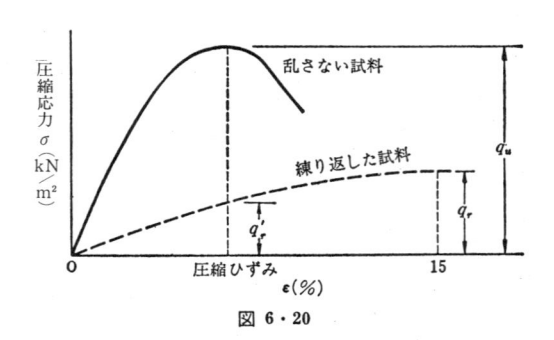

図 6・20

例　題〔6〕

〔6・9〕 3種の試料，すなわち No.1（湿砂），No.2（湿砂），No.3（砂質ローム）について，一面直接せん断を実施したところ，次のような値を得た。それぞれの垂直応力—せん断応力図を描き，これから内部摩擦角 ϕ と粘着力 c を求めよ。ただし，試料の断面積は $16\,cm^2$ とする。

	垂直荷重 (N)	せん断力 (N)		垂直荷重 (N)	せん断力 (N)		垂直荷重 (N)	せん断力 (N)
試料 No.1	100	85	試料 No.2	100	135	試料 No.3	200	240
	200	155		200	175		300	275
	300	230		300	220		400	315
	400	305		400	250		500	352
							600	390

〔解〕 各材料の垂直応力—せん断応力図は図 6・21 のとおりである。この図から各材料の粘着力 c と内部摩擦角 ϕ を求めると以下のようになる。

表 6・1

試料	c	ϕ
No.1	$5.9\,kN/m^2$	$36°$
No.2	$65\,kN/m^2$	$21°$
No.3	$103\,kN/m^2$	$20°$

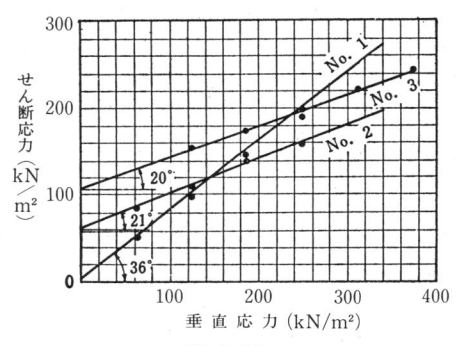

図 6・21

〔6・10〕 直径 50 mm，高さ 125 mm の試料を用いて三軸圧縮試験を行なったところ，次の結果を得た。この結果から試料（粘土）の粘着力と内部摩擦角を求めよ。ただし，この試験に用いた三軸圧縮試験機は試料の上面を細いピストンで押す形式のもので，拘束圧力は試料の上面からも働く。

拘束圧力 (kN/m^2)	軸差荷重 (N)
50	110

表 6・2

側圧 $\sigma_3\,(kN/m^2)$	垂直応力 $\sigma_1\,(kN/m^2)$
50	$\dfrac{0.110}{0.00196} + 50 = 56 + 50 = 106$
100	$\dfrac{0.126}{0.00196} + 100 = 64 + 100 = 164$
200	$\dfrac{0.152}{0.00196} + 200 = 78 + 200 = 278$

100	126
200	152

〔解〕 試料の断面積 $A_0 = \dfrac{\pi}{4} \times 5^2 = 19.61\,\mathrm{cm}^2$

この結果から，σ_1，σ_3 を最大ならびに最小主応力とする三つのモールの応力円と，破壊線を描くと，図6・22のとおりである．したがって，

粘着力
$$c = 23\,\mathrm{kN/m^2}$$

内部摩擦角
$$\phi = 4°$$

図 6・22

〔6・11〕 正規圧密土を，圧密非排水状態で三軸圧縮試験を行ない，次の結果を得た．全応力表示による内部摩擦角（ϕ），有効応力表示による内部摩擦角（ϕ'），および，c_u/p を求めよ．

〔解〕 試験結果より表6・

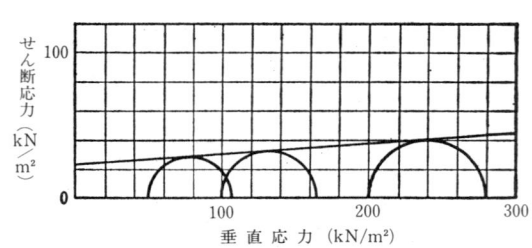

表 6・3

圧密圧力 ($\mathrm{kN/m^2}$)	軸差応力 ($\mathrm{kN/m^2}$)	破壊時の 間隙水圧 ($\mathrm{kN/m^2}$)
50	34	34
100	68	68
150	102	102
200	136	136

表 6・4

σ_1 ($\mathrm{kN/m^2}$)	σ_3 ($\mathrm{kN/m^2}$)	σ_1' ($\mathrm{kN/m^2}$)	σ_3' ($\mathrm{kN/m^2}$)	$c_u = (\sigma_1 - \sigma_3)/2$ ($\mathrm{kN/m^2}$)
84	50	50	16	17
168	100	100	32	34
252	150	150	48	51
336	200	200	64	68

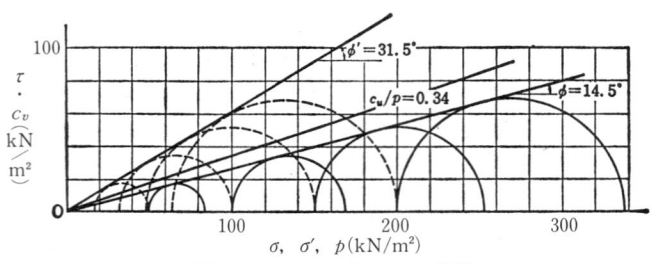

図 6・23 $\sigma - \tau$, $\sigma' - \tau$, c_u/p 関係

4の各値が求められる．

これらの結果を図示すると図6・23のようになり，破壊線から，
$$c = c' = 0$$
$$\phi = 14.5°$$
$$\phi' = 31.5°$$

また，c_u/p は，圧密圧力が σ_3 であるから，
$$\frac{c_u}{p} = \frac{c_u}{\sigma_3}$$
$$= 0.34$$

表 6・5

ひずみ (%)	荷重強度 (kN/m²) 乱さない試料	練り返した試料	ひずみ (%)	荷重強度 (kN/m²) 乱さない試料	練り返した試料
0.2	13	1	4.0	143	13
0.4	22	2	5.0	157	15
0.6	33	3	5.2	157	16
0.8	42	3	5.4	155	16
1.0	52	4	6.0	150	18
1.5	70	5	8.0	130	23
2.0	90	7	12.0		28
3.0	123	9	16.0		29

〔6・12〕 ある粘性の土の乱さない試料と，練り返した試料（密度と含水比は乱さない試料と同一にした）について，一軸圧縮試験を行なった結果，表6・5の値を得た．この土の鋭敏比を求めよ．

〔解〕 二つの供試体について，応力－ひずみ関係を描くと図6・24となる．これより，問題〔6・8〕の解を参考にして次の値を得る．
$$q_u = 157 \text{ kN/m}^2, \quad q_r = 28 \text{ kN/m}^2, \quad q_r' = 16 \text{ kN/m}^2$$

したがって
$$S_t = \frac{q_u}{q_r} = \frac{157}{28} = 5.6$$

または，

$$\varepsilon = \frac{\Delta L}{L_0}$$
$$\sigma = (1 - \varepsilon)\frac{P}{A_0}$$

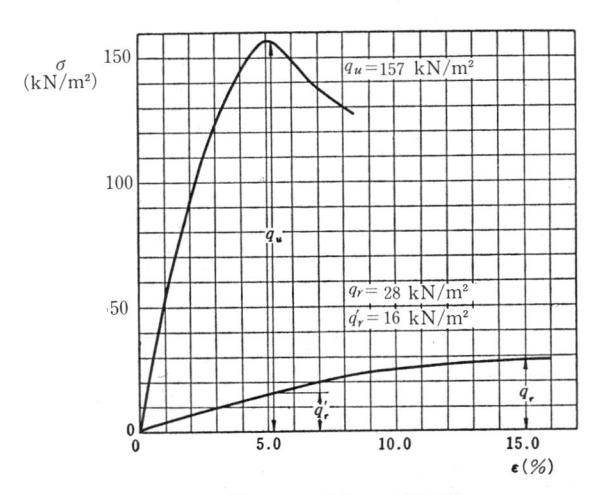

図 6・24 応力－ひずみ曲線

$$S_t' = \frac{q_u}{q_r'} = \frac{157}{16} = 9.8$$

〔**6・13**〕 ある土の試料について一軸圧縮試験を実施したところ，破壊強さは 274 kN/m² であった．その供試体の破壊面の水平に対する傾きが 54° であると，この土の粘着力と内部摩擦角はいくらか．

〔**解**〕 供試体の破壊面の傾きは，最大主応力 σ_1 の働く面に対して，$\left(45° + \dfrac{\phi}{2}\right)$ の傾きをする．

$$45° + \frac{\phi}{2} = 54° \quad \therefore \text{内部摩擦角} \quad \phi = 18°$$

したがって粘着力 c は式 (6・12) より，

$$c = \frac{274}{2} \times \frac{1 - \sin 18°}{\cos 18°} = 100 \text{ kN/m}^2$$

〔**6・14**〕 ある粘土質地盤において，深さを変えてベーン試験を実施したところ，次のような結果が得られた．この地盤のそれぞれの深さにおける土の粘着力を計算せよ．

ただし，羽根の高さ $H = 12.5$ cm，同じく全幅 $D = 6.3$ cm である．

表 6・6

試験番号	深　　さ	ねじり力	ねじりモーメント
No. 1	11.0 m	100 N	20 N·m
No. 2	14.3 m	95 N	19 N·m
No. 3	19.0 m	109 N	21.8 N·m

〔**解**〕 ベーン試験の結果，粘着力は式 (6・14) によって計算できる．

No. 1 の点において，

$$M = 20 \text{ N·m}, \quad D = 6.3 \text{ cm}, \quad H = 12.5 \text{ cm}$$

とすると，粘着力は，

$$c = \frac{M}{\pi \dfrac{D^2 H}{2} + \dfrac{\pi D^3}{6}} = \frac{20.0}{\dfrac{\pi \times 0.063^2 \times 12.5}{2} + \dfrac{\pi \times 0.063^3}{6}} = 22 \text{ kN/m}^2$$

同様に No. 2 の点においては，

$$c = \frac{19.0}{\dfrac{\pi \times 0.063^2 \times 12.5}{2} + \dfrac{\pi \times 0.063^3}{6}} = 21 \text{ kN/m}^2$$

No. 3 の点においては，

$$c = \frac{21.8}{\dfrac{\pi \times 0.063^2 \times 12.5}{2} + \dfrac{\pi \times 0.063^3}{6}} = 24 \text{ kN/m}^2$$

問　題〔6〕

〔6・1〕 有効応力で表示した破壊線に接する応力円の条件から，モール・クーロンの破壊基準を求めよ．

〔解〕　$\sigma_1' - \sigma_3' = 2c' \cos \phi' + (\sigma_1' + \sigma_3') \sin \phi'$

〔6・2〕 羽根の長さ $H = 10$ cm，幅 $D = 5$ cm のベーン試験器を用いて，原位置におけるせん断試験を行なった結果，ねじりモーメントが 18 N·m の最大値を示した．土が飽和粘土からなるとして，粘着力を求めよ．

〔解〕　39.3 kN/m^2

〔6・3〕 砂の直接せん断試験を行なったところ，鉛直応力 $\sigma = 300$ kN/m^2 でせん断抵抗が $\tau = 220$ kN/m^2 で破壊した．この砂の内部摩擦角を求めよ．

〔解〕　$36°$

〔6・4〕 三軸圧縮試験において，$\sigma_1 = 3{,}000$ kN/m^2，$\sigma_3 = 1{,}000$ kN/m^2 のとき，最大せん断応力の値とそれが作用する面の方向を求めよ．

〔解〕　$\theta = \pi/4$ および $5\pi/4$，$\tau_{\max} = 1{,}000$ kN/m^2

〔6・5〕 軟弱な粘土地盤において，深さ z 方向に一軸圧縮強さ q_u の分布を調べたところ，$q_u = 0.38z$ の関係が得られた．この粘土は飽和状態にあり，飽和単位体積重量が 17.6 kN/m^3 であるとして，強度増加比 c_u/p を求めよ．

〔解〕　0.238

第7章 土の締固め

7・1 土の締固め

　土に外力を加えて締め固めると，土の密度・強度・透水度など土の力学的ならびに工学的性質がかなり変化することが知られている．一定のエネルギーで土を突き固めた場合には密度の変化，すなわち，その締固まり具合は土の含水比によって異なる．含水比の異なる土について，一定の方法で締固めを行なった場合，得られる乾燥密度と含水比との関係は図7・1に示すような山形の曲線で与えられる．この曲線は**締固め曲線**と呼ばれ，この曲線の**最大乾燥密度** $\rho_{d\,max}$ に対

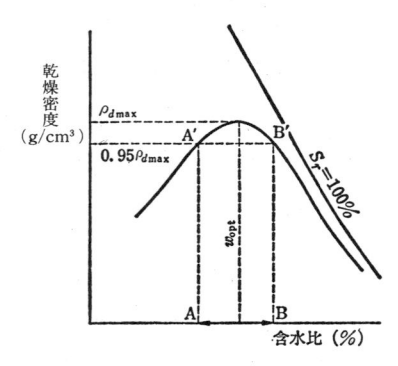

図7・1　土の乾燥密度と含水比との関係

応する含水比をその締固め方法における**最適含水比** w_{opt} と呼んでいる．同じ図の右側の曲線は，空気間隙が0のときに得られる理論上の最大密度を示す曲線（**ゼロ空気間隙曲線**）であり，締固め曲線に併記される．このゼロ空気間隙曲線は飽和度が100％になるまで圧縮した場合の土の状態を示すものであり，締固め曲線がこれを越えて右上に出ることはない．

　突固めによる締固め試験において，締め固めた材料の密度は第1章を参照して次の式で求められる．

$$\rho_t = \frac{m_t}{V} \tag{7・1}$$

$$\rho_d = \frac{\rho_t}{1 + \dfrac{w}{100}} \tag{7・2}$$

$$\rho_d = \frac{\rho_w}{\dfrac{\rho_w}{\rho_s} + \dfrac{w}{S_r}} \tag{7・3}$$

ここに　ρ_t：土の湿潤密度（g/cm³）
　　　　ρ_d：土の乾燥密度（g/cm³）
　　　　w：含水比（%）
　　　　ρ_s：土粒子の密度（g/cm³）
　　　　ρ_w：水の密度（g/cm³）
　　　　S_r：飽和度（%）

　実際の土について締固め密度と含水比との関係を求めるためには，JIS A 1210 に規定されている方法により，一定体積のモールドに一定の締固めエネルギーによって土を締め固める．この場合，土の種類や含まれる礫の最大粒径に応じて試験の方法は多少異なる．もし，現場の土が，突固め試験で規定している最大粒径より粗い礫を多く含んでいる場合には，実際には試験で求めた最大乾燥密度より大きい値が得られるので，試験結果に補正を加える必要がある．この補正は次の式によって行なう．

$$\rho_{dc} = \frac{100}{\dfrac{100-p}{\rho_{d_1}} + \dfrac{p}{\rho_{d_2}}} \tag{7・4}$$

ここに　ρ_{dc}：礫を含む土の最大乾燥密度
　　　　p：礫の混入率
　　　　ρ_{d_1}：突固め試験で求めた土の最大乾燥密度
　　　　ρ_{d_2}：礫のかさ密度

礫のかさ密度 ρ_{d_2} は礫の全体積に対する礫の質量で，

$$\rho_{d_2} = \frac{m_1}{m_2 - m_3} \cdot \rho_w \tag{7・5}$$

ここに　m_1：乾燥後の礫の質量
　　　　m_2：表面乾燥飽和状態の礫の空中質量
　　　　m_3：礫の水中質量

で求められる．

　このようにして求めた最大乾燥密度は土工に際して施工管理の規準として用いられることが多い．最大乾燥密度に対する施工時の密度の比率は締固め度と呼ばれており，ふつう締固め度は 95% 以上であることが要求される．したがって，同一の締固めエネルギーで締め固めて求めた図 7・1 の締固め曲線の A′

B′ に対応する含水比の範囲 AB で施工を行なえば，理論上は 95% 以上の締固め度が得られる．また，含水比が高く，密度管理が不可能なような場合には，飽和度によって施工管理を行なう場合もある．

現場における土の締固まりの度合を知るためには，現場における土の乾燥密度を測定する必要がある．この場合，土の重量とその体積および含水比を求める必要があるが，体積を正確に測定することは難しい．締め固めた土の一部を掘り起こし，その穴を乾燥砂や水，あるいは油で置換して体積を測定することが行なわれているが，粘性土についてはコアカッターによる方法が最も簡単である．

7・2 路床・路盤の支持力試験

7・2・1 道路の平板載荷試験

土の締固めの目的の一つは，道路および滑走路の路床・路盤の支持力を増し，舗装の変形を防ぐことにある．道路や滑走路などの基礎の支持力を示すパラメーターとしては**支持力係数**があり，コンクリート舗装の設計に用いられる．支持力係数とは JIS A 1215 の**道路の平板載荷試験**方法に規定される試験によって求められる**地盤係数**（K 値）をいう．

$$K_d = \frac{q}{y} \tag{7・6}$$

ここに　K_d：直径 d(cm) の円形載荷板を用いて求めた支持力係数 （kN/m³）
　　　　y：支持力係数を求めるときの載荷板の沈下量 （cm），普通 $y = 0.125$ cm を標準とする．
　　　　q：載荷板が y(cm) 沈下したときの荷重強さ （kN/m²）

支持力係数の測定には直径 30 cm，40 cm および 75 cm の三種の載荷板が用いられるが，載荷板の直径が小さいほど同じ地盤に対して求めた支持力係数の値は大きい．したがって，載荷板の面積に応じた補正を行ない，支持力係数の値を決める必要がある．たとえば，

$$K_{75} = \frac{1}{2.2} K_{30} \tag{7・7}$$

$$K_{75} = \frac{1}{1.5} K_{40} \tag{7・8}$$

ここに　K_{75}, K_{40}, K_{30}：それぞれ直径 75 cm, 40 cm および 30 cm の載荷板を用いて求めた地盤の支持力係数　(kN/m³)

7・2・2　CBR試験

路床土の支持力が大きければ，舗装の厚さを薄くすることができるが，支持力が小さければ舗装厚を大きくしなければならない．このように路床土の変形に対する抵抗力は舗装の厚さを決定する大きな要因となる．**路床土の支持力比**（**CBR**）はたわみ性舗装の厚さを決定するために用いる値であり，これを求める方法は JIS A 1211 に規定されている．CBRとは，モールドに詰められた締固め土，あるいは乱さない状態で現場から採取した試料の中に，直径 5 cm の鋼棒を貫入させたときの貫入量と荷重強さとの関係を求め，標準の貫入量におけるその土の荷重強さと標準荷重強さとの比を百分率で表わしたものである．

$$R_y = \frac{q_{ty}}{q_{sy}} \times 100 \qquad (7 \cdot 9)$$

ここに　R_y：貫入量 y (mm) に対する CBR (%)
　　　　q_{ty}：貫入量 y (mm) に対する試験荷重の強さ　(kN/m²)
　　　　q_{sy}：貫入量 y (mm) に対する標準荷重の強さ　(kN/m²)

通常，$y = 2.5$ mm または $y = 5.0$ mm に対する値を求める．$y = 2.5$ mm および 5.0 mm のときの標準荷重の強さは，それぞれ $q_{s2.5} = 6.9$ MN/m² および $q_{s5.0} = 10.3$ MN/m² である．この標準荷重強さは，締め固めた砕石に直径 5 cm の鋼棒を貫入させて求められたものである．もし，$R_{5.0} > R_{2.5}$ の場合は再試験を行ない，それでも $R_{5.0}$ が $R_{2.5}$ より大きい場合には $R_{5.0}$ の値を CBR 値とする．$R_{5.0} < R_{2.5}$ の場合は $R_{2.5}$ の値を CBR 値とする．荷重強さ-貫入量曲線の形が図 7・2 の曲線 2 に示すように原

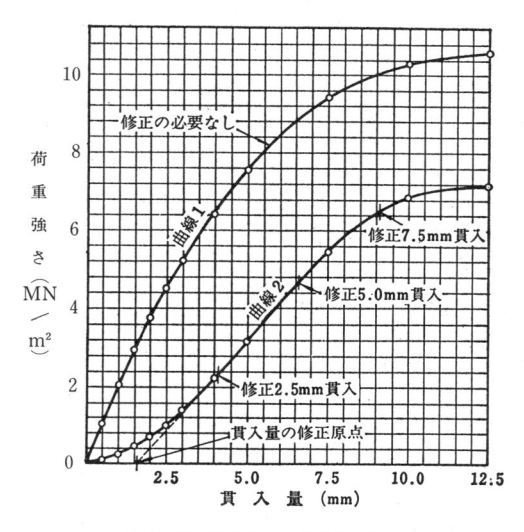

図 7・2　荷重強さ-貫入量曲線

点の付近で上向きに凹の場合には図に示すように荷重強さ-貫入量曲線の変曲点において接線を引き，接線と横軸との交点を貫入量の原点とする．

アスファルト舗装の設計には交通量の大きさと路床の CBR 値が考慮される．とくに舗装の厚さを決定する場合に用いる路床土の CBR 値を**設計 CBR**と呼ぶ．アスファルト舗装要綱によれば，設計 CBR は自然含水比の試料を 3 層，各層 67 回突き固めて供試体を作成し，4 日間水浸した後に CBR 試験を行なう．路床が深さ方向に数種の異なる層からなる場合は，路床面から 1 m までの深さの CBR 値の平均値をとり，その地点の平均 CBR 値とする．

$$\mathrm{CBR}_m = \left(\frac{h_1 \mathrm{CBR}_1^{\frac{1}{3}} + h_2 \mathrm{CBR}_2^{\frac{1}{3}} + \cdots + h_n \mathrm{CBR}_n^{\frac{1}{3}}}{100} \right)^3 \quad (7 \cdot 10)$$

ここに　CBR_m：平均 CBR
　　　　CBR_n：第 n 層の土の CBR
　　　　h_n：第 n 層の厚さ (cm)，$h_1 + h_2 + \cdots + h_n = 100\,\mathrm{cm}$

設計 CBR 値は次の式によって求める．

$$\text{設計 CBR} = \text{各地点の平均 } \mathrm{CBR}_m - \frac{(\mathrm{CBR}_m\text{ 最大値} - \mathrm{CBR}_m\text{ 最小値})}{d_2}$$
$$(7 \cdot 11)$$

表 7・1　設計 CBR の計算に用いる係数

個　数 (n)	2	3	4	5	6	7	8	9	10 以上
d_2	1.41	1.91	2.24	2.48	2.67	2.83	2.96	3.08	3.18

表 7・2　目標とする T_A (cm)

設計 CBR	L 交通	A 交通	B 交通	C 交通	D 交通
3	15	19	26	35	45
4	14	18	24	32	41
6	12	16	21	28	37
8	11	14	19	26	34
12	11	13	17	23	30
20	11	13	17	20	26

ここに　d_2：表 7・1 に示す係数（CBR の個数によって定まる）

なお，求められた設計 CBR 値は端数を切り捨てて，表 7・2 の標準的な設計 CBR 値になおす．

路盤材料の強さを表わすもので，現場の所要の密度に対応する CBR 値を**修正 CBR** と呼び，次のようにして求める．

① 3 層，各層 92 回突固めによる標準試験を行ない，最適含水比を求める．

② 最適含水比との差が 1% 以内の含水比で各層 92 回，42 回，および 17 回突固めの供試体を 3 個ずつ作り，4 日間水浸した後に CBR を求め，ρ_d – CBR 曲線を描く．

③ 図 7・3 において所要の密度のところに水平線を引き ρ_d – CBR 曲線との交点を求め，この点の CBR 値を修正 CBR 値とする．

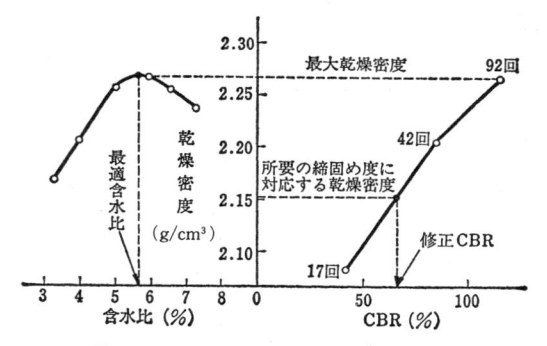

図 7・3　乾燥密度・含水比・CBR 関係図

7・3　舗装厚の設計

7・3・1　アスファルト舗装

アスファルト舗装（たわみ性舗装）の厚さを決定する場合，各層の最小厚さは和が表 7・3 の規定を満足しなければならない．さらに，適当な舗装構成を仮定して次の式により T_A を計算する．

表 7・3　各層の最小厚さ

交通量の区分	表層＋基層 (cm)	路　盤
L, A	5	瀝青安定処理路盤：最大粒径の 2 倍かつ 5 cm 以上 その他の路盤：最大粒径の 3 倍かつ 10 cm 以上
B	10 (5)	
C	15 (10)	
D	20 (15)	

（　）内は上層路盤に瀝青安定処理を用いる場合の最小厚さ

$$T_A = a_1 T_1 + a_2 T_2 + \cdots + a_n T_n \qquad (7 \cdot 12)$$

ここに　$a_1, a_2, \cdots a_n$：表 7・4 に示す等値換算係数
　　　　$T_1, T_2, \cdots T_n$：舗装構成で仮定した各層の厚さ (cm)

表 7・4 T_A の計算に用いる等値換算係数

使用する位置	工法・材料	条件	等値換算係数
表層 基層	表層基層用加熱アスファルト混合物		1.00
上層路盤	瀝青安定処理	安定度 3.43 kN 以上	0.80
		安定度 2.45 kN 以上	0.55
	セメント安定処理	一軸圧縮強さ 2.9 MN/m²	0.65
	粒度調整	修正 CBR 80 以上	0.35
	浸透式		0.55
	マカダム		0.35
下層路盤	切込砕石, 砂利, 砂など	修正 CBR 30 以上	0.25
		修正 CBR 20～30	0.20

T_A：舗装をすべて表層，基層用の加熱アスファルト混合物で設計したときに必要な厚さ（cm）

T_A の値と，舗装（表層・基層・上層路盤，および下層路盤）を構成する各層の厚さは，交通量区分および路床の設計 CBR に応じて表 7・2 および表 7・3 の目標値を満足しなければならない．ここで**交通量区分**とは，5 年後の 1 日，1 方向当たりの大型車の推定交通量が 100 台未満を L，100 台以上 250 台未満を A，250 台以上 1,000 台未満を B，1,000 台以上 3,000 台未満を C，3,000 台以上を D とするものである．

このほか，アスファルト舗装の構造設計には次の式を用いてもよい．

$$H = \frac{58.5 P^{0.4}}{\mathrm{CBR}^{0.6}} \quad (7 \cdot 13)$$

$$T_A = \frac{12.5 P^{0.64}}{\mathrm{CBR}^{0.3}} \quad (7 \cdot 14)$$

ここに　H：舗装厚さ（cm）
　　　　P：設計輪荷重（tf）

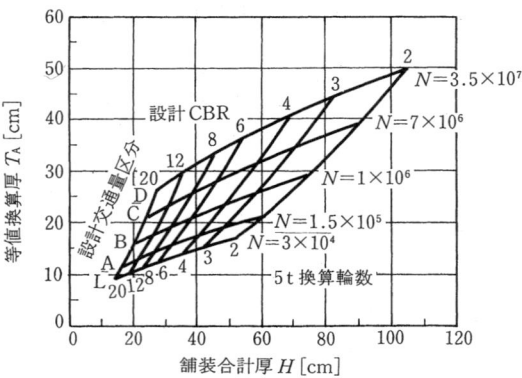

図 7・4 設計曲線

T_A：舗装をすべて表層，基層用の加熱アスファルト混合物で設計したときに必要な厚さ (cm)

式 (7・13)，式 (7・14) を用いて設計輪荷重 3t，5t，8t および 12t について計算したものが図 7・4 である．これらの輪荷重はそれぞれ A 交通，B 交通，C 交通および D 交通に相当する．

7・3・2　コンクリート舗装

コンクリート舗装（剛性舗装）の場合には，一般に平板載荷試験の結果を用いて設計を行なう．支持力係数としては，直径 30 cm の円形載荷板を用い，沈下量 0.125 cm のときの値，すなわち，

$$K_{30} = \frac{q_{30}(\text{kN/m}^2)}{0.00125(\text{m})} = \frac{q_{30}}{0.00125}(\text{kN/m}^3) \tag{7・15}$$

を用いる．コンクリート舗装の路盤上での支持力係数は一般に

$$K_{30} \geqq 146 \text{ kN/m}^3$$

が要求される．

路盤の設計は路盤の支持力係数が 196 MN/m³ となるように試験路盤を作って決定するのが望ましいが，試験路盤によるのが困難な場合には図 7・5 に示す設計曲線を用いてその厚さを決定する．設計に用いる支持力係数はほぼ同一の材料で路床を作る区間について切土区間 3 カ所以上，盛土区間 3 カ所以上の実測値に基づいて次の式より求める．

$$\text{支持力係数} = \text{各地点の支持力係数の平均}$$
$$- \frac{\text{支持力係数の最大値} - \text{支持力係数の最小値}}{c} \tag{7・16}$$

ここに　c：表 7・5 に示す係数

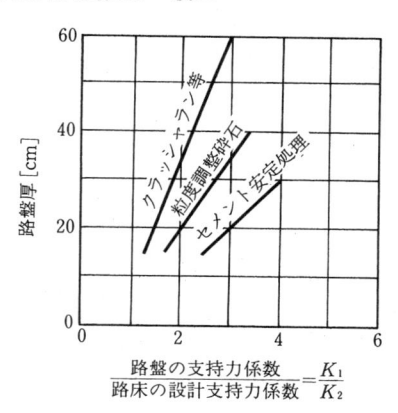

図 7・5　路盤厚さの設計曲線（30 cm 載荷板）

表 7・5　支持力係数の計算に用いる係数

個　数 (n)	3	4	5	6	7	8	9	10 以上
c	1.91	2.24	2.48	2.67	2.84	2.96	3.08	3.18

表 7・6 設計 CBR と路盤厚の関係（単位：cm）

交通量の区分 \ 路床の設計 CBR	2	3	4	6	8	12 以上
L，A 交通	50	35	25	20	15	15
B，C，D 交通	60	45	35	25	20	15
注1	表13.7に示す路盤厚は，粒度調整砕石盤を用いた場合である．なお，下層路盤と土層路盤に分ける場合は図13.9に示す方法を参考にするとよい．					

また，路床の CBR によって路盤厚さを決定したい場合には設計 CBR に応じて表 7・6 より路盤厚さを決定することもできる．

一方，コンクリート版の厚さは交通量の区分に応じ表 7・7 の値を標準とする．

表 7・7 コンクリート版の厚さ

交通量の区分	コンクリート版の厚さ（cm）
L	15
A	20
B	25
C	28
D	30

例　題〔7〕

〔7・1〕 現場において締め固めた砂質土の密度を測定した．地表に掘った穴の中に薄いビニール膜を入れ，この中に水を流しこんで穴の容積を測定したところ，$V = 2{,}040\,\mathrm{cm}^3$ であった．また，この穴から掘り起こした土の質量は $m = 3{,}290\,\mathrm{g}$ であり，含水比は $w = 6.9\%$ であった．この土粒子の密度 ρ_s を $2.65\,\mathrm{g/cm^3}$ として，現場乾燥密度，間隙比，および間隙率を求めよ．

〔解〕 式 (1・3)，式 (1・11)，あるいは式 (7・1)，式 (7・2) より，

$$\rho_d = \frac{1}{V} \cdot \frac{m}{1 + \dfrac{w}{100}} = \frac{1}{2{,}040} \times \frac{3{,}290}{1.069} = \mathbf{1.51\,g/cm^3}$$

式 (1・16) より，

$$e = \frac{\rho_s}{\rho_d} - 1 = \frac{2.65}{1.51} - 1 = \mathbf{0.755}$$

式 (1・18) より，

$$n = \frac{e}{1+e} \times 100 = \frac{0.755}{1.755} \times 100 = \mathbf{43\%}$$

〔7・2〕 試料 4 kg をふるい分けしたところ，4.8 mm 以上の礫を 853 g 含んで

た. 礫の吸水率は 2.8%, 礫のかさ密度は 2.50 g/cm³ であった. 4.8 mm 以下の土の含水比は 8.2% であり, また, この土の最大乾燥密度は 1.95 g/cm³ であった. 礫分を含めたときのこの土の最大乾燥密度を求めよ.

〔解〕 土の湿潤質量 = 4,000 − 853 = 3,147 g

$$\text{礫の乾燥質量} = \frac{853}{1.028} = 829.8 \text{ g}$$

$$\text{土の乾燥質量} = \frac{3,147}{1.082} = 2,908.5 \text{ g}$$

$$\text{礫の混入率 } p = \frac{829.8}{829.8 + 2,908.5} = 22.20\%$$

式 (7・4) より,

$$\text{最大乾燥密度 } \rho_{dc} = \frac{100}{\frac{100 − 22.20}{1.95} + \frac{22.20}{2.50}} = \mathbf{2.05 \text{ g/cm}^3}$$

〔7・3〕 ある砂質ロームについて JIS A 1210 に規定する突固め試験を行ない, 表 7・8 に示す結果を得た. ただし, この土の土粒子密度は 2.66 g/cm³ とし, 使用したモールドの内容積は 1,000 cm³, 質量は 2,258 g である.

① 含水比に対する湿潤密度の変化を図示し, 図から最大湿潤密度とそれに対応する含水比を求めよ.

② 含水比に対する乾燥密度の変化を図示し, この図から最大乾燥密度と最適含水比を求めよ. また, 最小間隙比, 最小間隙率を求めよ.

③ ②の図に合わせてゼロ空気間隙曲線, 飽和度 90%, 80% の場合の乾燥密度-含水比曲線を描け.

表 7・8

含水比 (%)	モールドおよび土の質量 (g)
12.2	3,720
14.0	3,774
17.7	3,900
21.6	4,063
25.0	4,160
26.5	4,155
29.3	4,115

〔解〕 湿潤密度 ρ_t, 乾燥密度 ρ_d は式 (7・1), および式 (7・2) より計算する. 問③については式 (7・3) を用いて計算する.

計算結果を要約すると表 7・9 のようになる. 最小間隙比は最大乾燥密度のときに

表 7・9

含水比 (%)	湿潤密度 (g/cm³)	乾燥密度 (g/cm³)	乾燥密度 $S_r=100\%$	$S_r=90\%$	$S_r=80\%$
12.2	1.462	1.303			
14.0	1.516	1.330			
17.7	1.642	1.395	1.809	1.747	1.675
21.6	1.805	1.484	1.689	1.624	1.548
25.0	1.902	1.522	1.598	1.530	1.453
26.5	1.897	1.500	1.560	1.492	1.414
29.3	1.857	1.436	1.495	1.426	1.347

対応するので，このときの値から式 (1・16) により求めることができる．

結果を図示すると図7・6のようになる．

最大湿潤密度
$1.903\,\mathrm{g/cm^3}$
そのときの含水比
25.2%
最大乾燥密度
$1.522\,\mathrm{g/cm^3}$
最適含水比
24.4%
最小間隙比
0.75
最小間隙率
43%

〔7・4〕 ある盛土に使用する材料（土粒子密度 $2.57\,\mathrm{g/cm^3}$）について JIS A 1210 に規定する標準突固め試験を実施したところ表7・10の結果を得た．

この盛土工事の仕様書では，突固めの最適含水比で得た最大密度の 97% 以上になるように転圧すべきことが規定されている．もし，現場の転圧と標準試験における突固めとが同一の効果をもつものとすれば，現場において施工時に土の含水比はどんな範囲の変化を許されるか．また，その湿乾の許容限界における土の間隙比と飽和度を求めよ．

〔解〕 試験結果から締固め曲線を描くと図7・7のようになる．すなわち，最適含水比 28.5%，最大乾燥密度 $1.448\,\mathrm{g/cm^3}$，最大密度の 97% の密度は $1.405\,\mathrm{g/cm^3}$ であるので，図中 $\rho_d = 1.405\,\mathrm{g/cm^3}$ の水平線と締固め曲線との交点を求めると，

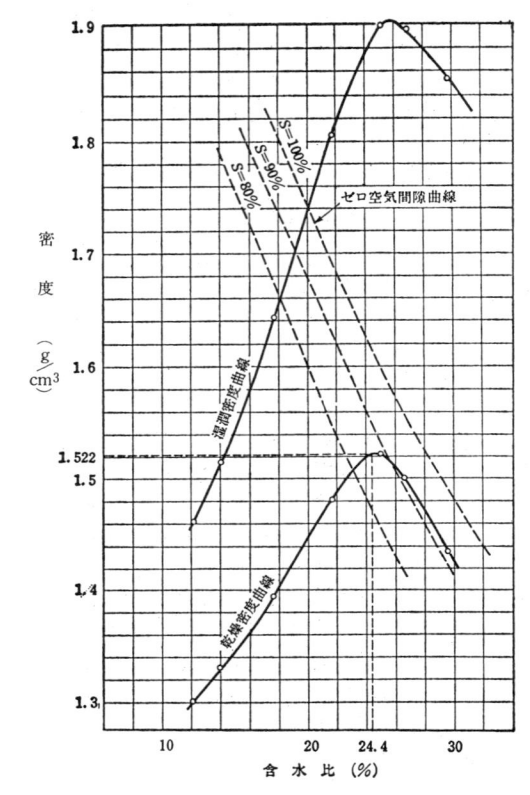

図 7・6

表 7・10

含水比 (%)	19.8	22.0	24.1	25.8	26.7	27.7	28.5	29.6	30.7	31.7
乾燥密度 (g/cm³)	1.306	1.343	1.383	1.419	1.433	1.445	1.448	1.438	1.417	1.397

乾燥側の限界
$w_1 = 25.1\%$
湿潤側の限界
$w_2 = 31.2\%$

上記の限界における間隙比は式（1・16）より，また，含水比25.1%および31.2%における飽和度は式（1・19）より，

$$e = \frac{\rho_w}{\rho_d}G_s - 1$$
$$= \frac{2.57}{1.405} - 1 = 0.83$$

$$S_{r1} = \frac{w_1 \cdot G_s}{e}$$
$$= \frac{25.1 \times 2.57}{0.83}$$
$$= 77.7\%$$

$$S_{r2} = \frac{w_2 \cdot G_s}{e} = \frac{31.2 \times 2.57}{0.83} = 96.6\%$$

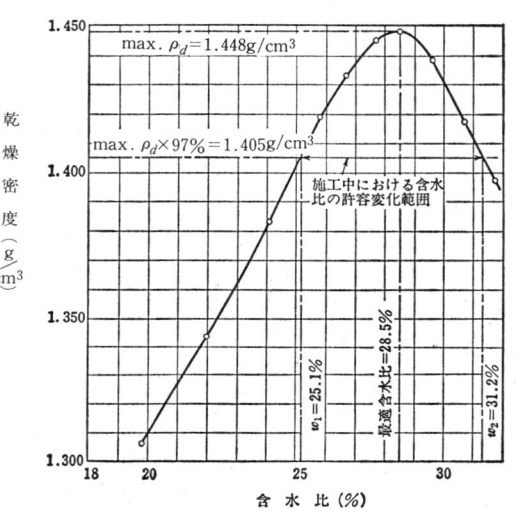

図 7・7

〔7・5〕 下に示すような諸元をもつジョンソン式ランマーがある．このランマーを用いて厚さ15cmにまき出した土を締め固める場合，JIS A 1210の突固め試験と同量の締固め仕事を土に加えるためには，何回反覆通過したらよいか．ただし，1回の通過の際，ランマーは50%ずつ重複して突固めを行なうものとする．

ランマーの質量 80 kg，ランマーの跳躍高 40 cm，ランマーの底の直径 23 cm

〔解〕 標準突固め試験においてモールド内の土に加えられる締固め仕事を計算する．

試験用ランマーの質量　　2.5 kg　　　落下高　　　　　　30 cm
落下回数　　　　　　3層25回　　　突き固めた土の量　1,000 cm³

試験の際に加えられる締固め仕事は，

$$E_T = \frac{2.5 \times 30 \times 3 \times 25}{1,000} = 5.63 \text{ kg·cm/cm}^3$$

ジョンソン式ランマーの1回通過によって，厚さ15cmの土に加えられる締固め仕事は，

$$E_R = \frac{80 \times 40}{\frac{\pi}{4} \times 23^2} \times \frac{1}{0.50 \times 15} = 1.03 \text{ kg·cm/cm}^3$$

通過回数 n は，

$$n = \frac{5.63}{1.03} = 5.5$$

したがって，6回

〔7・6〕 JIS A 1211 の方法によって，ある路盤材料（土粒子密度 2.65 g/cm³）の支持力比試験（CBR試験）を行なった．貫入試験に先だって行なう締固め試験（3層 92 回突固め）で下のような結果を得た．この結果から締固め曲線を描き，最適含水比と最大乾燥密度を求めよ．ただし，モールドの容積は 2,209 cm³ とする．

表 7・11

含 水 比（％）	11.0	21.0	28.5	34.5	40.0
乾 燥 密 度（g/cm³）	1.445	1.525	1.420	1.335	1.253

〔解〕 含水比–乾燥密度の関係は図 7・8 に示すとおりである（ゼロ空気間隙曲線も併記）．図より，最適含水比 **21%**，最大乾燥密度 **1.525 g/cm³**

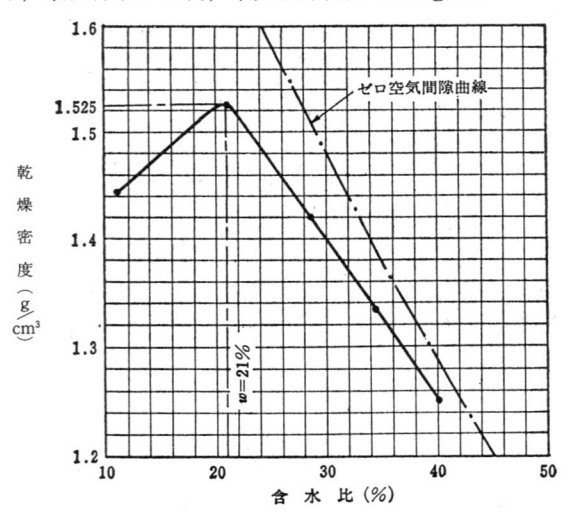

図 7・8

〔7・7〕 前題〔7・6〕の土を最適含水比状態にして，規定のモールドに 3 層に土を入れ，各層それぞれ 92 回，42 回，17 回突き固めた供試体を用意した．この供試体を 4 日間水浸して膨張量をダイヤルゲージで測定した．この試験結果から各供試体の膨張比，水浸後の飽和度を算出せよ．

〔解〕 膨張比 r_e は次の式で与えられる．

$$r_e = \frac{d_2 - d_1}{h_0} \times 100\% \tag{7・17}$$

ここに d_1：ダイヤルゲージの初めの読み（mm）
d_2：ダイヤルゲージの終わりの読み（mm）
h_0：供試体の初めの高さ（mm）

表 7・12

供試体製作の時の各層の突き回数	92	42	17
乾 燥 密 度 (g/cm³)	1.525	1.360	1.220
水浸前の含水比 (%)	21	21	21
4日間水浸の後の含水比 (%)	28	35	44
水浸直後のダイヤルゲージの読み (cm)	0.300	0.300	0.300
4日間水浸後のダイヤルゲージの読み (cm)	0.475	0.463	0.441

各層 92 回突固めの供試体では，

$$r_e = \frac{4.75 - 3.00}{125} \times 100 = 1.40\%$$

各層 42 回突固めの供試体では，

$$r_e = \frac{4.63 - 3.00}{125} \times 100 = 1.31\%$$

各層 17 回突固めの供試体では，

$$r_e = \frac{4.41 - 3.00}{125} \times 100 = 1.13\%$$

飽和度は式 (1・19)，および式 (1・16) により求まり，それぞれ，**100%，98%，100%**

〔7・8〕 前題〔7・7〕の吸水膨張試験の終わった供試体に対し，直径 50 mm の鋼棒で貫入試験を行なった．鋼棒にかかる荷重と貫入量との関係は表 7・13 のとおりである．この結果から各貫入量に対する単位荷重を計算して図示し，CBR 値を求めよ．また，乾燥密度と CBR との関係図を描き，問題〔7・6〕の突固めの最大密度の 95% の密度になるように突き固められた供試体の CBR 値を求めよ．

〔**解**〕 鋼棒の断面積 A は，

表 7・13

貫 入 量 (mm)		0	0.5	1.0	1.5	2.0	2.5	5.0	7.5	10.0	12.5
荷重読み (kN)	92 回	0	1.41	2.43	3.22	4.05	4.91	8.33	10.35	11.84	12.59
	42 回	0	0.63	1.34	1.92	2.63	3.27	5.73	7.03	7.97	8.50
	17 回	0	0.10	0.27	0.75	1.26	1.81	4.32	5.02	5.22	5.34

表 7・14

貫 入 量 (mm)		0	0.5	1.0	1.5	2.0	2.5	5.0	7.5	10.0	12.5
単位荷重 (MN/m²)	92 回	0	0.72	1.24	1.64	2.06	2.56	4.24	5.27	6.03	6.41
	42 回	0	0.32	0.68	0.98	1.34	1.66	2.92	3.58	4.06	4.33
	17 回	0	0.05	0.14	0.38	0.64	0.92	2.20	2.55	2.66	2.72

$$A = \frac{\pi}{4} \times 5^2 = 19.64 \,\mathrm{cm}^2$$

であるから貫入荷重を A で割れば単位荷重が求められる．

これを図示すると図7・9のようになる．同図において17回突固めの曲線は原点付近で上方に凹の形をしているので，原点を図中の点線の示す位置に修正する．

各層92回突固めの試料のCBR値は式（7・9）より，

$$R_{2.5} = \frac{2.46}{6.9} \times 100$$
$$= 35.7\%$$
$$R_{5.0} = \frac{4.22}{10.3} \times 100$$
$$= 41.0\%$$

すなわち，$R_{5.0} > R_{2.5}$ であるから再試験を行なう．再試験の結果同様に $R_{5.0}$ の方が大きければ $R_{5.0}$ の値をとる．同様に，各層42回突固めの供試体については，

$$R_{2.5} = 23.7\%$$
$$R_{5.0} = 27.8\%$$

また，各層17回突固めの試料については，

$$R_{2.5} = 20.1\%$$
$$R_{5.0} = 22.6\%$$

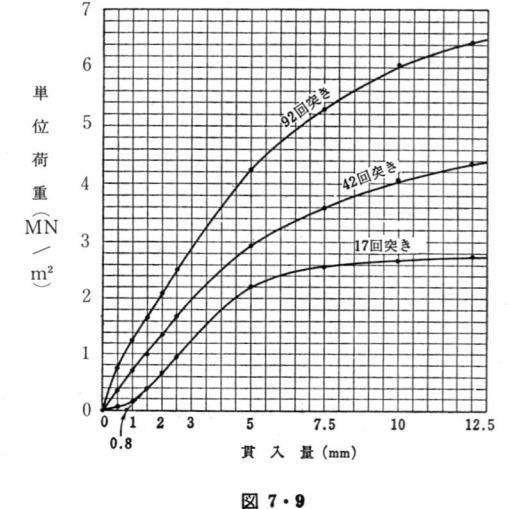

図 7・9

CBR値と乾燥密度との関係は図7・10のようになる．各層92回突固めの最大乾燥密度は $1.525\,\mathrm{g/cm}^3$ であるので，この95%の値は $1.449\,\mathrm{g/cm}^3$ である．したがって，この値に対応するCBR値（修正CBR値）は **34%**．

〔7・9〕 JIS A 1215の規定によって，ある路盤の平板載荷試験を行なった結果は表7・15のとおりである．載荷板は直径30 cm のものを用い，載荷板の沈下は2個のダイヤルゲージで測定した．この結果からこの路盤の支持力係数を求めよ．またその値から直径40 cm，および75 cm の載荷板を使用した場合の支持力係数の値を推定せよ．

〔解〕 試験結果より荷重-沈下曲線を描くと図7・11のようになる．この曲線上に沈下 $y = 0.125\,\mathrm{cm}$ の点を求めると $q = 270\,\mathrm{kN/m}^2$ である．したがって，支持力係数 K_{30} は，

$$K_{30} = \frac{q}{y} = \frac{270}{0.00125} = \mathbf{216\,MN/m^3}$$

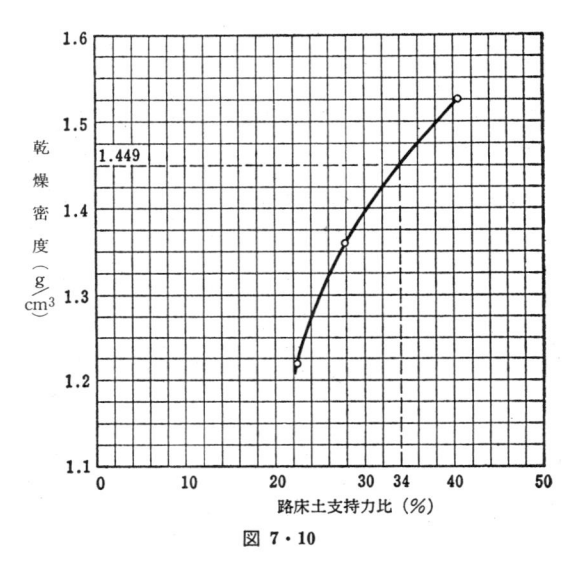

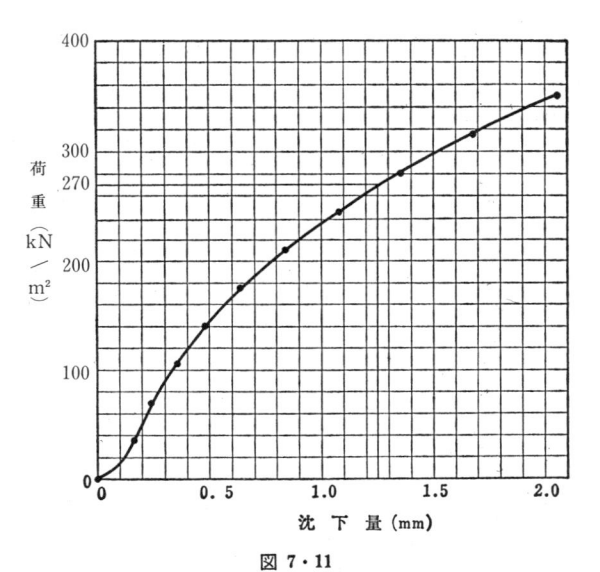

例　　題〔7〕

図 7・10

図 7・11

表 7・15

全荷重 (kN)	荷重強さ (kN/m²)	ダイヤルゲージの読み			沈下量 (cm)
		左	右	平均	
0	0	0.012	0.016	0.014	0
2.47	35	0.026	0.034	0.030	0.016
4.94	75	0.032	0.044	0.038	0.024
7.42	105	0.042	0.058	0.050	0.036
9.89	140	0.052	0.072	0.062	0.048
12.36	175	0.064	0.088	0.076	0.062
14.84	210	0.086	0.110	0.098	0.084
17.31	245	0.110	0.134	0.122	0.108
19.78	280	0.136	0.164	0.150	0.136
22.25	315	0.168	0.196	0.182	0.168
24.73	350	0.204	0.236	0.220	0.206

直径 75 cm および 40 cm の載荷板の支持力係数は式 (7・7), 式 (7・8) から,

$$K_{75} = \frac{1}{2.2}K_{30} = \frac{216}{2.2} = \mathbf{98\ MN/m^3}$$

$$K_{40} = 1.5 K_{75} = 1.5 \times 98 = \mathbf{147\ MN/m^3}$$

〔7・10〕 5 年後に 1 日 1 方向当たり 800 台の大型車の交通量が予想される区間にアスファルト舗装を行ないたい．路床土の設計 CBR が 5.2 であるとして，アスファルト舗装の構成を求めよ．

〔**解**〕 交通量区分は B 交通であり，設計 CBR は切り捨てて 5 であるから，表 7・2 より合計厚さが 43 cm，T_A が 22 cm となる．舗装構成の一例として，表層 5 cm，基層 8 cm，上層路盤（粒度調整材，修正 CBR 80 以上）15 cm，下層路盤（切込み砂利，修正 CBR 30 以上）20 cm とすれば，式 (7・12) より，

$$T_A = (5+8) \times 1.0 + 15 \times 0.35 + 20 \times 0.25 = 23.25\,\text{cm} > 22\,\text{cm}$$

また，

　　　　合計厚さ $= 5+8+15+20 = 48\,\text{cm} > 43\,\text{cm}$

　　　　表層厚さ ＋ 基層厚さ $= 5+8 = 13\,\text{cm} > 10\,\text{cm}$

したがって，表 7・2，および表 7・3 の各規定を満足しているのでこの構成でもよい．

〔7・11〕 前題〔7・10〕と同じ条件でコンクリート舗装を行なう場合，どのような舗装構成が考えられるか．

〔**解**〕 設計 CBR が 5 であるから，表 7・6 より粒状材料だけによる路盤であれば 25 cm 以上，また，セメント安定処理材による場合には 15 cm 以上の路盤厚さが必要とされる．コンクリート版の厚さは表 7・7 から 25 cm となる．

〔7・12〕 コンクリート舗装をする場合に，路床の支持力係数が 4.0 のとき，上層路盤に 15 cm のセメント安定処理層を設ければ，下層路盤にどのくらいの厚さの粒状材料層が必要か．

〔解〕 上層路盤に厚さ15cmのセメント安定処理層を設けたときに，この下面で必要な支持力は図7・5から求められる．すなわち，図7・5の路盤厚さ15cmに対応するソイルセメント路盤の曲線の横軸を読み取り，$K_1/K_2 = 2.5$ を得る（図7・12）．したがって，セメント安定処理の下面で必要な支持力係数は，$K_1 = 200 \, \text{MN/m}^3$ として，

$$\frac{200}{2.5} = 80 \, \text{MN/m}^3$$

となる．下層路盤では支持力係数の比は，

$$\frac{\text{路盤の支持力係数}}{\text{路床の支持力係数}} = \frac{8}{4} = 2.0$$

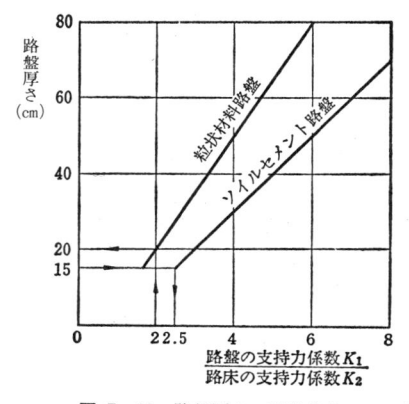

図 7・12 路盤厚さの設計曲線

したがって，図7・12から，粒状材料からなる下層路盤の層厚は，**20 cm**．

問　題　〔7〕

〔7・1〕 締固め試験の結果，含水比と乾燥密度との関係が次のように求められた．この土の最適含水比と最大乾燥密度を求めよ．

含水比（％）	16.3	17.8	18.8	19.9	21.3	22.3	23.3
乾燥密度(g/cm³)	1.532	1.569	1.605	1.624	1.615	1.595	1.555

〔解〕 20.3%，1.625 g/cm³

〔7・2〕 CBR試験の結果，2.5 mm貫入時の荷重強さは $818 \, \text{kN/m}^3$，5.0 mm貫入時は $1195 \, \text{kN/m}^2$ であった．この土のCBR値はいくらか．

〔解〕 11.93%

〔7・3〕 地表面から30 cmの層厚の第1層のCBR値が15，層厚50 cmの第2層のCBR値が10，その下に層厚40 cm，CBR値24の土層があるとき，この地点の平均CBR値はいくらか．

〔解〕 13.7%

〔7・4〕 舗装予定路線内の6地点の路床土の各平均CBR値が次のように与えられるとき，設計CBR値を求めよ．

　　　13.7，　8.6，　9.5，　7.7，　5.6，　10.5

〔解〕 6.2

〔7・5〕 問題〔7・4〕の路線で5年後の1日，1方向当たりの大型車の推定交通量が

2,500台のとき，アスファルト舗装の構成を求めよ．

〔**解**〕 一例，表層 5 cm，基層 10 cm，上層路盤（浸透式）15 cm，下層路盤（修正 CBR 30 以上）20 cm

第8章 土　　　圧

8・1 土圧の種類

　土を支える擁壁や山留め壁，あるいは地中埋設管や地中壁の設計には，これらに作用する土圧を算定し，その土圧によって生じる曲げモーメント，せん断力によって構造物に生じる内部応力や，転倒・すべり・沈下等に対する構造物の安定を検討しなければならない．

　擁壁に作用する土圧の大きさは，裏込め土の種類や含水量によって変化し，壁体の変位や変形によっても大きく変化する．壁体に全く変位を生じないときに働いている土圧を**静止土圧**といい，変位を無視できる建物の地下壁や橋台等の設計に用いられる．一般の擁壁は多少の変位を許す状態での土圧を対象としており，擁壁が裏込め土砂の圧力により前方に転倒しようとするときに作用している土圧，すなわち**主働土圧**により設計する．この主働土圧は静止土圧より小さくなる．また何らかの外力を受けて壁体が裏込め土の方に押され，裏込め土中に破壊を生じさせようとするときの土圧を**受働土圧**といい，静止土圧より大きくなる．

　剛な壁体に作用する土圧を求める方法には，限界釣合い条件によるもの〔クーロン（Coulomb）〕，塑性理論によるもの〔ランキン（Rankine）〕，弾性理論によるもの〔ブーシネスク（Boussinesq）〕，実験や経験による方法などがあるが，クーロン系とランキン系の方法とが主流を占めている．

　コンクリート，あるいは鉄筋コンクリートの擁壁のように剛な壁体に作用する土圧に比べ，矢板壁のようなたわみ性の壁体に作用する土圧は，壁の変形に伴って土圧が再分布するので土圧を求めることが困難であるが，現在のところ矢板壁も剛体と仮定して計算を行なっている．また，山留め壁のように切ばりによって壁の変形がある程度抑えられている場合には静止土圧に近い値を示し，設計土圧としては裏込めの土質に応じて経験的な値を用いる．

第8章　土　　　圧

　地中埋設管には，鋼管・コルゲート管・コンクリート管・ビニール管等種々の材質のものがあり，またその大きさも一般の下水管程度のものから交通路用トンネル等の大きなものまである．さらにその断面形状も円形・箱型・馬蹄型・卵型等がある．また構造物の目的，条件によって設計方法が全く異なるので，本書では地中埋設管に作用する土圧についてごく簡単な問題だけを取り扱う．

8・2　剛な壁に作用する土圧

8・2・1　ランキンの土圧論

　ランキンは地盤を均質な粉体からなると考え，重力だけが働く半無限に広がった地盤が塑性平衡状態にあるときの地中応力を求めた．ここに塑性平衡状態とは地盤がまさに破壊しようとする状態で，モールの応力円が破壊線にちょうど接している状態である．このモールの応力円が破壊線に接する状態には2通りあり，一つは地盤が側方に広がって破壊しようとする状態（主働状態）と，他の一つは地盤が側方から圧縮されて破壊しようとする状態（受働状態）とである．このときの地中応力を利用して擁壁に作用する土圧を求めるには，半無限地盤内に鉛直の薄い摩擦のない壁を考える．地中応力はこれによっては変化しないので，壁体に作用する地表面に平行な方向の主働状態，および受働状態の地中応力を壁の上端から下端まで積分して壁に作用する主働，および受働土圧を求める．

　擁壁に作用するランキンの主働土圧の合力 P_a および受働土圧の合力 P_p は土の湿潤単位体積重量を $\gamma_t = \rho_t g$ として，次の式で考えられる．

$$P_a = \frac{1}{2}\gamma_t \cdot H^2 \cdot \cos i \cdot K_a \tag{8・1}$$

$$K_a = \frac{\cos i - \sqrt{\cos^2 i - \cos^2 \phi}}{\cos i + \sqrt{\cos^2 i - \cos^2 \phi}}$$

$$P_p = \frac{1}{2}\gamma_t \cdot H^2 \cdot \cos i \cdot K_p \tag{8・2}$$

$$K_p = \frac{\cos i + \sqrt{\cos^2 i - \cos^2 \phi}}{\cos i - \sqrt{\cos^2 i - \cos^2 \phi}}$$

ここに　K_a：ランキンの主働土圧係数

8・2 剛な壁に作用する土圧

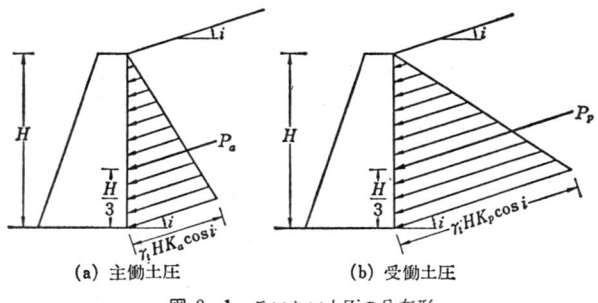

図 8・1 ランキン土圧の分布形

(a) 主働土圧 　(b) 受働土圧

K_p：ランキンの受働土圧係数
γ_t：裏込め土の単位体積重量 (kN/m³)
H：擁壁の高さ (m)
i：裏込め土の地表面傾斜角
ϕ：裏込め土の内部摩擦角

この土圧は三角形状に分布し，土圧の合力 P_a，P_p の作用点の位置は擁壁の下端から $H/3$ の位置になる（図8・1）．また土圧の作用する方向は主働土圧，受働土圧のいずれも裏込めの地表面に平行である．

地表面が水平なとき（$i=0$）には，P_a，P_p はそれぞれ

$$P_a = \frac{1}{2}\gamma_t \cdot H^2 \cdot \tan^2\left(45° - \frac{\phi}{2}\right) \tag{8・3}$$

$$P_p = \frac{1}{2}\gamma_t \cdot H^2 \cdot \tan^2\left(45° + \frac{\phi}{2}\right) \tag{8・4}$$

となる．

地表面が水平で裏込め土砂に粘着力があるときの P_a，P_p は次の式で与えられる．

$$P_a = \frac{1}{2}\gamma_t \cdot H^2 \tan^2\left(45° - \frac{\phi}{2}\right) - 2cH \tan\left(45° - \frac{\phi}{2}\right) \tag{8・5}$$

$$P_p = \frac{1}{2}\gamma_t \cdot H^2 \tan^2\left(45° + \frac{\phi}{2}\right) + 2cH \tan\left(45° + \frac{\phi}{2}\right) \tag{8・6}$$

ここに　c：裏込め土の粘着力

ただし，地表面上に活荷重が繰り返して作用するとき，または膨張性粘土，排水不良，凍結融解の影響，擁壁に向かってすべりやすい層がある等の悪条件

により大きな土圧が予想される場合, 一般に粘着力の影響を考えずに無視することが多い. このことはクーロン土圧等についても同じである.

　裏込め土砂に粘着力のあるときの主働土圧分布は図8・2のように擁壁の上部で負の土圧となり, h の区間では実際には土圧が作用しない. この h は,

$$h = \frac{2c}{\gamma_t} \tan\left(45° + \frac{\phi}{2}\right) \qquad (8 \cdot 7)$$

で与えられる.

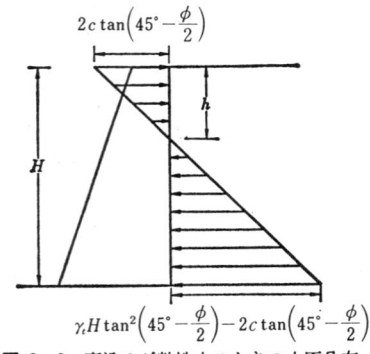

図 8・2 裏込めが粘性土のときの土圧分布

　裏込め土が粘着性であり, 地表面が傾斜しているときの P_a, P_p はかなり複雑な式となり, ここでは省略する.

8・2・2　クーロンの土圧論

　クーロンは裏込め土中に直線状のすべり面を考え, このすべり面と擁壁背面（これも一つのすべり面になる）とにはさまれたくさびを考えた. 擁壁に作用する土圧は, すべりくさびの重量, 擁壁からの反力（擁壁に作用する土圧と同じ大きさで方向反対の力）, すべり面からの反力, の三つの力の釣合いから求められる.

　クーロンの主働土圧とは, すべりくさびがすべり面と擁壁背面に沿ってすべり落ちようとするときに擁壁に作用する最大の土圧であり, クーロンの受働土圧とは, 擁壁に作用する外力のためにすべりくさびが抜け上がろうとするときに擁壁に作用する最小の土圧である.

　擁壁に作用するクーロンの主働土圧の合力 P_a および受働土圧の合力 P_p は次の式で与えられる.

$$P_a = \frac{1}{2} \gamma_t \cdot H^2 \frac{K_a}{\sin\theta \cdot \cos\delta} \qquad (8 \cdot 8)$$

$$K_a = \frac{\sin^2(\theta - \phi) \cdot \cos\delta}{\sin\theta \cdot \sin(\theta + \delta) \left\{1 + \sqrt{\frac{\sin(\delta + \phi) \cdot \sin(\phi - i)}{\sin(\theta + \delta) \cdot \sin(\theta - i)}}\right\}^2}$$

$$P_p = \frac{1}{2}\gamma_t \cdot H^2 \frac{K_p}{\sin\theta \cdot \cos\delta} \qquad (8\cdot 9)$$

$$K_p = \frac{\sin^2(\theta+\phi)\cdot\cos\delta}{\sin\theta\cdot\sin(\theta-\delta)\left\{1-\sqrt{\dfrac{\sin(\delta+\phi)\cdot\sin(\phi+i)}{\sin(\theta-\delta)\cdot\sin(\theta-i)}}\right\}^2}$$

ここに　K_a：クーロンの主働土圧係数
　　　　K_p：クーロンの受働土圧係数
　　　　γ_t：裏込め土の単位体積重量
　　　　H：擁壁の高さ
　　　　θ：擁壁背面の傾斜角（図 8・3 参照）
　　　　δ：裏込め土と壁面との摩擦角（壁面摩擦角）
　　　　i：裏込め土の地表面傾斜角
　　　　ϕ：裏込め土の内部摩擦角

$i=0$, $\delta=0$, $\theta=90°$ のとき，クーロンの土圧公式はランキンの土圧公式と一致する．

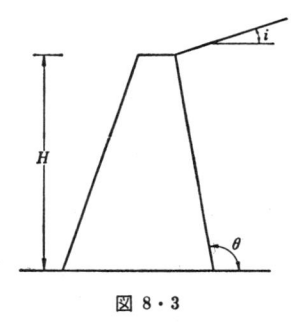

これらの土圧の分布は三角形状で，土圧の合力 P_a，P_p は擁壁の下端から

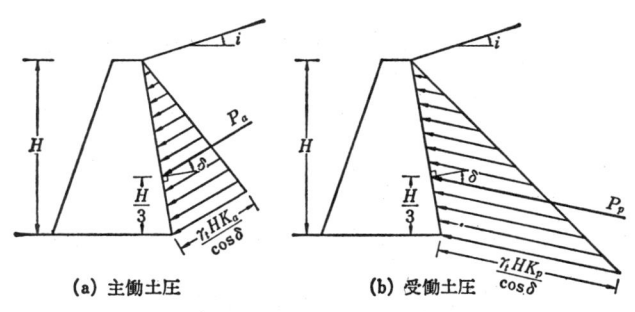

図 8・3

(a) 主働土圧　　　(b) 受働土圧

図 8・4　クーロン土圧の分布形

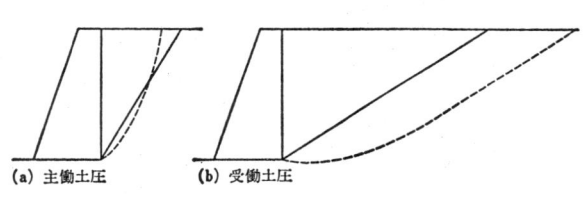

(a) 主働土圧　　　(b) 受働土圧

図 8・5

$H/3$ の位置に作用するが，主働土圧と受働土圧とでは作用方向が異なる．すなわち，図 8・4 に示すように，主働土圧は擁壁背面ののり線より壁面摩擦角 δ だけ上方から作用し，受働土圧はのり線より δ だけ下方から作用する．この δ はふつう $\dfrac{\phi}{3} \sim \dfrac{2}{3}\phi$ にとられる．

裏込め土が粘性土のときはすべり面は曲線状になるが，主働土圧の場合には平面として計算しても，すべり土塊の大きさに大差がないので大きな差異はない〔図 8・5(a)〕．しかし，粘性土を用いて裏込めしたときに受働土圧を平面すべり面として求めると誤差が大きくなるので〔図 8・5(b)〕，図解法等で曲線すべり面として求める方がよい．

8・2・3 土圧算定方法の選択

ある条件が与えられたときにどの方法で土圧を算定するかは重要な問題である．その方法の選択に当たっては，その方法の基礎となる仮定と設計上の条件とを対比して考えなければならない．

クーロンの土圧論では擁壁の背面が一つのすべり面となるので，図 8・6 のように背面が直線状のすべり面となるような場合に使用できる．しかし，図 8・7 のような場合には背面 AB に沿って土砂が移動しないのでクーロンの土圧論は適用できない．このようなときには AC 面を仮想背面として計算する（8・2・4 参照）．

ランキンの土圧論は土中の摩擦のない鉛直面に対する土圧を求めているので，

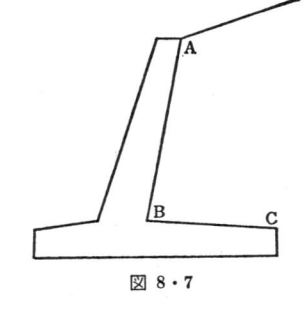

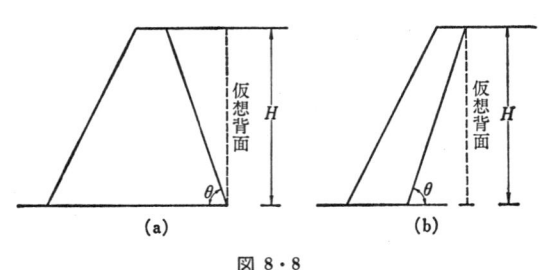

図 8・6

図 8・7

図 8・8

8・2 剛な壁に作用する土圧

擁壁背面が鉛直でないときは擁壁の下端，あるいは上端を通る鉛直面を裏込め土中に考え，これを仮想背面として計算する．しかしこれでは図8・8(a)，(b)とも同じ土圧となり不合理である．これに関しては次のように考えている．ランキンの土圧論は塑性平衡時の地中応力から求めており，塑性平衡時には裏込め土砂中に2方向のすべり面群が生じる（図8・9）．このすべり面の傾斜角 β_1，β_2 はそれぞれ，

$$\left.\begin{array}{l}\beta_1 = \dfrac{\pi}{4} + \dfrac{\phi}{2} + \dfrac{1}{2} \\ \quad \times \left[i - \sin^{-1}\dfrac{\sin i}{\sin \phi}\right] \\ \beta_2 = \dfrac{\pi}{4} + \dfrac{\phi}{2} - \dfrac{1}{2} \\ \quad \times \left[i - \sin^{-1}\dfrac{\sin i}{\sin \phi}\right]\end{array}\right\} \quad (8 \cdot 10)$$

であり，地表面が水平（$i = 0$）のときには

$$\beta_1 = \beta_2 = \dfrac{\pi}{4} + \dfrac{\phi}{2} \quad (8 \cdot 11)$$

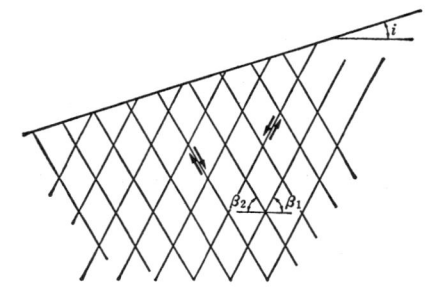

図8・9 主働時のすべり面の傾角（粘着力ゼロ）

である．擁壁の背面（図8・10のAB）がなす角 θ が図8・9の角 β_2 より小さければ擁壁の下端を通るすべり面群に影響がないのでランキンの土圧論を用いることができ，擁壁の下端Bを通る鉛直の仮想背面を考える．この考え方によれば図8・8(b)のような場合にはランキンの土圧式を適用できない．しかしながら一般には，背面が鉛直なときでも背面での摩擦が少なく，塑性平衡状態を満足するとしてランキンの土圧公式を用いている．

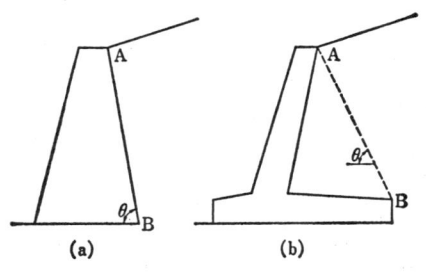

図8・10

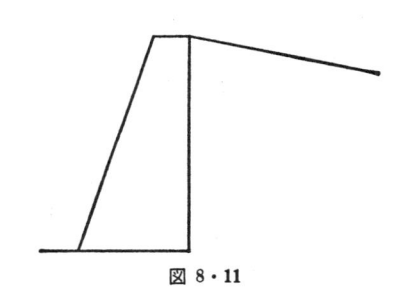

図8・11

また，ランキンの土圧論では地表面に平行に土圧が作用するが，図8・11のような場合には主働土圧が斜め上方に作用することになり，このような場合にもランキンの土圧式は使用すべきでない．

裏込め土の内部摩擦角や単位体積重量が求められていないときに，裏込め土を5種類に分けて土圧をグラフから求める**テルツァギー**（Terzaghi）の**土圧算定図**を用いることもある．これは粘着力を考慮して経験的に作られたものであるが，土圧の概略値を知るのに便利である．しかしながらこの方法を適用するのは低い擁壁だけに限るべきである．

裏込めの地表面形状が複雑な時や，曲線すべり面を考えるときには図解法を用いるのが便利である．

8・2・4 仮想背面の考え方

ランキンとクーロンの土圧論での擁壁背面の条件として，ランキンでは鉛直面を考え，クーロンでは鉛直でなくてもよいが直線状（平面状）でなければならない．しかしながら実際の擁壁は図8・12に示すように，この条件に合っていないとの方が多い．図8・12(a)，(b)のように壁背面がほぼ直線とみなせる場合にはクーロンの土圧式をそのまま適用できるが，その他の場合にはそのままでは適用できない．このように適用する土圧式と擁壁背面の条件が合わない場合には，適用する土圧公式の条件に合う仮想の背面を考える．

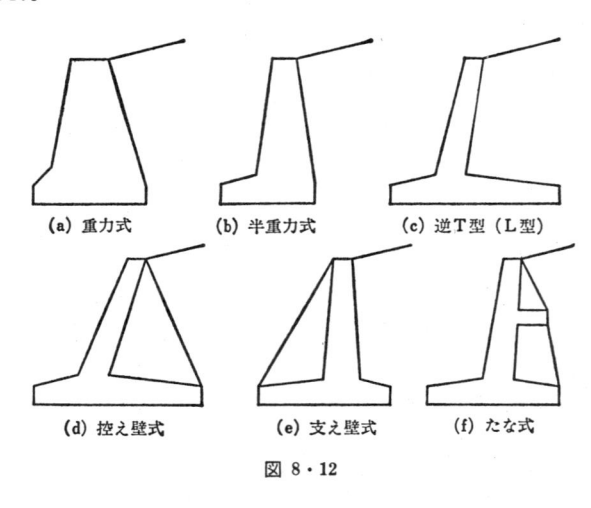

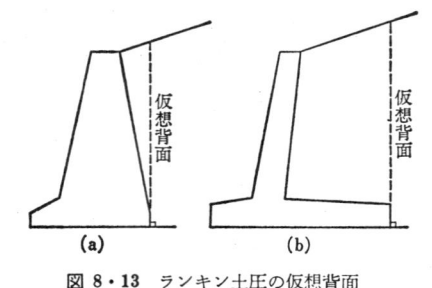

(a) 重力式　(b) 半重力式　(c) 逆T型（L型）
(d) 控え壁式　(e) 支え壁式　(f) たな式

図 8・12

図 8・13　ランキン土圧の仮想背面

たとえば，ランキンの土圧式で図8・12(a), (b) に対する土圧を求めるときには図8・13(a) のように，また図8・12(c)～(f) のような擁壁に対する土圧を求めるときには図8・13(b) のように擁壁の後端部を通る鉛直面を仮想背面と考える．

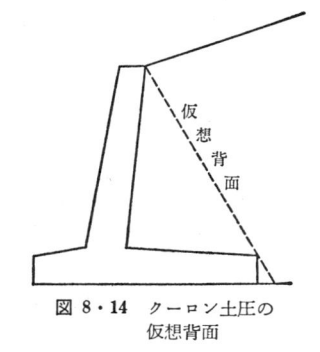

クーロンの土圧式で図8・12(c)～(f) のように壁背面が直線状でないときの土圧を求めるには図8・14のような仮想背面か，図

図8・14 クーロン土圧の仮想背面

8・13(b) のような鉛直仮想背面を考える．この場合，壁面摩擦角 δ は土と土との間の摩擦角であるから，土の内部摩擦角 ϕ と同一である．

擁壁の転倒やすべりに対する安定の検討を行なう場合には，仮想背面と擁壁にはさまれた部分の土は擁壁の一部として考え，垂直壁の曲げやせん断に対する計算には，仮想背面に作用した土圧が垂直壁にそのまま作用すると考える．

8・2・5 裏込め土上に載荷重のある場合の土圧

裏込め土上に**等分布の載荷重**がある場合の土圧を求めるには，等分布の載荷重を裏込め土に置き換えて考える．すなわち，q (kN/m²) の載荷重の代わりに裏込め土が $h = q/\gamma_t$ (m) だけかさ上げされた状態を考えればよく（図8・15），クーロンまたはランキンのいずれの方法によっても求めることができる．しかし，実際には h の部分には擁壁がなく土圧は作用しないので，擁壁に作用する土圧は図8・15(c) の土圧分布のうち①を除いた台形部分だけである．したがって等分布載荷重のあるときの土圧は，式 (8・1)～式 (8・9) の H^2 の代

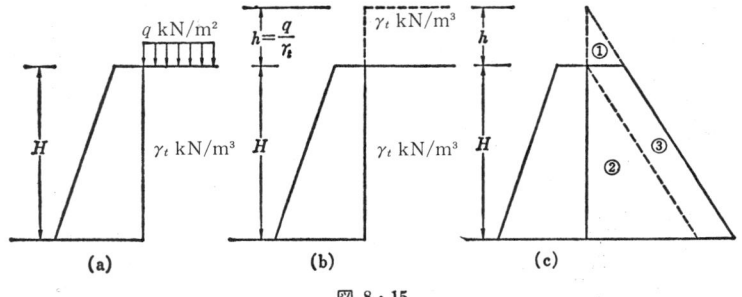

図 8・15

わりに $\{(H+h)^2 - h^2\}$ とすればよい．また，図 8・15(c) の台形部分のうち②の部分は裏込め土だけによる土圧であり，③の四辺形部分が等分布載荷重による土圧である．②の部分の合力は擁壁の下端から $H/3$，また③の部分の合力は擁壁の中央 $H/2$ の位置に作用するので，全体の合力の位置は擁壁の下端から，

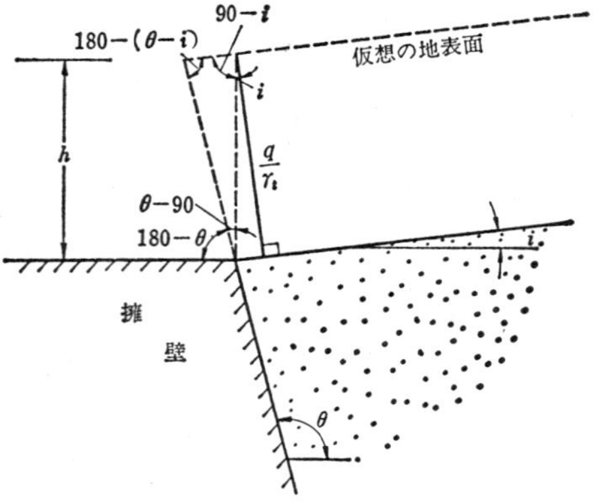

$$h_0 = \frac{H}{3} \cdot \frac{H+3h}{H+2h} \tag{8・12}$$

図 8・16

である．

また，擁壁背面と裏込め土の地表面が傾斜しているときには h は，

$$h = \frac{q}{\gamma_t} \cdot \frac{\sin\theta}{\sin(\theta - i)} \tag{8・13}$$

である（図 8・16 参照）．

裏込め土上に**線荷重**がある場合には，クーロンの方式では計算によって求めることは困難であるが，クーロン土圧を図解法によって求めるカルマンの図解法では等分布の載荷はもちろん，線荷重の場合にも簡単に求めることができる（8・2・7 参照）．

一方，ランキンの土圧では線荷重による地中応力（第 4 章参照）を擁壁の上端から下端まで積分して線荷重による土圧を求め，裏込め土だけによる土圧と合計すればよく，数式計算で求めることができる．ランキンの方法では地中の応力が求まればよいので，裏込め土上のある限られた範囲だけに載荷（部分載荷）があるような場合にも求めることができる．

8・2・6　裏込め土の土層が変化する場合の土圧

裏込め土中に地下水位があって，地下水位より上部と下部とで土の単位体積重量が異なる場合や，土層が変化して土の単位体積重量や内部摩擦角が変化す

8・2 剛な壁に作用する土圧　　　**145**

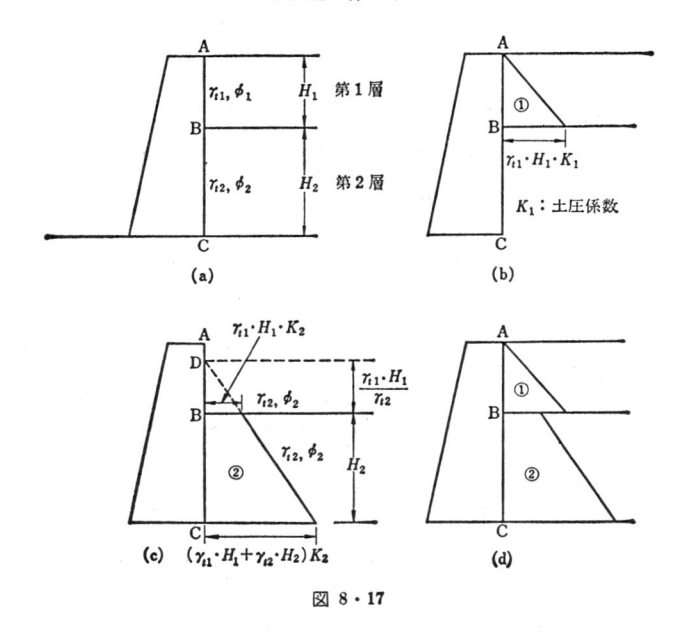

図 8・17

る場合の土圧を求めるには，8・2・5 の裏込め土上に等分布載荷がある場合と同様の方法によって求めることができる．すなわち，図 8・17(a) のように裏込め土の土層が 2 層からなっているとき，第 1 層の AB 間での圧力分布は同 (b) 図に示すように擁壁の高さが H_1 のときの土圧分布と同じである．第 2 層の BC 間の土圧は，第 1 層を等分布荷重と見なせば $q = \gamma_{t1} \cdot H_1$ の等分布荷重であるから，見かけ上 B 点より上方 $\gamma_{t1} \cdot H_1 / \gamma_{t2}$ の位置（D 点）から第 2 層があるときの土圧分布〔同図 (c)〕になる．

したがって全体の土圧分布は (b) 図の①と (c) 図の②を合わせた (d) 図のようになる．

8・2・7　カルマンの図解法による土圧の算定

図解法は数式計算では困難な複雑な条件のもとでも土圧を比較的簡単に求めることができる．

図解法によって土圧を求める方法として，ポンスレ（Poncelet）の方法，摩擦円法，カルマン（Culmann）の方法等がある．これらはそれぞれ利点をもっている．すなわち，ポンスレの方法は一度の作図で解が得られる利点がある

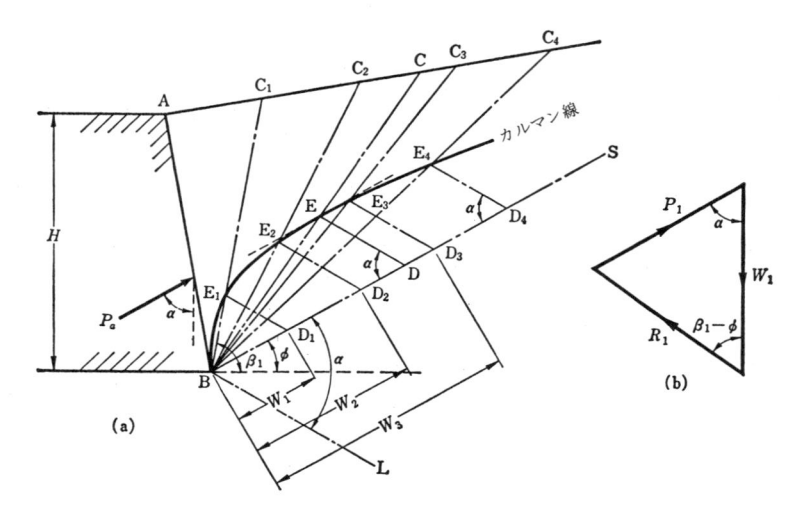

図 8・18　カルマンの図解法による主働土圧の求め方

が，裏込め土の地表面形状が複雑なときには用いられない．摩擦円法は裏込め材料が粘性土の場合の受働土圧のようにすべり面を曲線とする方が適当なときに用いるとよい．ここに示すカルマンの方法は裏込め土の地表面形状が複雑な場合や，裏込め土上に載荷重がある場合でも適用できる応用範囲の広い方法である．

　このカルマンの方法は原理的にはクーロンの土圧を図解によって求めるものである．

　カルマンの図解法により主働土圧を求めるには，図 8・18(a) において，擁壁の下端 B を通り，水平線と内部摩擦角 ϕ に等しい角をなす直線 BS を引く．この線はのり線と呼ばれ，擁壁の裏込め材料の自然の傾斜を表わすものである．次に線 BS と角 α をなすよ

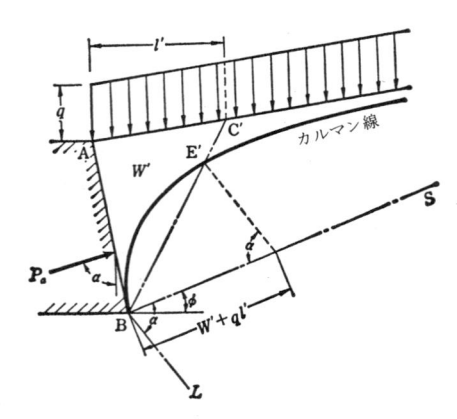

図 8・19　等分布載荷重のあるときのカルマンの図解法による主働土圧

うに直線 BL を引く．この角 α は主働土圧の合力 P_a に対する壁面反力の作用線と鉛直線との間の角である．したがって角 α は，

$$\alpha = 180° - \theta - \delta \tag{8・14}$$

である．任意のすべり面 BC_1 を仮定し，くさび状の土の部分 ABC_1 の重量 W_1 の大きさを適当な尺度で線 BS 上に表わす $(\overline{BD_1})$．次に D_1 から BL に平行な線を引き，線 BC_1 との交点を E_1 とすれば，△ BD_1E_1 はくさび状の部分 ABC_1 に働く力の三角形〔図8・18(b)〕と相似であるから，$\overline{D_1E_1}$ はすべり面 BC_1 を仮

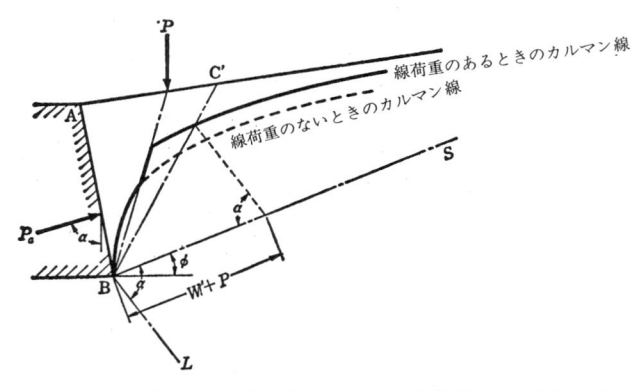

図 8・20　線荷重のあるときのカルマンの図解法による主働土圧

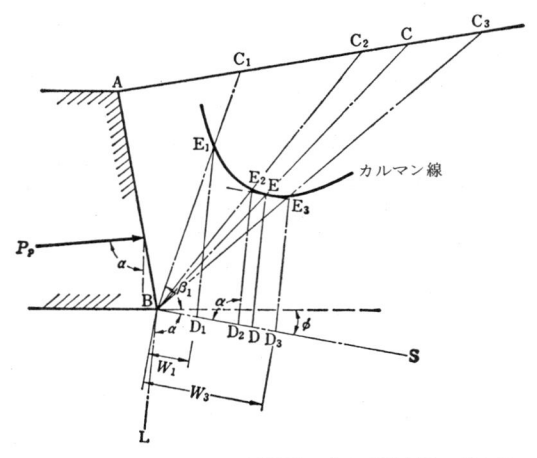

図 8・21　カルマンの図解法による受働土圧の求め方

定した場合の主働土圧の合力 P_1 を表わす．

仮定したすべり面の傾斜を変えて，上記の操作を反覆して行ない，おのおののすべり面に対応する E_1 を求め，これらの E_1 点を結ぶ曲線（カルマン線と呼ぶ）を描く．

このカルマン線に対して，線 BS に平行な接線を引き，カルマン線との接点 E を求めれば，$\overline{DE}$ はこの擁壁に作用する最大の主働土圧 P_a を表わし，この場合のすべり面は B-E-C である．

裏込め土上に分布載荷重がある場合には，仮定したすべり土塊の重量にその土塊上の載荷重を加えたものを線 BS 上にとればよい（図 8・19）．

裏込め土上に線荷重がある場合には，その線荷重の作用点より擁壁側に仮定したすべり土塊は線荷重に関係なく，線荷重を含むすべり土塊には土塊の重量に線荷重を加えたものを線 BS 上にとればよい．したがって図 8・20 のように線荷重の作用点を通るすべり面の左右でカルマン線に段差が生じる．

受働土圧を求める場合にも主働土圧を求める場合と同様の操作を行なうが，そのときのり線 BS は図 8・21 に示すように，擁壁の下端 B を通る水平線より下方に角 ϕ をなすように引く．また受働土圧 P_p の方向は主働土圧 P_a の方向と 2δ だけずれるので，α は，

$$\alpha = 180° - \theta + \delta \tag{8・15}$$

となる．このようにしてカルマン線を求めると，これから最小の受働土圧 P_p が $\overline{DE}$ で与えられる．

8・2・8 静 止 土 圧

建物の地下壁や岩盤上に固定された橋台等のように構造物が変位をしないと考えられるときの設計には静止土圧を用いる．主働土圧，あるいは受働土圧は裏込め土がまさにすべり出そうとする極限の条件のときの土圧であるから，理論的にその値を求めることができるが，静止土圧は主働土圧と受働土圧との間にあり，土のひずみの大きさによってその値は変わる．

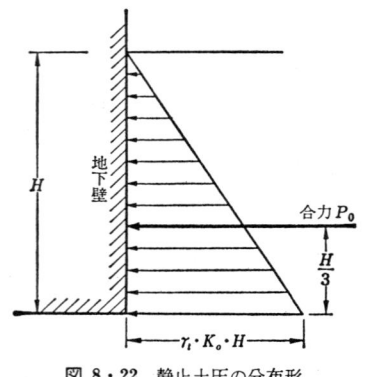

図 8・22 静止土圧の分布形

8・2 剛な壁に作用する土圧

表 8・1 静止土圧係数 (K_0) の値

やわらかい粘土	かたい粘土	ゆるい砂・砂利	密な砂・砂利
1.0	0.8	0.6	0.4

　静止土圧を設計に用いるときには，一般に裏込め土の土質によって表 8・1 のような値を用いる．

　静止土圧の合力 P_0 は次の式で与えられる．

$$P_0 = \frac{1}{2} \gamma_t \cdot H^2 \cdot K_0 \tag{8・16}$$

ここに　γ_t：裏込め土の単位体積重量
　　　　H：擁壁の高さ
　　　　K_0：静止土圧係数

　静止土圧の分布，合力の位置，作用方向等はランキンの土圧論に従って決めればよい（図 8・22）．

8・2・9 地震時の土圧

　地震時の土圧が問題となるのは主として裏込めが砂質土の場合であり，粘性土のときには常時土圧をそのまま用いるか，安定計算のときに安全率を少し大きくとる．以下は砂質土について記述する．

　地震時の土圧を求める方法の一つは，擁壁と裏込め全体が重力と地震力とによって生じる合成力の傾き α （図 8・23）だけ擁壁の前方に傾いた状態について考える（図 8・24）．

　なお図 8・23 中の k_h, k_v はそれぞれ水平震度と鉛直震度を，また W は重量を表わす．地震時の土圧を求める他の方法は，裏込め材料の内部摩擦角 ϕ が地震時には $(\phi - \alpha)$ に減少して材料の強度が低下すると考える方法であるが，この方法

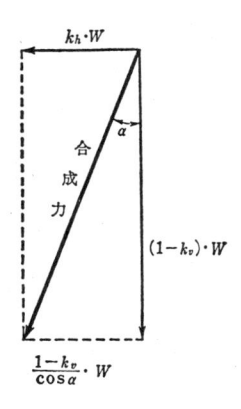

図 8・23

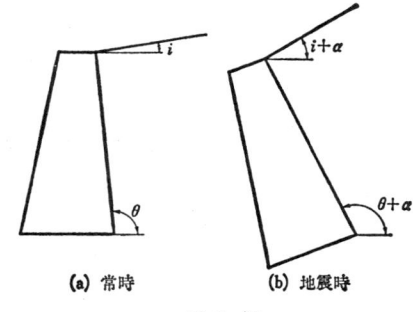

(a) 常時　　(b) 地震時

図 8・24

は現在一般に用いられない．

現在最も広く用いられているのは物部・岡部の地震時土圧式である．これはクーロン土圧に対応する地震時の土圧を震度法を用いて求めているものである．震度法によれば地震時には重力の大きさと方向が見かけ上変化し，擁壁と裏込め全体が図8・24のように地震合成角 α だけ前方に傾いたと考えることができる．すなわち，地震時の土圧は，擁壁が角 α だけ傾斜し，裏込め土の単位体積重量が $(1-k_v)\gamma_t/\cos\alpha$ であるとして，静的な方法によって求めることができる．こうして求められた地震時の主働土圧の合力 P_{Ea}，受働土圧の合力 P_{Ep} はそれぞれ次のような式になる．

$$P_{Ea} = \frac{1}{2}\gamma_t \cdot H^2(1-k_v) \cdot \frac{K_{Ea}}{\sin\theta\cdot\cos\delta} \tag{8・17}$$

$$K_{Ea} = \frac{\sin^2(\theta-\phi+\alpha)\cdot\cos\delta}{\cos\alpha\cdot\sin\theta\cdot\sin(\theta+\delta+\alpha)\left\{1+\sqrt{\frac{\sin(\delta+\phi)\cdot\sin(\phi-i-\alpha)}{\sin(\theta+\delta+\alpha)\cdot\sin(\theta-i)}}\right\}^2}$$

$$P_{Ep} = \frac{1}{2}\gamma_t \cdot H^2(1-k_v) \cdot \frac{K_{Ep}}{\sin\theta\cdot\cos\delta} \tag{8・18}$$

$$K_{Ep} = \frac{\sin^2(\theta+\phi-\alpha)\cdot\cos\delta}{\cos\alpha\cdot\sin\theta\cdot\sin(\theta-\delta-\alpha)\left\{1-\sqrt{\frac{\sin(\delta+\phi)\cdot\sin(\phi+i-\alpha)}{\sin(\theta-\delta-\alpha)\cdot\sin(\theta-i)}}\right\}^2}$$

ここに　K_{Ea}：地震時の主働土圧係数
　　　　K_{Ep}：地震時の受働土圧係数
　　　　γ_t：裏込め土の単位体積重量
　　　　H：擁壁の高さ
　　　　θ：擁壁背面の傾斜角（図8・3）
　　　　δ：壁面摩擦角（図8・4）
　　　　i：裏込め土の地表面傾斜角
　　　　ϕ：裏込め土の内部摩擦角
　　　　α：地震合成角（図8・23）
　　　　k_h：水平震度
　　　　k_v：鉛直震度

主働土圧係数 K_{Ea} で，$\phi-i-\alpha<0$ のときは $\phi-i-\alpha=0$ とする．また，地震時の壁面摩擦角 δ は $\phi/2$ 以下とし，15度以上にはとらない．

地震時の土圧分布も三角形分布で，土圧合力の作用点は擁壁の下端から $H/3$ の位置である．またその作用方向は壁面ののり線に対して δ だけ傾斜し

ている（図8・4参照）．

8・3 矢板壁に作用する土圧

8・3・1 矢板岸壁

矢板岸壁は矢板背面からの土圧をアンカーロッドの張力と根入れ前面の抵抗土圧によって支える．

矢板壁のようなたわみやすい構造物に土圧が作用すると，土圧によって矢板に変形が生じ，そのために土圧の分布形が変化して新たな土圧分布形ができる．これを土圧の再分布という．この土圧の再分布のために矢板壁に作用する土圧については不明な点が多い．

現在行なわれている矢板岸壁の設計方法では，いろいろな理論や実験結果を考慮して，土圧の再分布があることを認めながらも，矢板に作用する土圧の計算にランキンやクーロンの土圧式を用いている．すなわち，矢板背面には主働土圧が作用し，矢板前面には抵抗土圧として受働土圧が作用すると考え，砂地盤中の矢板の場合には式（8・3），式（8・4）を用いる（図8・25）．クーロンの土圧式を用いるときには壁面摩擦角 $\delta = 0$ とすればよい（$\theta = 90°$，$i = 0°$，$\delta = 0°$のとき，ランキンとクーロンの土圧式は一致する）．

また粘土地盤中の矢板の場合には，式（8・5），式（8・6）で $\phi = 0$ とする（図8・26）．図8・25，図8・26中の W_p は残留水圧である．

矢板の根入れ長さの計算は，①矢板に作用する力の水平成分の和が0，②アンカーロッド取付け点の周りのモーメントの総和が0，という二つの条件から求める．すなわち，図8・25において，①の条件から，

$$A_p - P_a + P_p - W_p = 0 \tag{8・19}$$

②の条件から，

$$P_a \cdot e_1 + W_p e_2 - P_p \cdot e_3 = 0 \tag{8・20}$$

となり，この両式を満足するような根入れ長さを求める．実際に用いる根入れ長さは，地盤の土質に応じてこのようにして求めた根入れ長さの20％増（砂地盤のとき），あるいは50％増（粘土地盤のとき）とする．

また，アンカーロッドに作用する力や，矢板に生じる最大曲げモーメントを求めるには，図8・27のようにアンカーロッド取付け点と矢板を打ち込んだ地

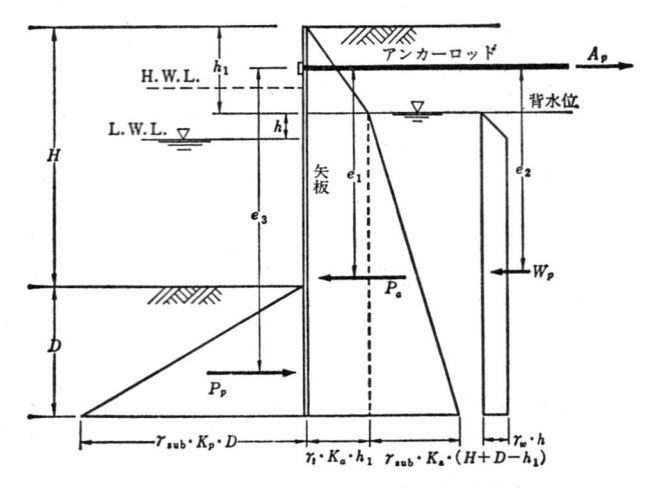

図 8・25 砂質地盤中の矢板に作用する土圧

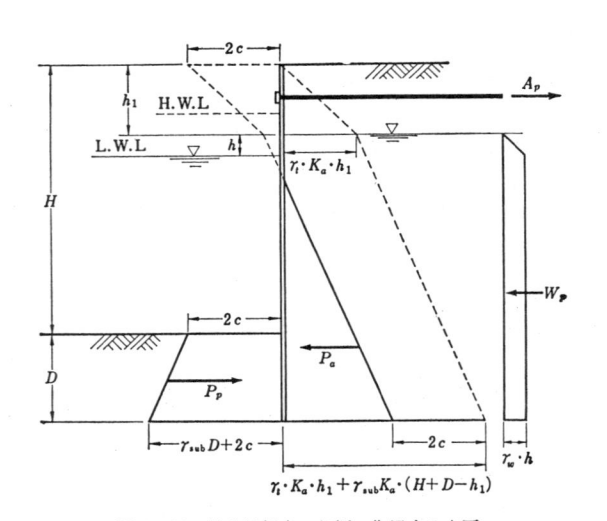

図 8・26 粘土地盤中の矢板に作用する土圧

盤面を支点とする単純ばりを考え，地盤面以下の矢板と土圧は考えないで計算する．この単純ばりのアンカーロッド取付け点での支点反力をアンカーロッドに作用する力とする．

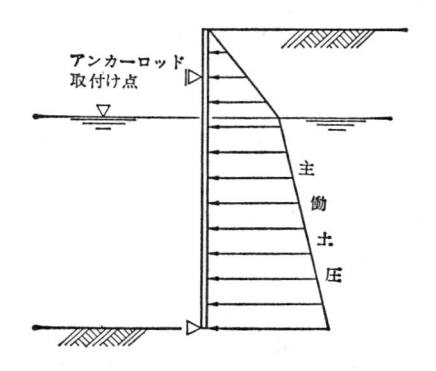

図 8・27 矢板に作用する曲げモーメント算定時の仮想単純ばり

8・3・2 山留め壁

　山留め壁は壁背面からの土圧を主として切ばり軸力と根入れ部の受働土圧によって支える．山留め壁の設計には根入れ長さの決定と切ばりに作用する軸力の算定が必要である．山留め壁として矢板が用いられることが多いが，このようなたわみ性の壁に作用する土圧はたわみの大きさや形状により変化するので理論的に求まらない．そのため必要根入れ長さを求めるときにはランキンなどの主働土圧，受働土圧を用い，切ばり軸力を求めるためには経験的な土圧を用いる．

　必要根入れ長さの計算は図 8・28 のように最下段の切ばり位置を回転中心として，最下段の切りばりより下の主働土圧による回転モーメント aP_a と受働土圧による回転モーメント bP_p が釣り合うときの根入れ長さとして求める．釣合い状態での受働土圧の合力の作用点は山留め壁に対する地盤の仮想支点と考える．施工時には矢板岸壁と同様に計算根入れ長さを割増して施工する．

　切ばり軸力を求めるための土圧分布の一例を図 8・29 に示す．切ばり軸力を計算する

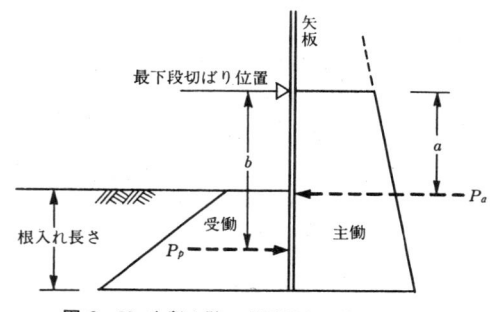

図 8・28 山留め壁の必要根入れ長さの求め方

第8章 土　圧

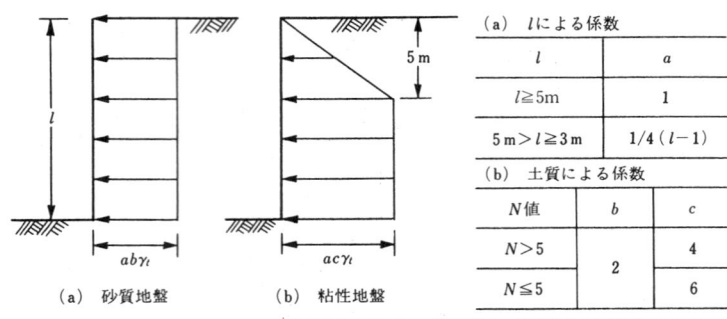

(a) lによる係数	
l	a
$l \geqq 5\text{m}$	1
$5\text{m} > l \geqq 3\text{m}$	$1/4(l-1)$

(b) 土質による係数		
N値	b	c
$N > 5$	2	4
$N \leqq 5$		6

(a) 砂質地盤　　(b) 粘性地盤

図8・29　切ばりなどの断面決定のための土圧分布（道路土工指針）

には土留め壁をはりと考え，切ばり位置と図8・28に示した受働土圧の合力作用点を支点として支点反力を求めればそれが切ばり軸力となる（図8・30）．この場合，連続ばりとしての反力を求めるかわりに，近似的に各支点間を単純ばりとして解いてもよい．また地盤が良好なときには各支点間の中

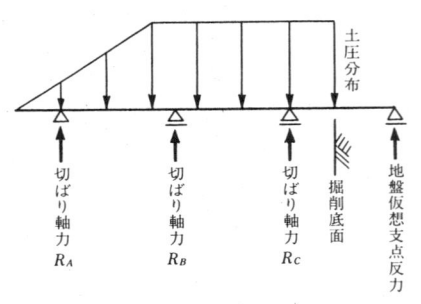

図8・30　切ばりに作用する軸力

央までの荷重を支えると考える1/2分担法，地盤が軟弱なときには下の段の切ばり支点までの全荷重を支えると考える下方分担法を計算することも行われる（図8・31）．

また土圧には直接関係ないが，軟弱な粘土地盤中の掘削では図8・32のようなまわり込みによる底面の膨れ上がり（ヒービング）に注意しなければならない．幅に比べて比較的長い掘削をした場合のヒービングに対する安全率は次式

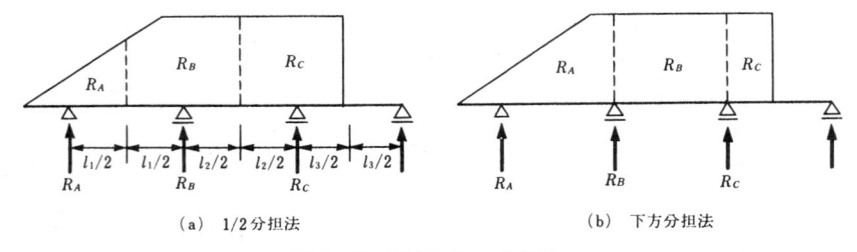

(a) 1/2分担法　　(b) 下方分担法

図8・31　切ばり軸力の計算法

で与えられる．

$$F_s = \frac{5.14c}{\gamma_t H - \dfrac{cH}{0.7\,B}}$$

(8・21)

ここに　c：土の粘着力
　　　　γ_t：土の単体重量
　　　　H：掘削深さ
　　　　B：掘削幅

正方形や矩形での掘削の場合にはその寸法の基礎の極限支持力（第10章参照）を式（8・21）の分子に用いればよい．

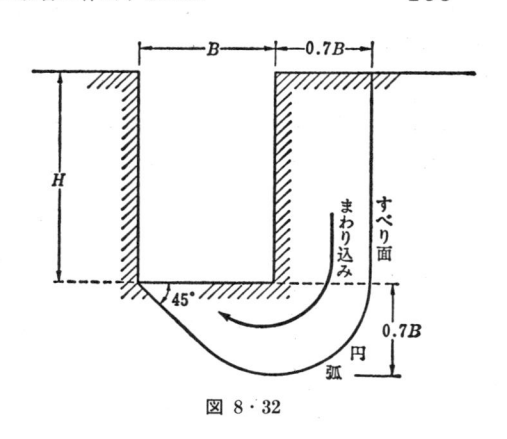

図 8・32

8・4　地中埋設管に作用する土圧

8・1で述べたように，地中埋設管は寸法・形状・材料・用途が多種多様である．ここでは交通路用トンネル等の大規模なものは除き，直径1m前後の小径管に作用する土圧の基礎的なことだけを述べる．

この程度の管の設置方法としては，図8・33に示すように，主として自然地盤を掘削した溝の中に設置して埋めもどすもの（溝型），自然地盤上に設置してその上に盛土をするもの（突出し型），および自然地盤を管径程度掘削し，その上に盛土をする方法などがある．そのおのおのの場合によって管への土か

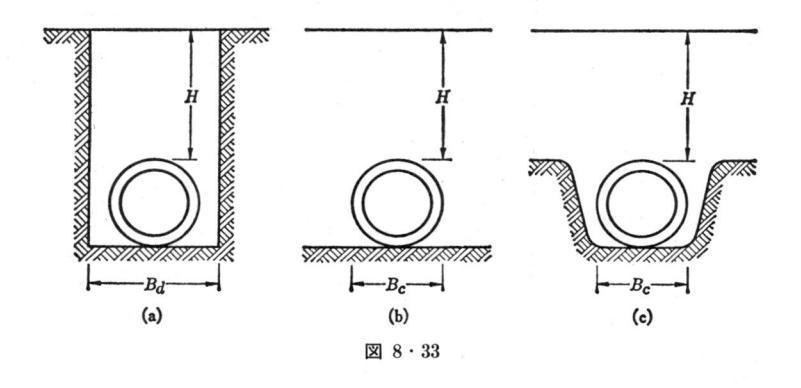

図 8・33

ぶり重量のかかり方が異なり，鉛直土圧が異なる．さらに，管が剛であるか，たわみ性であるかによっても異なる．

8・4・1 剛性の管に作用する土圧

図8・33(a) のような溝型のときに作用する鉛直土圧は，次の式で与えられる．

$$W = \gamma_t \cdot B_d{}^2 \cdot C_d \tag{8・22}$$

$$C_d = \frac{1 - e^{-\alpha H}}{2K_a \cdot \tan \delta}$$

$$\alpha = \frac{2K_a \cdot \tan \delta}{B_d}$$

ここに　$K_a : \tan^2\left(45° - \dfrac{\phi}{2}\right)$

　　　γ_t：埋めもどし土の単位体積重量
　　　B_d：溝の幅
　　　δ：溝の側面と埋めもどし土との間の摩擦角（$0.8\phi \sim \phi$の値をとる）
　　　H：地表面から管頂までの深さ

図8・33(b) のような突出し型のときに作用する鉛直土圧は，次の式で与えられる．

$$W = \gamma_t \cdot B_c{}^2 \cdot C_c \tag{8・23}$$

$$C_c = \frac{e^{\beta H} - 1}{2K_a \cdot \tan \phi}$$

$$\beta = \frac{2K_a \cdot \tan \phi}{B_c}$$

ここに　B_c：管の幅（円形断面のときは外径）

図8・33(c) のようなときには土かぶり重量が全部作用すると考え，

$$W = \gamma_t \cdot B_c \cdot H \tag{8・24}$$

とする．

水平土圧はこれを無視する方が安全側であるので，断面の小さい管に対しては無視する．断面の大きい管では水平土圧を無視すると不経済になるので水平土圧を考慮するが，実際には静止土圧が作用するにもかかわらず，安全側の考えから主働土圧がかかるものとして計算する．

8・4・2 たわみ性の管に作用する土圧

たわみ性の管に作用する鉛直土圧は，管の鉛直方向の圧縮性と周囲の土の鉛直方向の圧縮性のどちらが大きいかによって大きく異なる．また鉛直土圧による横方向の変形のために水平土圧も大きなものとなる．

たわみ性の管に作用する土圧については不明な点が多いが，溝型，突出し型にかかわらず，鉛直土圧，水平土圧ともに土かぶり重量に等しいと考える方がよい．

例　題　〔8〕

〔8・1〕　擁壁の変位の方向と主働土圧，受働土圧との関係を示せ．

〔解〕　擁壁が裏込め土から離れるように移動したときに作用している土圧が主働土圧であり，擁壁が裏込め土の方に移動し，裏込め土に横方向から圧縮力を与えているときに作用している土圧が受働土圧である（図8・34）．

〔8・2〕　図8・35中の微小要素に働く主働時と受働時の応力 σ_v，σ_h を求めよ．ただし，裏込め土は粉体で壁面との摩擦はないものとし，土の単位体積重量を γ_t，内部摩擦角を ϕ とする．

〔解〕　微小要素に作用する鉛直応力 σ_v は土かぶり重量に等しく，

$$\sigma_v = \gamma_t \cdot z$$

であり，これはこの点の一つの主応力である．したがってこれに直角な方向の応力 σ_h も主応力である．土が塑性平衡状態にあるとき，モールの応力円は破壊線に接するので，σ_v を通り破壊線に接する応力円を求めれば，二つの応力円が描け，σ 軸上の他の主応力，すなわち主働時の主応力 σ_{ha} と受働時の主応力 σ_{hp} が求められる．この σ_{ha}，σ_{hp}

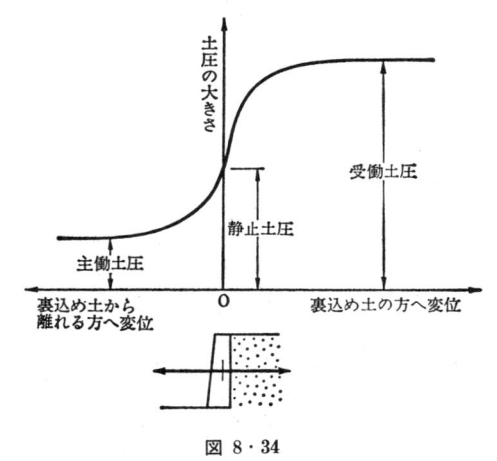

図 8・34

図 8・35

図 8・36

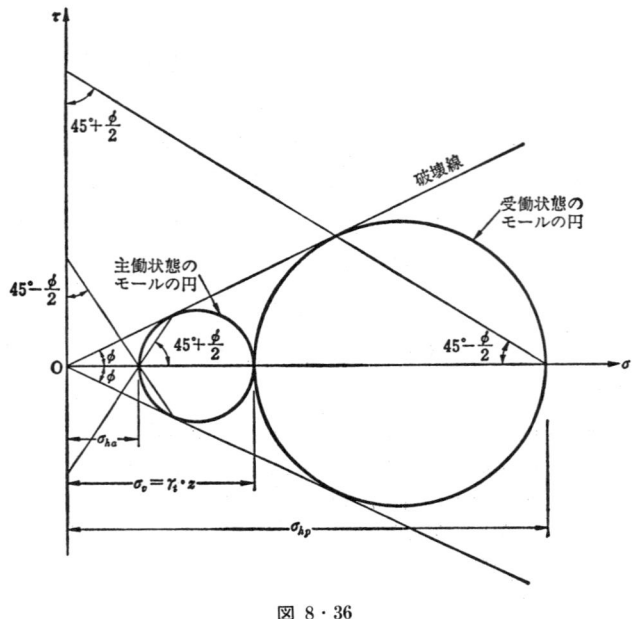

は図 8・36 より次のように求められる.

$$\sigma_{ha} = \gamma_t \cdot z \cdot \tan^2\left(45° - \frac{\phi}{2}\right)$$

$$\sigma_{hp} = \gamma_t \cdot z \cdot \tan^2\left(45° + \frac{\phi}{2}\right)$$

σ_v は主働時,受働時とも $\gamma_t \cdot z$ である.

〔8・3〕 例題〔8・2〕の結果を用い,図 8・35 の擁壁に作用するランキンの主働土圧と受働土圧の式を求めよ.

〔**解**〕 地表面から深さ H まで σ_{ha}, σ_{hp} を積分すれば,それぞれ高さ H の擁壁に働く主働土圧と受働土圧を求めることができる.したがって,主働土圧の合力 P_a, 受働土圧の合力 P_p はそれぞれ,

$$P_a = \int_0^H \sigma_{ha} \cdot dz = \int_0^H \gamma_t \cdot z \cdot \tan^2\left(45° - \frac{\phi}{2}\right) \cdot dz$$

$$= \frac{1}{2}\gamma_t \cdot H^2 \tan^2\left(45° - \frac{\phi}{2}\right)$$

$$P_p = \int_0^H \sigma_{hp} \cdot dz = \int_0^H \gamma_t \cdot z \cdot \tan^2\left(45° + \frac{\phi}{2}\right) \cdot dz$$

例　題〔8〕

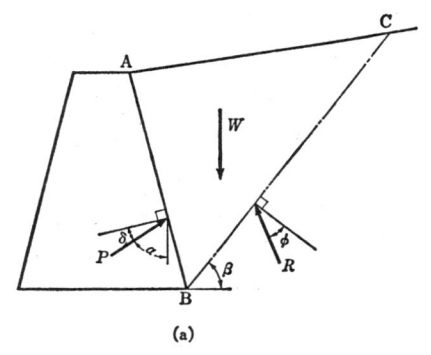

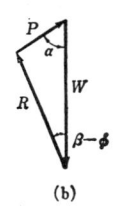

図 8・37

$$= \frac{1}{2}\gamma_t \cdot H^2 \tan^2\left(45° + \frac{\phi}{2}\right)$$

〔8・4〕　クーロンの主働土圧の求め方を簡単に説明せよ.

〔解〕　擁壁の下端 B を通るすべり面 BC が水平線となす角 β を定めると（図 8・37），すべり土塊の重量 W の大きさが定まる（方向は鉛直下方）．このすべり土塊にはすべり面からの反力（すべり面ののり線と内部摩擦角 ϕ をなす方向）と擁壁からの反力 P（擁壁背面ののり線と壁面摩擦角 δ をなす方向）が作用する．したがって，W と R と P の三つの力の三角形から一義的に R と P の大きさが定まる．すべり面の角 β を変化させて P の最大値を求めれば，それがクーロンの主働土圧 P_a である．

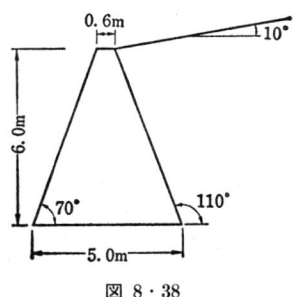

〔8・5〕　クーロンの土圧式の壁面摩擦角 δ のとり方, 目安を示せ.

〔解〕　① $\delta = \frac{\phi}{3} \sim \frac{2}{3}\phi$ にとる．　② 重要構造物ほど δ を小さくとる．　③ 仮想背面を考えるときには $\delta = \phi$ にとる．　④ 地震時の土圧を求めるときには, $\delta \leq \frac{\phi}{2}$ で 15° 以下にとる．　⑤ 湿った砂と滑らかなコンクリート面との間では一般に $\tan \delta < 0.4$ である．　⑥ 砂と鋼との間では一般に $\tan \delta = 0.3 \sim 0.6$ である．　⑦ 湿った砂では低く, 乾燥した砂では高い値をとる．
⑧ たわみ性の壁体に作用する土圧を求めるときには, $\delta = 0$ にとる．

〔8・6〕　図 8・38 の擁壁に作用する主働土圧の合力およびその作用位置を求めよ．ただし, 裏込め土は,
　　　　$\gamma_t = 17.6 \text{ kN/m}^3$
　　　　$\phi = 30°$
とする．

図 8・38

〔解〕 クーロンの土圧公式で求めると，式 (8・8) より，

$$K_a = \frac{\sin^2(\theta - \phi) \cdot \cos \delta}{\sin \theta \cdot \sin(\theta + \delta)\left\{1 + \sqrt{\dfrac{\sin(\delta + \phi) \cdot \sin(\phi - i)}{\sin(\theta + \delta) \cdot \sin(\theta - i)}}\right\}^2}$$

ここで，$\delta = \dfrac{2}{3}\phi = 20°$ とすると，

$$K_a = \frac{\sin^2(110° - 30°) \cdot \cos 20°}{\sin 110° \cdot \sin(110° + 20°)\left\{1 + \sqrt{\dfrac{\sin(20° + 30°) \cdot \sin(30° - 10°)}{\sin(110° + 20°) \cdot \sin(110° - 10°)}}\right\}^2}$$

$$= 0.502$$

主働土圧の合力 P_a は，

$$P_a = \frac{1}{2}\gamma_t \cdot H^2 \cdot \frac{K_a}{\sin \theta \cdot \cos \delta} = \frac{1}{2} \times 1.8 \times 6^2 \times \frac{0.502}{\sin 110° \cdot \cos 20°}$$

$$= \mathbf{180 \text{ kN/m}}\text{（奥行 1 m 当たりの土圧を表わす）}$$

土圧の合力 P_a の作用位置は擁壁の下端から，

$$\frac{H}{3} = \frac{6}{3} = \mathbf{2 \text{ m}}$$

の高さで，作用方向は壁背面ののり線より上側に $\delta = 20°$ の方向，すなわち，水平方向と $40°$ の傾斜をなす（図 8・39）．

〔**別解**〕 ランキンの土圧公式で求める．擁壁背面が鉛直でないので，擁壁の下端を通る鉛直の仮想背面を考える．この仮想背面の高さは計算により約 6.38 m と求まる．式 (8・1) より，

$$K_a = \frac{\cos i - \sqrt{\cos^2 i - \cos^2 \phi}}{\cos i + \sqrt{\cos^2 i - \cos^2 \phi}}$$

$$= \frac{\cos 10° - \sqrt{\cos^2 10° - \cos^2 30°}}{\cos 10° + \sqrt{\cos^2 10° - \cos^2 30°}}$$

$$= 0.355$$

主働土圧の合力 P_a は，

$$P_a = \frac{1}{2}\gamma_t H^2 \cos i K_a$$

$$= \frac{1}{2} \times 17.6 \times 6.38^2$$

$$\times \cos 10° \times 0.355$$

$$= \mathbf{125 \text{ kN/m}}$$

土圧合力の作用位置は仮想背面に対し擁壁の下端から，

$$\frac{H}{3} = \frac{6.38}{3} \fallingdotseq \mathbf{2.13 \text{ m}}$$

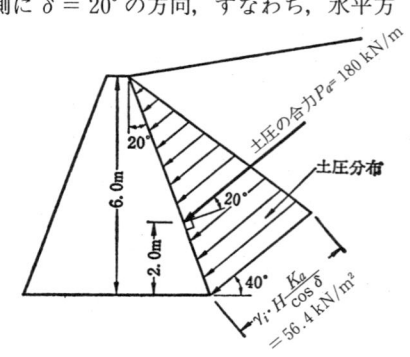

図 8・39

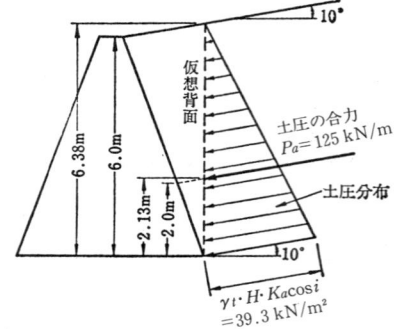

図 8・40

の高さで，作用方向は地表面に平行，すなわち，水平方向と10°の傾斜をなす（図8・40）．

〔**8・7**〕 例題〔8・6〕の擁壁のすべりと転倒に対する安全率を求めよ．ただし，擁壁底部と地盤との間の摩擦係数を0.55とし，擁壁の重量を392 kN/mとする．

〔**解**〕 例題〔8・6〕の解を用いる．クーロンの主働土圧の合力180 kN/mを水平成分と鉛直成分に分けると，それぞれ

$$180 \times \cos 40° = 138 \text{ kN/m}$$
$$180 \times \sin 40° = 115 \text{ kN/m}$$

である（図8・41）．

① すべりに対する安全率　すべりに対する抵抗力は，

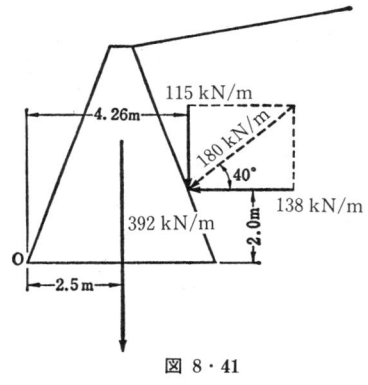

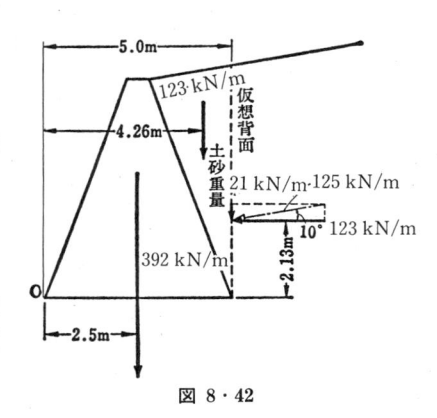

$$(392 + 115) \times 0.55$$
$$= 279 \text{ kN/m}$$

すべりを生じさせようとする力は土圧の水平成分であるから138 kN/m，したがって，すべりに対する安全率は，

$$F = \frac{279}{138} = \textbf{2.02}$$

② 転倒に対する安全率　転倒に対する抵抗モーメントは，擁壁の前端Oを支点として，

$$392 \times 2.5 + 115 \times 4.26$$
$$= 1473 \text{ (kN/m)}$$

転倒モーメントは，

$$138 \times 2.0$$
$$= 276 \text{ kN/m}$$

したがって，転倒に対する安全率は，

$$F = \frac{1473}{276} = \textbf{5.33}$$

図 8・41

〔**別解**〕 例題〔8・6〕の別解を用いる．ランキンの主働土圧の合力125 kN/mを仮想背面で水平成分と鉛直成分に分けると，それぞれ

$$125 \times \cos 10° = 123 \text{ kN/m}$$
$$125 \times \sin 10° = 21 \text{ kN/m}$$

である（図8・42）．また，仮想背面と擁壁背面との間の土砂の重量は面積と単位体積重量との積により約123 kN/mと求まる．

① すべりに対する安全率は，

図 8・42

$$F = \frac{(392 + 123 + 21) \times 0.55}{123}$$

$$= 2.39$$

② 転倒に対する安全率は

$$F = \frac{392 \times 2.5 + 123 \times 4.26 + 21 \times 5.0}{123 \times 2.13}$$

$$= 6.12$$

〔8・8〕 図8・43の擁壁に作用する主働土圧の合力およびその作用位置を求めよ．ただし，裏込め土は $\gamma_t = 17.6 \text{ kN/m}^3$

〔解〕 クーロンの土圧公式で求める．擁壁の背面が直線形状でないので，図8・44のように擁壁の上端と下端とを通る仮想背面を考える．この仮想背面の傾斜角は約118.5°になる．この仮想背面に式（8・8）を適用するとき，壁面摩擦角 δ は土の内部摩擦角 ϕ に等しい．

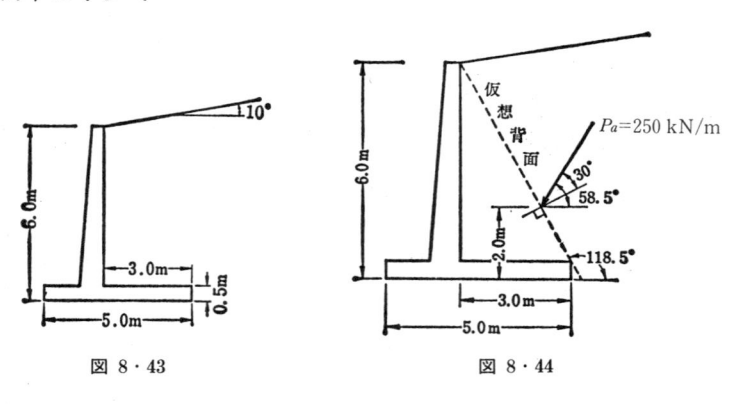

図 8・43   図 8・44

したがって，

$$K_a = \frac{\sin^2(118.5° - 30°) \cdot \cos 30°}{\sin 118.5° \times \sin(118.5° + 30°) \left\{ 1 + \sqrt{\frac{\sin(30° + 30°) \cdot \sin(30° - 10°)}{\sin(118.5° + 30°) \cdot \sin(118.5° - 10°)}} \right\}^2}$$

$$= 0.600$$

主働土圧の合力 P_a は，

$$P_a = \frac{1}{2} \gamma_t \cdot H^2 \frac{K_a}{\sin \theta \cdot \cos \delta}$$

$$= \frac{1}{2} \times 17.6 \times 6^2 \times \frac{0.600}{\sin 118.5° \times \cos 30°}$$

$$= 250 \text{ kN/m}$$

土圧合力の作用位置は擁壁下端から，

$$\frac{H}{3} = \frac{6}{3} = 2 \text{ m}$$

の高さで，作用方向は仮想背面ののり線に対し $\delta = 30°$，すなわち，水平方向とは $58.5°$ の角をなす．

〔**別解**〕 ランキンの土圧公式で求める場合，擁壁後端を通る鉛直の仮想背面を考える（図 8・45）．この仮想背面の高さは約 $6.53\mathrm{m}$ である．式(8・1) より，

$$K_a = \frac{\cos 10° - \sqrt{\cos^2 10° - \cos^2 30°}}{\cos 10° + \sqrt{\cos^2 10° - \cos^2 30°}}$$
$$= 0.355$$

主働土圧の合力 P_a は，

$$P_a = \frac{1}{2}\gamma_t \cdot H^2 \cdot \cos i \cdot K_a = \frac{1}{2} \times 17.6$$
$$\times 6.53^2 \times \cos 10° \times 0.355$$
$$= \mathbf{131\ kN/m}$$

土圧合力の作用位置は仮想背面に対し擁壁の下端から，

$$\frac{H}{3} = \frac{6.53}{3} \fallingdotseq \mathbf{2.18\,m}$$

の高さで，作用方向は地表面に平行，すなわち，水平方向と $10°$ の傾斜をなす．

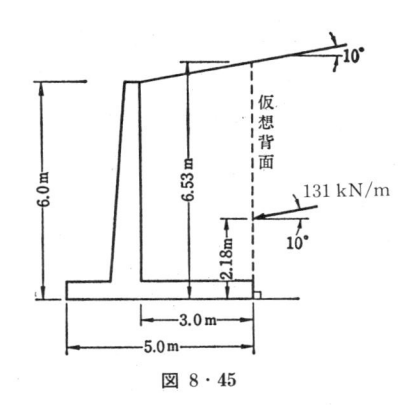

図 8・45

クーロンとランキンで土圧に大きな差があるように見られるが，仮想背面のとり方による差が出てきており，土圧の水平成分を考えるとクーロンでは，

$$250 \times \cos 58.8° = 130\ \mathrm{kN/m}$$

ランキンでは，

$$131 \times \cos 10° = 129\ \mathrm{kN/m}$$

となり大きな差はない．また，鉛直土圧についても，仮想背面と擁壁との間の土砂重量を考慮すると大差がない．

〔**8・9**〕 図 8・46 の擁壁に作用する主働土圧の合力およびその作用位置を求めよ．ただし，等分布荷重は，$19.6\ \mathrm{kN/m^2}$，裏込め土は $\gamma_t = 17.6\ \mathrm{kN/m^3}$，$\phi = 30°$ とする．

〔**解**〕 クーロンの土圧公式で求める．等分布載荷重を裏込め土に換算すると，式 (8・13) より，

$$h = \frac{q}{\gamma_t} \cdot \frac{\sin \theta}{\sin(\theta - i)}$$
$$= \frac{19.6}{17.6} \times \frac{\sin 90°}{\sin(90° - 10°)}$$
$$= 1.13\,\mathrm{m}$$

したがって，擁壁の高さを見掛上，

$$H + h = 6.0 + 1.13$$
$$= 7.13\,\mathrm{m}$$

とすればよいが，上部 h の部分には擁壁がなく土圧が作用しないので，擁壁に作用する主

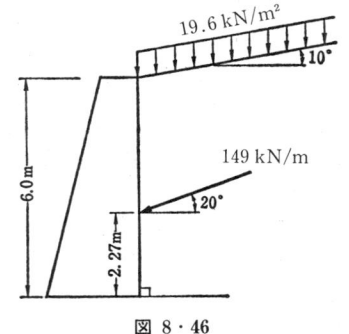

図 8・46

働土圧の合力 P_a は式(8・8) より,

$$P_a = \frac{1}{2}\gamma_t(H+h)^2 \frac{K_a}{\sin\theta\cdot\cos\delta} - \frac{1}{2}\gamma_t\cdot h^2 \frac{K_a}{\sin\theta\cdot\cos\delta}$$

$$= \frac{1}{2}\gamma_t\{(H+h)^2 - h^2\}\frac{K_a}{\sin\theta\cdot\cos\delta}$$

となる.ここで,$\delta = \frac{2}{3}\phi = 20°$ とすると,

$$K_a = \frac{\sin^2(90°-30°)\times\cos 20°}{\sin 90°\times\sin(90°+20°)\left\{1+\sqrt{\frac{\sin(20°+30°)\times\sin(30°-10°)}{\sin(90°+20°)\times\sin(90°-10°)}}\right\}^2}$$

$$= 0.320$$

したがって,

$$P_a = \frac{1}{2}\times 17.6\times(7.13^2-1.13^2)\times\frac{0.320}{\sin 90°\times\cos 20°}$$

$$= \mathbf{149\ kN/m}$$

この土圧合力の作用位置は式(8・12) より,擁壁の下端から,

$$h_0 = \frac{H}{3}\cdot\frac{H+3h}{H+2h} = \frac{6}{3}\times\frac{6+3\times 1.13}{6+2\times 1.13}$$

$$= \mathbf{2.27\ m}$$

の高さで,作用方向は壁面に対し $\delta = 20°$,すなわち,水平方向と $20°$ の角をなす.

〔**別解1.**〕 ランキンの土圧公式で求める.式(8・1) より,

$$K_a = \frac{\cos 10° - \sqrt{\cos^2 10° - \cos^2 30°}}{\cos 10° + \sqrt{\cos^2 10° - \cos^2 30°}} = 0.355$$

$$P_a = \frac{1}{2}\gamma_t\{(H+h)^2 - h^2\}\cos i\cdot K_a$$

$$= \frac{1}{2}\times 17.6\times(7.13^2-1.13^2)\times\cos 10°\times 0.355$$

$$= \mathbf{153\ kN/m}$$

この土圧合力の作用位置はクーロンの公式を用いたときの解と同じく,擁壁の下端より **2.27 m** の高さで,作用方向は地表面に平行,すなわち,水平方向と $10°$ の角をなす.

〔**別解2.**〕 例題〔8・14〕の〔解〕

〔**8・10**〕 図8・47の擁壁に作用する主働土圧の合力およびその作用位置を求めよ.ただし,線荷重は $98\ \text{kN/m}$,裏込め土は $\gamma_t = 17.6\ \text{kN/m}^3$, $\phi = 30°$ とする.

〔**解**〕 ランキンの土圧公式で,裏込め土だけによる主働土圧の合力 P_a' を求めると,式 (8・3) より,

$$P_a' = \frac{1}{2}\gamma_t\cdot H^2\cdot\tan^2\left(45°-\frac{\phi}{2}\right)$$

$$= \frac{1}{2}\times 17.6\times 6.0^2\times\tan^2\left(45°-\frac{30°}{2}\right) = 106\ \text{kN/m}$$

この合力 P_a' の作用点は擁壁の下端から $H/3$, すなわち 2.0 m の位置で, 水平方向に作用する.

一方, 線荷重だけによる土圧は式 (4・12) より求められる. 擁壁の上端から深さ 1 m ごとの σ_x を求めると,

$x = 3, \quad z = 0,$
$\sigma_x = \dfrac{2q}{\pi} \cdot \dfrac{zx^2}{(x^2 + z^2)^2} = 0$
$x = 3, \quad z = 1,$
$\sigma_x = \dfrac{2 \times 10}{\pi} \cdot \dfrac{1 \times 3^2}{(3^2 + 1^2)^2} = 5.62 \text{ kN/m}^2$

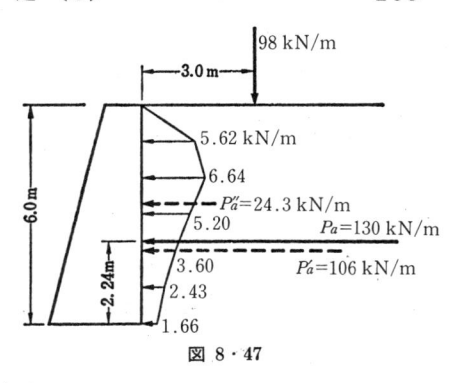

図 8・47

同様にして, σ_x は順次, 6.64, 5.20, 3.60, 2.43, 1.66 と求まる. この線荷重だけによる土圧の合力 P_a'' は, 土圧分布の面積として求まり, 高さ 1 m ごとに分割して考えると, 近似的に,

$P_a'' = 0.5 \times 5.62 \times 1.0 + 0.5(5.62 + 6.64) \times 1.0$
$\quad + 0.5(6.64 + 5.20) \times 1.0 + \cdots + 0.5(2.43 + 1.66) \times 1.0$
$\quad = 24.3 \text{ kN/m}$

と求まる. また, 台形の図心を近似的に 1/2 点と考え, 高さ 1 m ごとの各合力のモーメントをとると, P_a'' の作用位置は擁壁の下端から,

$\dfrac{1}{24.3}\{0.5 \times 5.62 \times 1.0 \times 5.3 + 0.5(5.62 + 6.64) \times 1.0 \times 4.5$
$\quad + 0.5(6.64 + 5.20) \times 1.0 \times 3.5 + \cdots + 0.5(2.43 + 1.66)$
$\quad \times 1.0 \times 0.5\} = 3.28 \text{ m}$

である.

したがって, 裏込め土と線荷重の両方による主働土圧 P_a は,

$P_a = P_a' + P_a'' = 106 + 24$
$\quad = \mathbf{130.0 \text{ kN/m}}$

また, P_a の作用位置は, 擁壁の下端から,

$\dfrac{106 \times 2.0 + 24 \times 3.28}{130}$

$= \mathbf{2.24 \text{ m}}$

で, 作用方向は水平方向である.

〔別解〕 例題〔8・15〕の〔解〕

〔8・11〕 裏込め土が性質の異なる 2 層からなる場合の主働土圧の合力およびその作用位置を求めよ (図 8・48). ただし, 上層の土は $\gamma_t = 15.7 \text{ kN/m}^3$, $\phi = 20°$, 下層の土は $\gamma_t = 17.6 \text{ kN/m}^3$, $\phi = 30°$ とする.

〔解〕 上層だけの土圧の合力 P_a' は, 式 (8・3) より,

$$P_a' = \frac{1}{2}\gamma_t \cdot H^2 \cdot \tan^2\left(45° - \frac{\phi}{2}\right)$$

$$= \frac{1}{2} \times 15.7 \times 2.4^2$$

$$\times \tan^2\left(45° - \frac{20°}{2}\right)$$

$$= 22.2 \text{ kN/m}$$

この P_a' の作用点は擁壁の下端から $\left(3.6 + \dfrac{2.4}{3}\right) = 4.4\text{ m}$ の位置である.

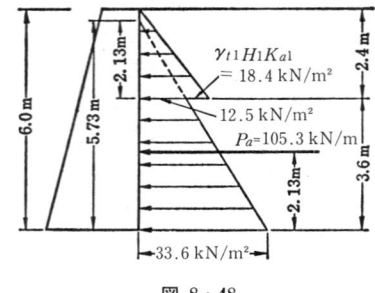

図 8・48

上層の土を下層の土で置き換えると，換算高さは，

$$H_1 \times \frac{\gamma_{t_1}}{\gamma_{t_2}} = 2.4 \times \frac{15.7}{17.6} = 2.13 \text{ m}$$

擁壁の高さを $3.6 + 2.13 = 5.73\text{ m}$ として土圧の合力 P_a'' を求めると，

$$P_a'' = \frac{1}{2} \times 17.6 \times 5.73^2 \times \tan^2\left(45° - \frac{30°}{2}\right) = 96.4 \text{ kN/m}$$

P_a'' の作用位置は擁壁の下端から $\dfrac{5.73}{3} = 1.91\text{ m}$ の位置である．この場合，上部 2.13 m の部分は仮想のものであるので，この部分の土圧の合力 P_a''' を引かなければならない． P_a''' は，

$$P_a''' = \frac{1}{2} \times 17.6 \times 2.13^2 \times \tan^2\left(45° - \frac{30°}{2}\right) = 13.3 \text{ kN/m}$$

P_a''' の作用位置は擁壁の下端から $\left(3.6 + \dfrac{2.13}{3}\right) = 4.31\text{ m}$ の位置である．したがって，擁壁に作用する全土圧の合力 P_a は，

$$P_a = P_a' + P_a'' - P_a''' = 22.2 + 96.4 - 13.3$$

$$= 105.3 \text{ kN/m}$$

で， P_a の作用位置は擁壁の下端から，

$$\frac{22.2 \times 4.4 + 96.4 \times 1.91 - 13.3 \times 4.31}{105.3}$$

$$= 2.13 \text{ m}$$

作用方向はランキンの土圧公式を用いているので地表面に平行，すなわち，水平方向である．

〔8・12〕 裏込め土中に水が排水されずに残っているときの主働土圧（水圧を含む）の合力およびその作用位置を求めよ（図8・49）．ただし，

$\gamma_t = 17.6 \text{ kN/m}^3$,

$\gamma_{\text{sub}} = 7.8 \text{ kN/m}^3$,

$\phi = 30°$

とする．

例　題　〔8〕

〔**解**〕 地下水位以上の土層による土圧の合力 P_a' は式 (8・3) より,

$$P_a' = \frac{1}{2}\gamma_t \cdot H_1^2 \cdot \tan^2\left(45° - \frac{\phi}{2}\right)$$

$$= \frac{1}{2} \times 17.6 \times 2.4^2 \times \tan^2\left(45° - \frac{30°}{2}\right)$$

$$= 16.9 \text{ kN/m}$$

この P_a' の作用点は擁壁の下端から, $\left(3.6 + \frac{2.4}{3}\right) = 4.4\text{ m}$ の位置である.

地下水位以上の土層を地下水位以下の土で置き換えると, 換算高さは,

$$H_1 \times \frac{\gamma_t}{\gamma_{\text{sub}}} = 2.4 \times \frac{17.6}{7.8} = 5.4 \text{ m}$$

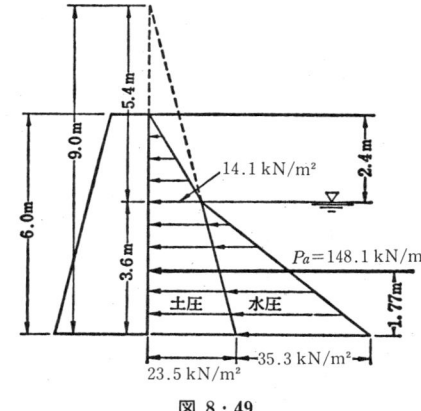

図 8・49

擁壁の高さを $3.6 + 5.4 = 9.0\text{ m}$ として土圧の合力 P_a'' を求めると,

$$P_a'' = \frac{1}{2} \times 7.8 \times 9.0^2 \times \tan^2\left(45° - \frac{30°}{2}\right) = 105.7 \text{ kN/m}$$

P_a'' の作用位置は擁壁の下端から $9.0/3 = 3.0\text{ m}$ の位置である. この P_a'' のうち, 上部 5.4 m の部分は仮想のものであるから, この部分での土圧 P_a''' を引かなければならない. P_a''' は,

$$P_a''' = \frac{1}{2} \times 7.8 \times 5.4^2 \times \tan^2\left(45° - \frac{30°}{2}\right) = 38.0 \text{ kN/m}$$

P_a''' の作用位置は擁壁の下端から $\left(3.6 + \frac{5.4}{3}\right) = 5.4\text{ m}$ の位置である. また, 水圧の合力 P_w は,

$$P_w = \frac{1}{2}\gamma_w \cdot H_2^2 = \frac{1}{2} \times 9.8 \times 3.6^2 = 63.5 \text{ kN/m}$$

P_w の作用位置は擁壁の下端から $3.6/3 = 1.2\text{ m}$ の位置である. したがって, 擁壁に作用する全圧力の合力 P_a は,

$$P_a = P_a' + P_a'' - P_a''' + P_w = 16.9 + 105.7 - 38.0 + 63.5$$
$$= \mathbf{148.1 \text{ kN/m}}$$

で, P_a の作用位置は擁壁の下端から,

$$\frac{1}{148.1}(16.9 \times 4.4 + 105.7 \times 3.0 - 38.0 \times 5.4 + 63.5 \times 1.2) = \mathbf{1.77 \text{ m}}$$

作用方向は水平方向である.

〔**8・13**〕 図 8・50 の擁壁に作用する主働土圧の合力および作用位置をカルマンの図解法により求めよ. ただし, $\gamma_t = 17.6 \text{ kN/m}^3$, $\phi = 30°$ とする.

図 8・50

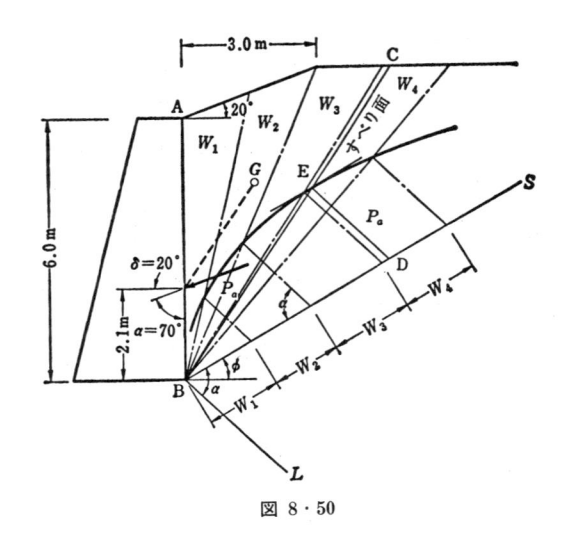

〔解〕 線 ED の長さから，主働土圧の合力 P_a は，

$$P_a = 118.6 \text{ kN/m}$$

	W_1	W_2	W_3	W_4
	79.4 kN/m	79.4	94.0	94.0

また，P_a の作用位置は，すべり土塊の重心 G からすべり面 BC に平行な線を引き，擁壁背面と交わる位置である．作用方向は擁壁背面ののり線と $\delta = \dfrac{2}{3}\phi = 20°$ をなす．δ のとり方はクーロンの土圧を求めるときと同じである．

〔8・14〕 例題〔8・9〕の擁壁に作用する主働土圧の合力および作用位置をカルマンの図解法により求めよ（図 8・51）．

〔解〕

W_1	ql_1	W_2	ql_2	W_3	ql_3	W_4	ql_4	W_5	ql_5
79.4kN/m	29.4	79.4	29.4	79.4	29.4	79.4	29.4	79.4	29.4
108.8		108.8		108.8		108.8		108.8	

線 $\overline{ED}$ の長さから，主働土圧の合力 P_a は，

$$P_a = 148 \text{ kN/m}$$

と求まる．このうち，裏込め土だけによる土圧は $\overline{E'D}$ の長さから $P_a' = 102.9$ kN/m，載荷重だけによる土圧は $\overline{EE'}$ の長さから $P_a'' = 45.1$ kN/m である．P_a' は擁壁の下端から $H/3$，また P_a'' は $H/2$ の位置に作用すると考えると，合力 P_a の作用位置は擁壁の下端から，

例　題〔8〕

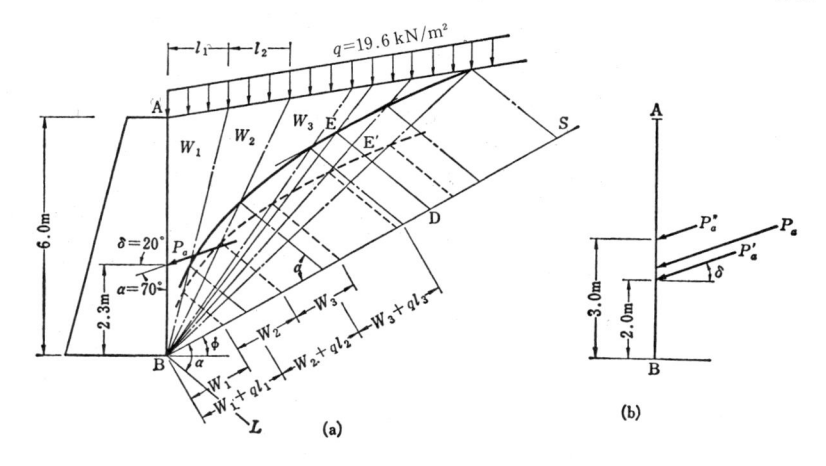

図 8・51

$$\frac{102.9\cos\delta \times 2.0 + 45.1\cos\delta \times 3.0}{102.9\cos\delta + 45.1\cos\delta} = 2.30 \text{ m}$$

の位置で，作用方向は擁壁背面ののり線と $\delta = 20°$ をなす．

〔**別解**〕　例題〔8・9〕の〔解〕

〔**8・15**〕　例題〔8・10〕の擁壁に作用する主働土圧の合力およびその作用位置をカルマンの図解法により求めよ（図8・52）．

〔**解**〕　線 $\overline{ED}$ の長さから，主働土圧の合力 P_a は，

$$P_a = 146.0 \text{ kN/m}$$

と求まる．このうち，裏込め土だけによる土圧 P_a' は $\overline{E'D}$ の長さから 93.1 kN/m，線荷重だけによる土圧 P_a'' は $\overline{EE'}$ の長さから 52.9 kN/m である．P_a'' の作用位置は，線荷重の作用点からすべり面 BC に平行な線（この場合，すべり面 BC に一致）と，線 BS に平行な線 FC を引き，$\overline{BF}$ の上部 1/3 地点とする（この場合，擁壁の下端から 2.84 m）．したがって，合力 P_a の作用位置は擁壁の下端から，

$$\frac{93.1\cos\delta \times 2.0 + 52.9\cos\delta \times 2.84}{93.1\cos\delta + 52.9\cos\delta} = 2.30 \text{ m}$$

の位置で，作用方向は擁壁背面ののり線と $\delta = 20°$ をなす．

〔**別解**〕　例題〔8・10〕の〔解〕

〔**8・16**〕　図 8・53 の擁壁の前面に作用する受働土圧の合力およびその作用位置を求めよ．ただし，$\gamma_t = 17.6 \text{ kN/m}$，$\phi = 30°$ とする．

〔**解**〕　クーロンの式で求める．式(8・9)より，

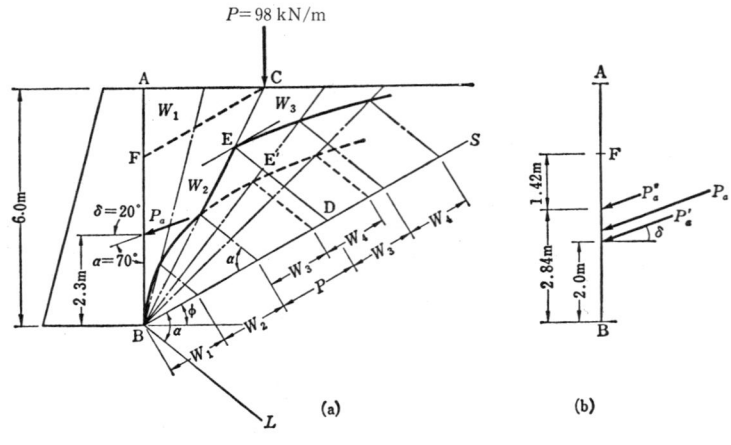

図 8・52

W_1	W_2	W_3	W_4
79.4 kN/m	79.4	79.4	79.4

$$K_p = \frac{\sin^2(110° + 30°) \times \cos 20°}{\sin 110° \times \sin(110° - 20°)\left\{1 - \sqrt{\dfrac{\sin(20° + 30°) \times \sin 30°}{\sin(110° - 20°) \times \sin 110°}}\right\}^2} = 3.16$$

受働土圧の合力 P_p は，

$$P_p = \frac{1}{2} \times 17.6 \times 1.0^2 \times \frac{3.16}{\sin 110° \times \cos 20°}$$

$$= 31.6 \text{ kN/m}$$

この合力の作用位置は擁壁の下端から $H/3 = 0.33\text{m}$ で，作用方向は擁壁前面壁ののり線と $\delta = 20°$，すなわち，この場合水平に作用する．

〔8・17〕 図8・54の擁壁に作用する地震時の主働土圧の合力およびその作用位置を求めよ．ただし，$\gamma_t = 17.6 \text{ kN/m}^3$，$\phi = 30°$，水平震度 $k_h = 0.1$ とし，鉛直震度は考えないものとする．

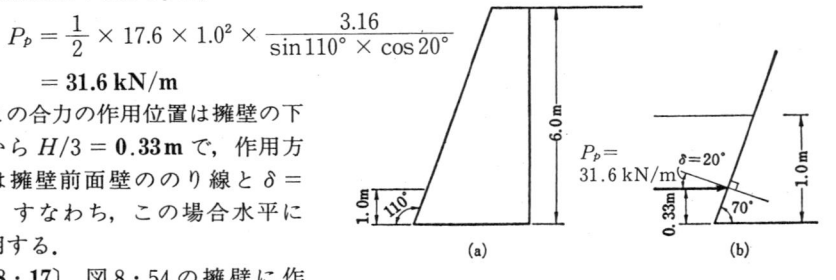

図 8・53

〔解〕 $k_h = 0.1$ による地震合成角 α は，

$$\tan \alpha = \frac{0.1}{1} = 0.1,$$

$$\alpha \fallingdotseq 5°43'$$

また，地震時の壁面摩擦角 δ は $\phi/2$，あるいは $15°$ 以下という条件より $15°$ とする．式(8・17)より，

例　題〔8〕

$$K_{Ea} = \cfrac{\sin^2(110° - 30° + 5°43') \times \cos 15°}{\cos 5°43' \times \sin 110° \times \sin(110° + 15° + 5°43') \times \left\{1 + \sqrt{\cfrac{\sin(15° + 30°) \times \sin(30° - 10° - 5°43')}{\sin(110° + 15° + 5°43') \times \sin(110° - 10°)}}\right\}^2}$$

$= 0.615$

等分布載荷重を裏込め土に換算して P_{Ea} を求めると（例題〔8・9〕参照）．

$$h = \frac{2.0}{1.8} \times \frac{\sin 110°}{\sin(110° - 10°)} = 1.06\,\mathrm{m}$$

$$P_{Ea} = \frac{1}{2} \times 17.6\{(6 + 1.06)^2 - 1.06^2\}$$
$$\times \frac{0.615}{\sin 110° \times \cos 15°} = \mathbf{291\,kN/m}$$

この合力 P_{Ea} の作用位置は式(8・12)により・擁壁の下端から，

$$h_0 = \frac{6.0}{3} \times \frac{6.0 + 3 \times 1.06}{6.0 + 2 \times 1.06}$$
$= \mathbf{2.26\,m}$

の位置で，作用方向は擁壁背面ののり線と $\delta = 15°$，すなわち，水平方向と $35°$ をなす．

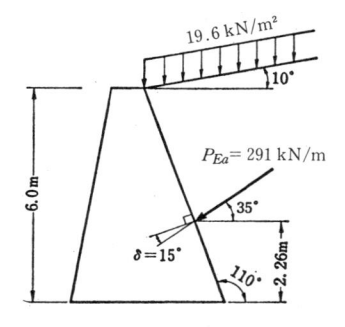

図 8・54

〔8・18〕 図 8・55 に示す砂地盤中の矢板岸壁に必要な根入れ長さ D とアンカーロッドに作用する張力 A_p を求めよ．ただし，

$\gamma_t = 17.6\,\mathrm{kN/m^3}$
$\gamma_{\mathrm{sub}} = 7.8\,\mathrm{kN/m^3}$
$\phi = 30°$

とする．

〔解〕 壁面摩擦角 $\delta = 0$ として，式(8・8)，式(8・9)より主働土圧係数 K_a，受働土圧係数 K_p を求めると（ランキンの公式でも同じ），

$$K_a = \cfrac{\sin^2(90° - 30°) \times \cos 0°}{\sin 90° \times \sin 90°\left\{1 + \sqrt{\cfrac{\sin 30° \times \sin 30°}{\sin 90° \times \sin 90°}}\right\}^2}$$

$= 0.333$

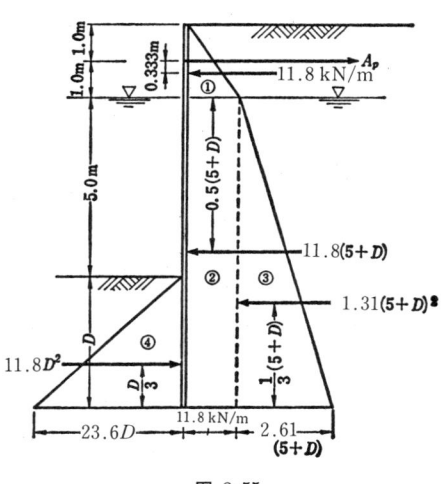

図 8・55

$$K_p = \frac{\sin^2(90° + 30°) \times \cos 0°}{\sin 90° \times \sin 90°\left\{1 - \sqrt{\frac{\sin 30° \times \sin 30°}{\sin 90° \times \sin 90°}}\right\}^2} = 3.0$$

これより土圧分布形を求め，①〜④の各ブロックごとに合力を計算すると，図8・55のようになる（水圧は矢板の左右で相殺される）．

式(8・19)，式(8・20) の条件から，

$A_p + 11.8D^2 - 11.8 - 11.8(5 + D) - 1.31(5 + D)^2 = 0$

$11.3 \times 0.333 + 11.8(5 + D)\left(3.5 + \frac{D}{2}\right) + 1.31(5 + D)^2\left(4.33 + \frac{2}{3}D\right)$

$\quad - 11.8D^2\left(6 + \frac{2}{3}D\right) = 0$

下側の式に適当に数値を入れて試算により解くと，

$D = 3.40, \ -1.65, \ -8.98$

と求まるが，題意により後者の2個は不適で，$D = \mathbf{3.40\,m}$ と求まる．また A_p は上側の式で $D = 3.40\,\mathrm{m}$ のとき，

$A_p = \mathbf{66.5\,kN/m}$

となる．なお，実際に行なう根入れ長さは，このようにして求めた根入れ長さを割増して行なう．すなわち，砂地盤の場合20%増とし，

$3.40 \times 1.2 = 4.08\,\mathrm{m}$

の根入れを行なう．

〔8・19〕 砂地盤に図8・56のような山留め壁をする場合に必要な根入れ長さ D と，切ばりに作用する軸力を求めよ．砂地盤の γ_t は $17.6\,\mathrm{kN/m^3}$，$\phi = 30°$ とする．

〔解〕 一番下の切ばり C より下のランキンの土圧分布，土圧合力を求めると図8・56のようになる．主働側については計算しやすいように区分してある．切ばり C の作用点を中心に回転モーメントの釣合いを考えると，

$\dfrac{2}{3}(2 + D) \times 2.93(2 + D)^2$

$\quad + \dfrac{1}{2}(2 + D) \times 52.7(2 + D)$

$\quad = \left(2 + \dfrac{2}{3}D\right) \times 26.4D^2$

$1.95(2 + D)^3 + 26.4(2 + D)^2$

$\quad - 26.4\left(2 + \dfrac{2}{3}D\right)D^2 = 0$

これを満足する D を適当に数値を入れ

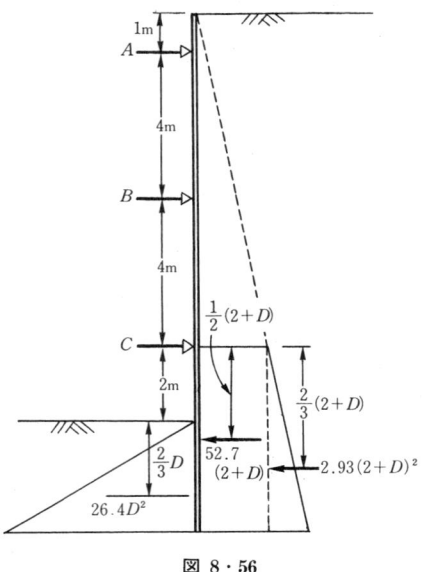

図 8・56

$q = 35.2 \text{ kN/m}^2$

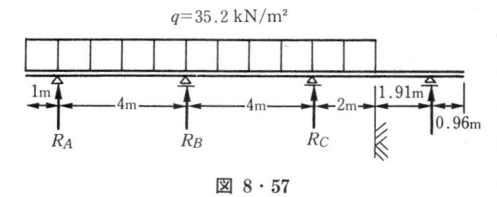

図 8・57

表 8・2 切ばり軸力 (kN/m)

切ばり	A	B	C
単純ばり法	110.0	136.4	122.8
1/2 分担法	105.6	140.8	139.2
下方分担法	176.0	140.8	70.4

て試算により求めると，
$$D = 2.87 \text{ m}$$
となる．

　切ばり軸力を求めるための土圧分布は図8・57のようになる．これより単純ばり法，1/2分担法，下方分担法の3方法で支点反力として各軸力を求めると表8・2のようになる（正確な軸力としては表8・2の値に切ばりの横間隔を掛ける）．

〔8・20〕　図8・58のように外径100cmの剛性の管を深さ3m，幅1.5mの溝の中に設置して，土を埋めもどしたときに管に作用する鉛直土圧を求めよ．ただし，埋めもどし土は $r_t = 17.6 \text{ kN/m}^3$，$\phi = 30°$ とする．

〔解〕　式(8・22)で，$\delta = 0.8\phi$ とすると，
$$K_a = \tan^2(45° - 15°) = 0.333$$
$$\alpha = \frac{2 \times 0.333 \times \tan 24°}{1.5}$$
$$= 0.198$$
$$C_d = \frac{1 - e^{-0.198 \times 2}}{2 \times 0.333 \times \tan 24°}$$
$$= 1.105$$
したがって，鉛直土圧 W は，
$$W = 17.6 \times 1.5^2 \times 1.105$$
$$= 43.9 \text{ kN/m}$$

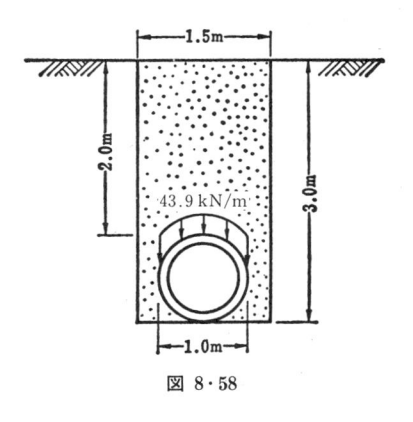

図 8・58

問　題〔8〕

〔8・1〕　鉛直背面で高さ9mの擁壁がある．裏込め地表面が水平のときランキンの主働土圧の合力を求めよ．裏込め土の $\gamma_t = 15.7 \text{ kN/m}^3$，$\phi = 30°$ とする．
〔解〕　211.7 kN/m，擁壁下端から3mの位置で水平に．

〔**8・2**〕 問題〔8・1〕の裏込め土上に $78.4\,\mathrm{kN/m^2}$ の等分布荷重が載荷されたときの土圧合力を求めよ．
　〔**解**〕 $446.9\,\mathrm{kN/m}$，下端から $3.79\,\mathrm{m}$ の位置で水平に．
〔**8・3**〕 問題〔8・1〕の裏込め土中に地下水が高さ $6\,\mathrm{m}$ まできたとき，土圧と水圧の合力を求めよ．$\gamma_{\mathrm{sub}} = 7.8\,\mathrm{kN/m^3}$，$\gamma_w = 9.8\,\mathrm{kN/m^3}$ とする．
　〔**解**〕 $341.0\,\mathrm{kN/m}$，下端から $2.62\,\mathrm{m}$，水平に．
〔**8・4**〕 例題〔8・19〕で最下段の切ばり C より下に $3\,\mathrm{m}$ の位置まで掘削が進められる場合に必要な根入れ長さを求めよ．
　〔**解**〕 $3.38\,\mathrm{m}$

第9章 斜面の安定

9・1 安全率と臨界円

　盛土や切土の斜面のように，傾斜した面では，重力の作用により斜面が下方にすべろうとする力が作用する．自然の山腹や切取りの斜面，道路，堤防，アースダムの盛土斜面にせん断破壊が生じるのは，このような外力によって土の内部の各点にせん断応力が生じ，斜面内のある面に沿ってすべりを起こさせるためである．

　斜面のすべり破壊を大別すると，半無限に広がった斜面でのすべりと，有限長の斜面でのすべりとの二つに分けることができる．前者の場合のすべり面は深さに比べて長さの大きい平板状である（図9・1）．後者の場合のすべり面は斜面の勾配の方向に軸をもつ半卵形で，斜面の高さ，勾配，土質などによって異なり，すべり面の位置によって底部破壊，斜面先破壊，斜面内破壊の三つに区分される．これらのすべり面は厳密には円弧でないが，安定計算が非常に簡単になることもあって，すべり面を円弧や円弧と平面を複合したものとするこ

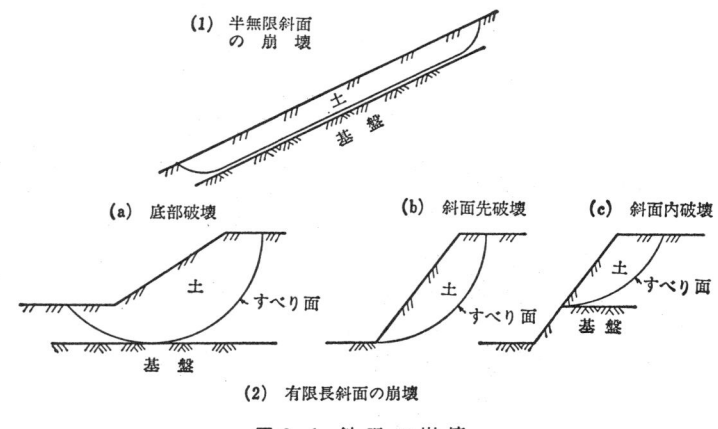

図 9・1　斜面の崩壊

とが一般に行なわれている．

斜面の安定を検討するには，土体内のある面に働くせん断応力の大きさと，その面に沿うせん断抵抗を求めて，両者の比（**安全率**）が最小になるような面，すなわち最も危険なすべり面を求める．この最も危険なすべり面（円弧）を**臨界円**という．臨界円の位置を見つけるにはテイラー（Taylor）の作った図表，図9・2を利用すると便利である（$\phi=0$ の場合）．すなわち，斜面の傾度 i と深さ係数 n_d から図中に点を求め，その点がハッチング内にある場合は斜面先破壊，これより上では斜面内破壊，下では底部破壊が生じる．また同図から，斜面の傾度と深さ係数に対応する安定係数 N_S を求めると，これから斜面の**限界高さ** H_c を求めることもできる．土の内部摩擦

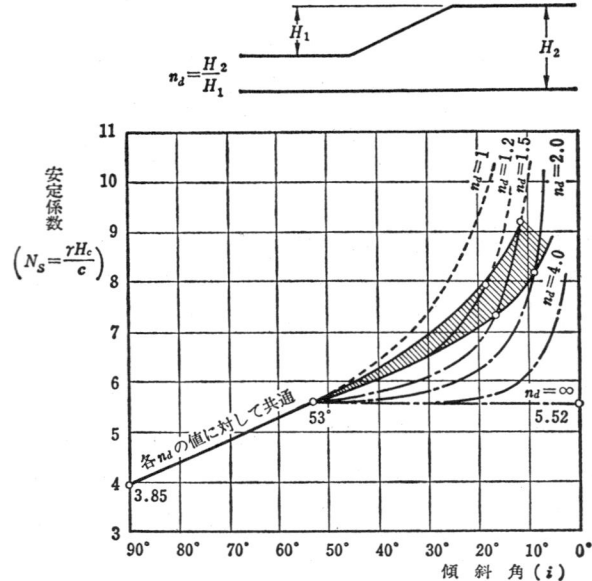

図 9・2 安定係数，斜面勾配，深さ係数の関係（$\phi=0$）

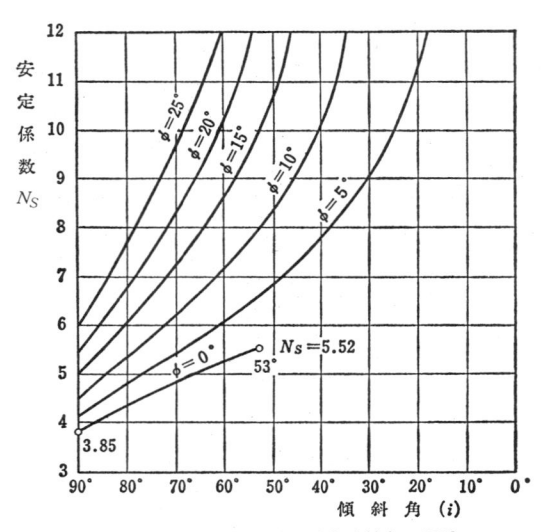

図 9・3 安定係数，斜面勾配，内部摩擦角の関係

9・2 半無限に広がった斜面の安定計算

角 $\phi \neq 0$ のときは図 9・3 を用いる.

斜面の安定計算は底部破壊, 斜面先破壊, 斜面内破壊の見当をつけた後, あるすべり面を仮定し, その面に沿ってすべりを起こそうとする力, またはモーメントと, これに抵抗しようとする力, またはモーメントとの比から安全率を求める. すなわち, 安全率 F は, すべり面が平面のときには,

$$F = \frac{\text{すべりに抵抗する力}}{\text{すべりを起こそうとする力}} \tag{9・1}$$

すべり面が曲面のときには,

$$F = \frac{\text{すべりに抵抗するモーメント}}{\text{すべりを起こそうとするモーメント}} \tag{9・2}$$

で表わされる.

この操作をすべり面の大きさと位置を変えて反覆すると, 最小の安全率を示すすべり面, 臨界円が求まる. 臨界円についての安全率が必要な安全率以上であれば斜面は安定と判断する. 設計に必要な最小安全率は表 9・1 に示す程度のものである.

表 9・1 最小安全率の標準値

安全率 F	説　明
$F < 1.0$	不 安 定
$1.0 \sim 1.2$	特殊な条件のもとにおいて (たとえば一時的, 小規模, 軽易な構造物) は安定
$F > 1.2$	盛土斜面, アースダムに対する標準値 切土斜面では不確定要素が多いので大き目にする

9・2 半無限に広がった斜面の安定計算

半無限に広がった粘着力のない土の斜面が安定を保つためには次の条件を満足しなければならない. すなわち地下に浸透流がない場合には,

$$i < \phi \tag{9・3}$$

ここに　i：地表面の水平に対する傾斜角
　　　　ϕ：砂の内部摩擦角

また, 地下に浸透流がある場合 (図 9・4 参照) には,

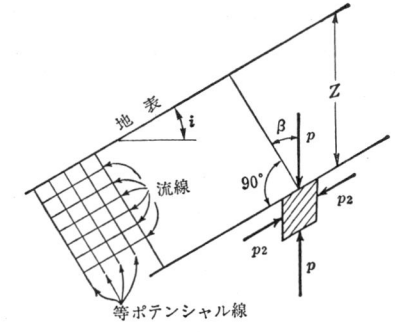

図 9・4　浸透流のある場合の半無限斜面内の応力

$$\beta < \phi \tag{9・4}$$

ここに　β：鉛直深さ z における地表面に平行な面上に働く応力 p の，地表面に対して垂直方向となす角（式 (9・5) および式 (9・6) から求める）

浸潤面が地表面と一致している場合には，

$$\tan \beta = \frac{\gamma_t}{\gamma_{\text{sub}}} \tan i \tag{9・5}$$

ここに　γ_t：湿潤状態の土の単位体積重量
　　　　γ_{sub}：土の水中における単位体積重量

浸潤面が地表面と一致していない場合（浸潤面と地表面は平行とする）には，

$$\tan \beta = \frac{\gamma_t \cdot z}{\gamma_{\text{sub}} \cdot z + \gamma_w \cdot d} \tan i \tag{9・6}$$

ここに　γ_w：水の単位体積重量
　　　　d：地表面から浸潤面までの鉛直深さ

半無限に広がる斜面の土が粘着力をもつ場合（地下に浸透流がない場合）には $i < \phi$ であれば，常に斜面は安定である．

また，$i \geqq \phi$ の場合でも，斜面を形成する土の厚さ z が次の式の条件を満足すれば，斜面は安定である（c は粘着力）．

$$z \leqq \frac{c}{\gamma_t} \cdot \frac{\sec^2 i}{\tan i - \tan \phi} \tag{9・7}$$

9・3　分割法による安定計算

9・3・1　間隙水圧を考慮しない場合

図 9・5 のようにすべり土塊を n 個のスライスに分割して，i 番目のスライスについてすべりを起こそうとする力とすべりに抵抗しようとする力を求める．

すべりを起こそうとする力は，土塊重量のすべり面に平行方向の成分であるから，$W_i \sin \theta_i$ であり，また，土のせん断強さは一般に，

$$\tau = c + \sigma \tan \phi \tag{9・8}$$

で表わされるので（第 6 章参照），すべりに抵抗しようとする力は $(cl_i + W_i \cos \theta_i \cdot \tan \phi)$ で表わされる．したがって，円弧すべり面上の全体の土塊のすべりに対する安全率 F は式 (9・2) より，円弧の中心 O に関するモーメント

の比として

$$F = \frac{R\sum_{i=1}^{n}(cl_i + W_i \cos\theta_i \tan\phi)}{R\sum_{i=1}^{n} W_i \sin\theta_i}$$

$$= \frac{\sum_{i=1}^{n}(cl_i + W_i \cos\theta_i \tan\phi)}{\sum_{i=1}^{n} W_i \sin\theta_i} \tag{9・9}$$

で表わされる．

式 (9・9) を用いて安全率を計算するときには，非排水せん断試験によって求めた全応力表示による粘着力 c と内部摩擦角 ϕ を用いる．

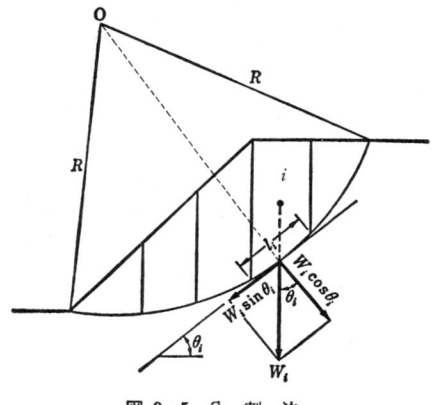

図 9・5 分 割 法

9・3・2 間隙水圧を考慮する場合

間隙水圧 u を考慮するとき，土のせん断強さは，

$$\tau = c' + (\sigma - u) \tan\phi' \tag{9・10}$$

で表わされるので（第6章参照），すべりに対する安全率は，

$$F = \frac{\sum_{i=1}^{n}\{c'l_i + (W_i \cos\theta_i - u_i l_i) \tan\phi'\}}{\sum_{i=1}^{n} W_i \sin\theta_i} \tag{9・11}$$

で表わされる．

式 (9・11) を用いて安全率を計算するときには，圧密非排水せん断試験の有効応力表示による粘着力 c'，内部摩擦角 ϕ' を用いるか，あるいは，c'，ϕ' の代わりに排水せん断試験による粘着力 c_d，内部摩擦角 ϕ_d を用いる．

浸透流のある場合の間隙水圧 u は，流線網を描いて，これより求める．たとえば，一つのスライスの下端 N 点での間隙水圧 u_N は図 9・6 のように等ポテンシャルの浸潤線ま

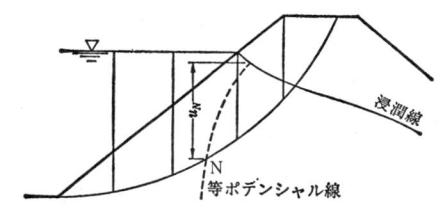

図 9・6 間隙水圧のとり方

での垂直距離で求められる（第3章参照）．

9・3・3　地震力を考慮する場合

図9・7のi番目の分割について水平震度kを考えると，地震力による水平方向の力はkW_iである．この力を斜面に平行にすべり降りようとする力と斜面に直角な力とに分割すると，それぞれ$kW_i\cos\theta_i$，$kW_i\sin\theta_i$となる．

したがって，すべりを起こそうとする力は，$(W_i\sin\theta_i + kW_i\cos\theta_i)$であり，すべりに抵抗しようとする力は，$\{cl_i + (W_i\cos\theta_i - kW_i\sin\theta_i)\tan\phi\}$である．

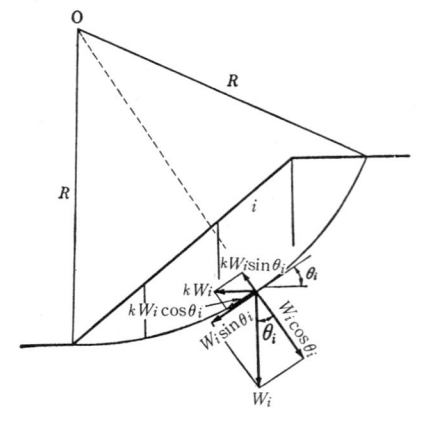

図9・7　地震力の分力

それゆえ，円弧すべり面上の全体の土塊のすべりに対する安全率Fは，

$$F = \frac{\sum_{i=1}^{n}\{cl_i + (W_i\cos\theta_i - kW_i\sin\theta_i)\tan\phi\}}{\sum_{i=1}^{n}(W_i\sin\theta_i + kW_i\cos\theta_i)} \quad (9\cdot12)$$

で表わされる．

9・3・4　貯水のある場合

貯水のある場合，図9・8(a)のように貯水を土と考え，水中にもすべり円弧を延長する．ただし，貯水中のすべり面BCにはすべりに対する抵抗力が働かない（$\tau = 0$）とし，水の重量だけを考慮する．

この状態は，図9・8(b)のように，土中のすべり面の一端Bより鉛直に仮想き裂面DBを考え，この面に水深hに相当する水圧が作用すると考えたものと同等である．水圧の合力は$\dfrac{\gamma_w h^2}{2}$であるので，図9・8の場合，$\dfrac{1}{2}\gamma_w h^2 r$だけすべりを生じさせるモーメントが減少する．したがって，すべりに対する安全率は，

$$F = \frac{R\sum_{i=1}^{n}\{c'l_i + (W_i\cos\theta_i - u_il_i)\tan\phi'\}}{R\sum_{i=1}^{n}W_i\sin\theta_i - \frac{1}{2}\gamma_w h^2 r} \quad (9\cdot13)$$

の形で表わされる．

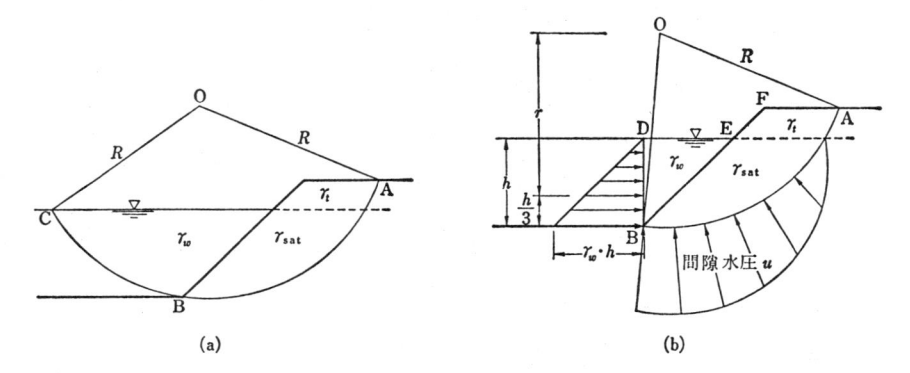

図 9・8 貯水の取扱い方

9・4 摩擦円法による安定計算

　摩擦円法は，一様な土層中の円弧すべりに適用するもので，円形すべり面上に作用する摩擦力の合力の作用線がすべてすべり面と同心の小円に接するという考えに基づいている．すなわち，斜面がまさにすべり出そうとするときには，すべり面上の微小反力 dp はすべて円弧の垂線に対して ϕ の傾きをなして作用するので，dp の作用線は $R\sin\phi$ なる小円（摩擦円）に接することになる．したがって，反力の合力 P もこの摩擦円に接すると考えて実用上差し支えない（図 9・9）．

　一方，安定を保つのに必要な粘着力 c_0 が円弧に沿って一様に作用すると，その合力 C は，

$$C = c_0 \cdot L_c \quad (9\cdot14)$$

　ここに　L_c：弦 AB の長さ

で，その作用方向は弦 AB に平行である．また，C の作用位置（すべり円の中心 O からの距離 a）は O に対するモーメントから，

図 9・9 摩 擦 円 法

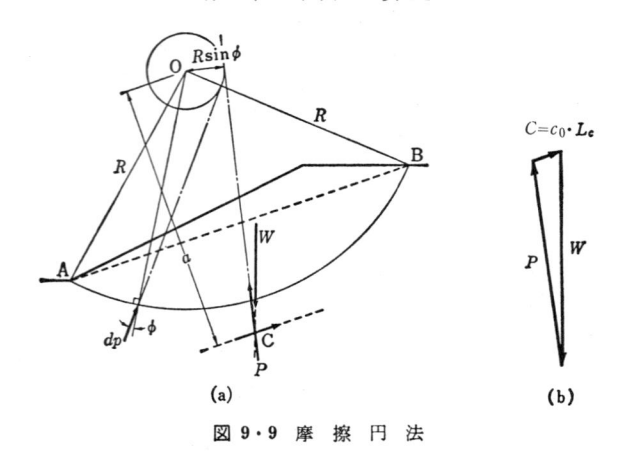

$$c_0 L_c a = c_0 L_a R \tag{9・15}$$

ここに L_a：弧 AB の長さ

$$a = \frac{L_a R}{L_c} \tag{9・16}$$

と求まる．したがって，図9・9のように，すべり土塊に作用する三つの力，すなわち，土塊重量 W，反力 P，および粘着力 C のうち，W の大きさと方向が既知で，P と C の方向が定まるので，力の多角形の閉合より P と C の大きさが一義的に求まる．いまこのようにして求まった C から，安定に必要な粘着力 c_0 は式 (9・14) より，

$$c_0 = \frac{C}{L_c} \tag{9・17}$$

と求まる．したがって，せん断試験より求まっている土の粘着力を c とすれば，粘着力に関する安全率 F_c は，

$$F_c = \frac{c}{c_0} \tag{9・18}$$

となる．

摩擦円法による安全率の求め方は，最初から ϕ にせん断試験で求まっている土の内部摩擦角を与えて，上記のように粘着力だけの安全率を求めるか，あるいは内部摩擦角にある値 (ϕ_0) を仮定し，そのときに必要な粘着力 c_0 を求め，式 (9・17) により粘着力に関する安全率 F_c を求めるとともに，摩擦力

に関する安全率 F_ϕ を，

$$F_\phi = \frac{\tan \phi}{\tan \phi_0} \tag{9・19}$$

ここに ϕ：せん断試験で求められた土の内部摩擦角

として求め，$F_\phi = F_c$ を満足する最小の安全率を求める．

間隙水圧 U を考慮するとき，U は水頭の分布から求めることができ（図9・6参照），その作用線はすべり面の円の中心 O を通るので，W, C, P, U の力の平衡（力の多角形の閉合）より同様にして C, P を決めることができる．

9・5 複合すべり面の安定計算

斜面の下に軟弱層があるようなときには，すべり面は円弧とはかなり異なり，軟弱層に沿った長いすべり面になることが多い．これを一つの円弧で置き換えると安全率の誤差が大きいので，平面すべり面の組合わせ，あるいは円弧すべり面と平面すべり面の組合わせですべり面を表現し，安定計算を行なう．

9・5・1 平面すべり面の組合わせ

すべり面を図9・10のように三つの平面すべり面で表わすと，上端のすべり面 AB 上の土塊は主働域，下端のすべり面 CD 上の土塊は受働域と考えられる．したがって，BF 面には主働土圧 P_a，CE 面には受働土圧 P_p が作用すると考えると，すべりを起こそうとする力は P_a で，すべりに抵抗する力は P_p と BC 面で

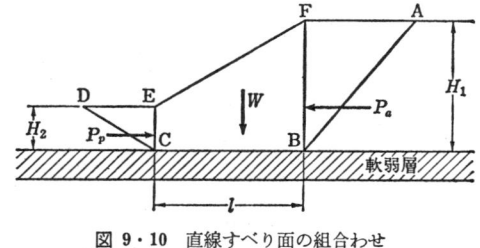

図 9・10 直線すべり面の組合わせ

の粘着力（軟弱層の内部摩擦角は0とする）である．それゆえすべりに対する安全率は，

$$F = \frac{cl + P_p}{P_a} \tag{9・20}$$

で表わされる．ただし，P_a, P_p はそれぞれ式 (8・5)，および式 (8・6) を用いればよい．

9・5・2 円弧と平面すべり面の組合わせ

円弧と円弧、あるいは円弧と平面すべり面を組み合わせて安定計算を行なう場合には、すべりを起こす力のモーメントと抵抗モーメントとの差によって生じる圧力が主働域から順次、中間域、受働域に伝わると考え、全体の釣合いを考える。図9・11の場合、このようにして安全率を求めると次の式のようになる．

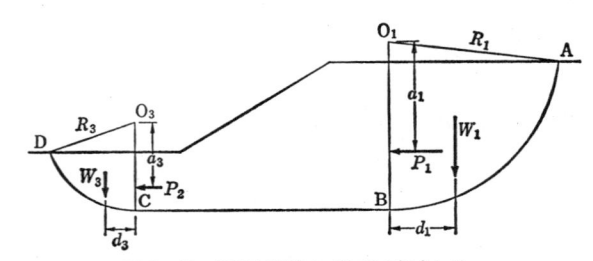

図 9・11 円弧と直線すべり面の組合わせ

$$F = \frac{a_3 R_1 \sum_{A}^{B}(l \cdot s) + a_1 a_3 \sum_{B}^{C}(l \cdot s) + a_1 R_3 \sum_{C}^{D}(l \cdot s)}{a_3 W_1 d_1 + a_1 W_3 d_3} \tag{9・21}$$

ここに　l：すべり面の単位長さ
　　　　s：すべり面でのせん断強さ

例　題　〔9〕

〔9・1〕 斜面の傾斜角が 70° の掘削をする．土の粘着力 $c = 14.7\,\mathrm{kN/m^2}$，土の単位体積重量 $\gamma_t = 17.6\,\mathrm{kN/m^3}$ として、この斜面の限界高さを求めよ．また安全率を1.2として何mまで掘削可能か．ただし、土の内部摩擦角 ϕ は 0 とする．

〔解〕 図9・2より $i = 70°$ の安定係数 N_s を求めると4.8である．したがって、限界高さ H_c は，

$$H_c = N_s \cdot \frac{c}{\gamma_t} = 4.8 \times \frac{14.7}{17.6}$$
$$= 4.0\,\mathrm{m}$$

となる．また安全率を1.2とすると，

$$\frac{4.0}{1.2} \fallingdotseq 3.3\,\mathrm{m}$$

まで掘削できる．

〔9・2〕 例題〔9・1〕の地盤で4.5mまで限界高さを伸ばすにはどうすればよい

か．

〔解〕 $H_c = 4.5$ m に対する安定係数を求めると，

$$N_s = \frac{\gamma_t}{c} H_c = \frac{17.6}{14.7} \times 4.5 = 5.4$$

$N_s = 5.4$ に対する傾斜角 i を図 9・2 より求めると約 58° である．したがって，掘削の傾斜角を 58° 以下にすればよい．

〔**9・3**〕 $\gamma_t = 17.6 \text{ kN/m}^3$，$c = 19.6 \text{ kN/m}^2$，$\phi = 25°$ の土中に，深さ 3 m の鉛直壁をもつ素掘りの溝を掘削した．この溝の側壁の崩壊に対する安全性を検討せよ．

〔解〕 図 9・3 より，$i = 90°$，$\phi = 25°$ に対する定安係数を求めると，$N_s = 6.0$ である．したがって，

$$H_c = N_s \frac{c}{\gamma_t} = 6.0 \times \frac{19.6}{17.6} = 6.68 \text{ m}$$

側壁の崩壊に対する安全率は，$F = \dfrac{H_c}{3} = \mathbf{2.22}$

〔**9・4**〕 内部摩擦角 $\phi = 32°$，間隙率 $n = 35\%$，土粒子の密度 2.65 g/cm^3 の均質な砂層がある．この砂層が完全に浸水しても崩壊を起こさない最大の勾配（傾斜角）はいくらか．

〔解〕 間隙比 e は式（1・17）より，

$$e = \frac{n}{100 - n} = \frac{35}{100 - 35} \fallingdotseq 0.54$$

最大勾配は式（9・5）より，

$$\tan i = \frac{\gamma_{\text{sub}}}{\gamma_t} \cdot \tan \beta$$

式（1・15）より，

$$\gamma_{\text{sub}} = \frac{\dfrac{\rho_s}{\rho_w} - 1}{1 + e} \cdot \gamma_w = \frac{\dfrac{2.65}{1.00} - 1}{1 + 0.54} \times 9.8 = 10.5 \text{ kN/m}^3$$

式（1・14）より飽和時には，

$$\gamma_t = \gamma_{\text{sat}} = \frac{\dfrac{\rho_s}{\rho_w} + e}{1 + e} \cdot \gamma_w = \frac{2.65 + 0.54}{1 + 0.54} \times 9.8 = 20.3 \text{ kN/m}^3$$

式（9・4）より β は ϕ より小さくなければならないので，いま $\beta = \phi$ とすると，

$\tan \beta = \tan \phi = \tan 32° = 0.625$

∴ $\tan i = \dfrac{10.5}{20.3} \times 0.625 = 0.323$

$i = \tan^{-1} 0.323 = \mathbf{17°54'}$

〔**9・5**〕 図 9・12 のすべり面に対する安全率を求めよ．ただし，

$\gamma_t = 17.6 \text{ kN/m}^3$
$c = 19.6 \text{ kN/m}^2$

$\phi = 20°$

とする．

〔解〕 すべり土塊の重量 W は，
$$W = \frac{5 \times 3.65}{2} \times 17.6$$
$$= 160.6 \text{ kN/m}$$
（奥行 1m 当たりの重量を表わす）
すべりを起こそうすとる力は，
$$W\sin\theta = 160.6 \times \sin 30°$$
$$= 80.3 \text{ kN/m}$$
すべりに抵抗する力は，
$$cl + W\cos\theta\cdot\tan\phi = 19.6 \times 10$$
$$+ 160.6 \times \cos 30° \times \tan 20°$$
$$= 246.6 \text{ kN/m}$$
したがって，すべりに対する安全率 F は，
$$F = \frac{246.6}{80.3} = \mathbf{3.07}$$

図 9・12

〔**9・6**〕 例題〔9・5〕で水平震度 $k = 0.2$ の地震が作用すると安全率はいくらになるか．

〔解〕 すべりを起こそうとする力は式 (9・12) 右辺の分母から，
$$W\sin\theta + kW\cos\theta = 160.6 \times \sin 30° + 0.2 \times 160.6 \times \cos 30°$$
$$= 108.1 \text{ kN/m}$$
すべりに抵抗する力は式 (9・12) 右辺の分子から，
$$cl + (W\cos\theta - kW\sin\theta)\tan\phi$$
$$= 19.6 \times 10 + (160.6 \times \cos 30° - 0.2 \times 160.6 \times \sin 30°) \times \tan 20°$$
$$= 240.8 \text{ kN/m}$$
したがって，すべりに対する安全率 F は，
$$F = \frac{240.8}{108.1} = \mathbf{2.23}$$

〔**9・7**〕 図 9・13 のすべり面に対する安全率を求めよ．ただし，
$$\gamma_t = 17.6 \text{ kN/m}^3$$
$$c = 19.6 \text{ kN/m}^2$$
$$\phi = 20°$$
とする．また水平震度 0.2 を考慮すると安全率はいくらになるか．

〔解〕 分割法で計算する場合には次の表のような表を作って計算する方が計算ミスが少ない．

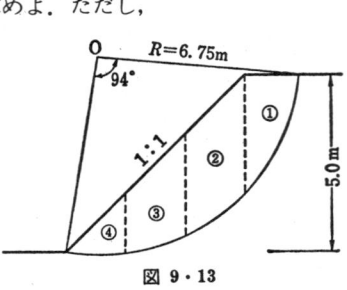

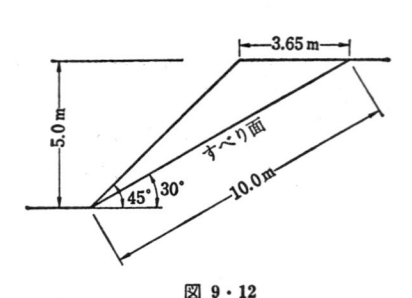

図 9・13

例　　題〔9〕

表 9・2

スライス番号	面積 A	W ($\gamma_t \cdot A$)	θ	$\sin\theta$	$\cos\theta$	$W\sin\theta$	$W\cos\theta$	t	$c \cdot l$
	m²	kN/m				kN/m	kN/m	m	kN/m
①	4.23	74.4	65°	0.906	0.423	67.4	31.5	4.45	87.2
②	7.35	129.4	36°	0.588	0.809	76.1	104.7	2.52	49.4
③	5.40	95.0	17°	0.292	0.956	27.7	90.8	2.12	41.6
④	2.07	36.4	−2°	−0.035	0.999	−1.3	36.4	2.01	39.4
						Σ169.9 kN/m	Σ263.4 kN/m		Σ217.6 kN/m

したがって，式（9・9）よりすべりに対する安全率は，

$$F = \frac{\Sigma(cl + W\cos\theta\tan\phi)}{\Sigma W\sin\phi} = \frac{217.6 + 169.9 \times \tan 20°}{169.9}$$

$$= 1.85$$

また地震時の安全率は式（9・12）より，

$$F = \frac{\Sigma\{cl + (W\cos\theta - kW\sin\theta)\cdot\tan\phi\}}{\Sigma(W\sin\theta + kW\cos\theta)}$$

$$= \frac{217.6 + (263.4 - 0.2 \times 169.9) \times \tan 20°}{169.9 + 0.2 \times 263.4}$$

$$= 1.35$$

〔9・8〕摩擦円法で例題〔9・7〕のすべり面に対する安全率を求めよ．

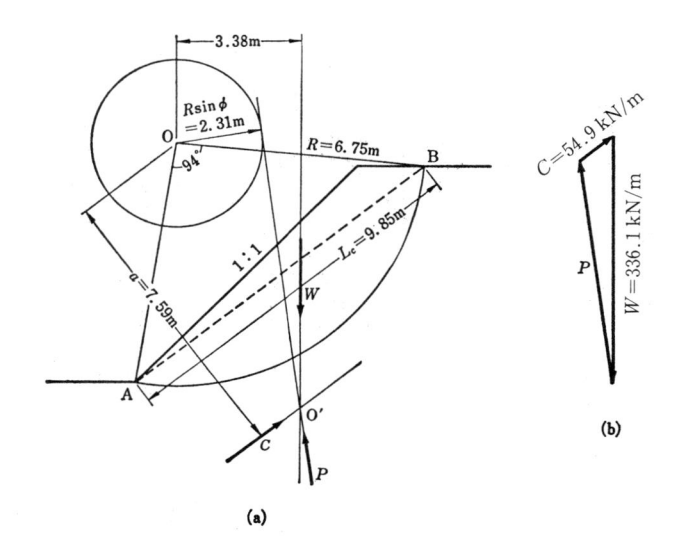

(a)

(b)

図 9・14

〔解〕 すべり土塊の重量 W の作用位置はすべり土塊の図心であり，これを求めるには土塊を適当に分割して，図解法で求めるか，計算によって求める．

図 9・14 の場合，重量 W は 336.1 kN/m で，すべり円弧の中心点 O より右側 3.38 m の位置を鉛直下方に向かって作用する．

粘着力 C の作用方向は $\overline{AB}$ 方向で，その作用位置は式 (9・16) より，点 O から $a = \dfrac{L_a R}{L_c}$ だけ離れている．ここで L_c は図より求めて 9.85 m，また L_a は，

$$L_a = 2\pi R \cdot \frac{94°}{360°} = 2 \times 3.14 \times 6.75 \times \frac{94°}{360°} = 11.07 \text{ m}$$

したがって，

$$a = \frac{11.07 \times 6.75}{9.85} = 7.59 \text{ m}$$

これより，W と C の力の合点 O' が求まり，P の方向もこの点を通り摩擦円（半径 $R \sin \phi$）に接する方向として求まる．$\phi = 20°$ とするとこの半径は 2.31 m である．したがって W，C，P の力の三角形より（図から）$C = 54.9$ kN/m と求まる．安定に必要な粘着力 c_0 は式 (9・17) より，

$$c_0 = \frac{C}{L_c} = \frac{54.9}{9.85} = 5.57 \text{ kN/m}^2$$

したがって，粘着力に関する安全率 F_c は式 (9・18) より，

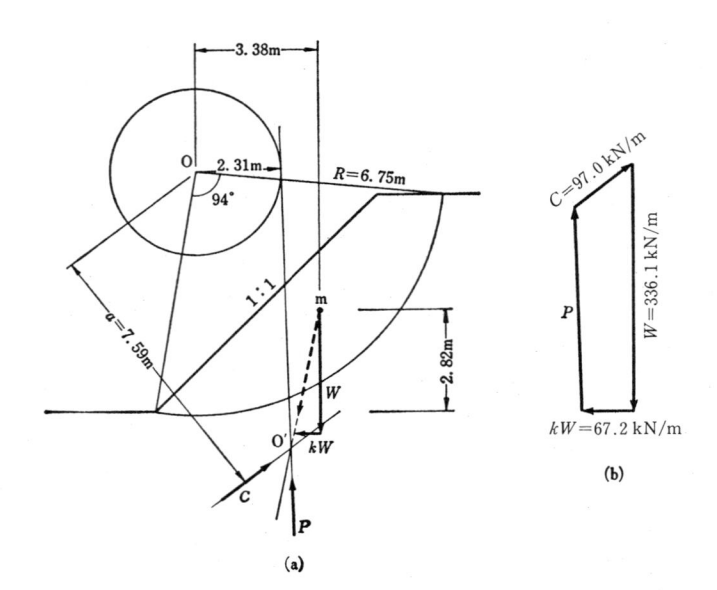

図 9・15

$$F_c = \frac{c}{c_0} = \frac{19.6}{5.57} = \mathbf{3.52}$$

　この解では，$\phi=20°$ としているので摩擦力に関する安全率は 1 である．したがって，この粘着力による安全率は，摩擦力と粘着力との総合的な安全率を表わす例題〔9・7〕の解の安全率より大きくなっている（9・4参照）．

　地震力を考慮する場合，重量 W と地震力 kW との合力は，図9・15のようにすべり土塊の中心 m を通り斜め下方に作用する（m点は図心の計算より求められる）．この作用方向と粘着力 C との力の合点 O' を求め，O' を通り摩擦円に接する方向として P の作用方向を求めることができる．したがって，W，kW，C，P の力の多角形より C を求めることができ，図より $C=97.0\,\mathrm{kN/m}$ となる．安定に必要な粘着力 c_0 は式（9・17）より，

$$c_0 = \frac{C}{L_c} = \frac{97.0}{9.85} = 9.85\,\mathrm{kN/m}$$

したがって，粘着力に関する安全率 F_c は式（9・18）より，

$$F_c = \frac{c}{c_0} = \frac{19.6}{9.85} = \mathbf{1.99}$$

〔9・9〕 図9・16に示すような斜面の安定を検討せよ．ただし，$\gamma_t = 18.1\,\mathrm{kN/m^3}$，$c = 39.2\,\mathrm{kN/m^2}$，$\phi = 0°$ とし，$k = 0.1$ の水平震度を考慮するものとする．

〔解〕 斜面の傾斜角は　$\tan^{-1}\dfrac{1}{2} = 26.5°$

　　深さ係数は　$n_d = \dfrac{15}{10} = 1.5$

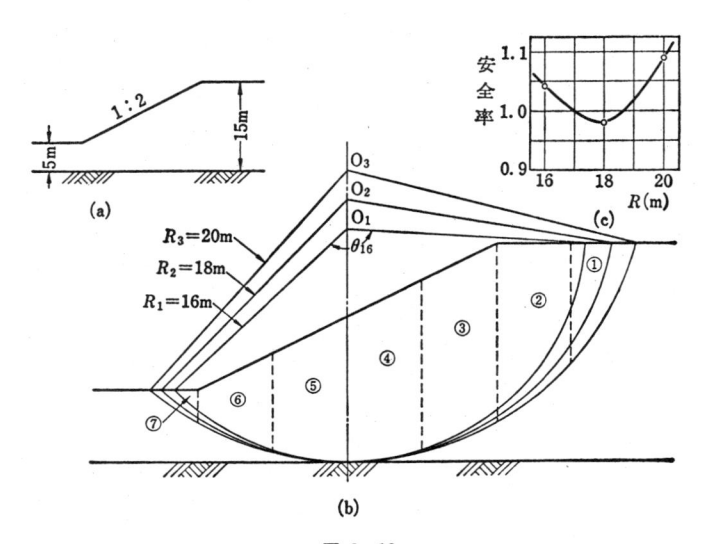

図 9・16

スライス番号	面積 A	W $(\gamma_t \cdot A)$	θ	$\sin\theta$	$\cos\theta$	$W\sin\theta$	$W\cos\theta$
	m²	kN/m				kN/m	kN/m
①	4.8	86.9	73°	0.956	0.292	83.1	25.4
②	41.0	742.1	50°	0.766	0.643	568.4	477.2
③	57.8	1046.2	28°	0.469	0.883	490.7	923.8
④	54.9	993.7	10°	0.174	0.985	172.9	978.8
⑤	42.2	763.8	−8°	−0.139	0.990	−106.2	756.2
⑥	20.5	371.1	−26°	−0.438	0.899	−162.5	333.6
⑦	1.2	21.7	−41°	−0.656	0.755	−14.2	16.9
						Σ1032.2 kN/m	Σ3511.4 kN/m

図9・2より，$i = 26.5°$，$n_d = 1.5$ のときは底部崩壊であることがわかる．この場合には臨界円の中心は斜面の中点を通る鉛直線上にある．

① $R = 16$ m の場合，すべり円弧の全長 L は，
$$L = 16 \times 2\pi \times \frac{\theta°_{16}}{360°} = 36.8 \text{ m}$$

安全率 F は，式 (9・12) で $\tan\phi = 0$ とすると，
$$F = \frac{cL}{\Sigma(W\sin\theta + kW\cos\theta)} = \frac{39.2 \times 36.8}{1032.2 + 0.1 \times 3511.4} = 1.04$$

② $R = 18$ m の場合について①と同様の計算を行なうと，
$$F = \frac{39.2 \times 39.0}{1556.2} = 0.98$$

③ $R = 20$ m の場合
$$F = \frac{39.2 \times 40.8}{1466.1} = 1.09$$

④ 図9・16(c) に結果をまとめると，臨界円は $R = 18$ m のときで，安全率は **0.98**．

〔9・10〕 図9・17のように深さ 1.5 m のクラックが発生しているときのすべり面に対する安全率を求めよ．ただし，$\gamma_t = 17.6$ kN/m³，$c = 19.6$ kN/m²，$\phi = 20°$ とする．

〔解〕 クラックが発生している場合には，クラックの下端を通るすべり円弧を考える．このような引張りクラックの深さは式（8・7）の h 以内と考えられる．このクラック部分ではせん断抵抗が働かないとして計算する．

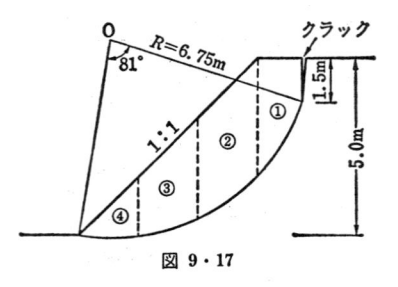

図 9・17

$$F = \frac{\Sigma(cl + W\cos\theta \cdot \tan\phi)}{\Sigma W\sin\theta} = \frac{187.8 + 268.8 \times \tan 20°}{163.4}$$

スライス番号	面積 A	W $(\gamma_t \cdot A)$	θ	$\sin\theta$	$\cos\theta$	$W\sin\theta$	$W\cos\theta$	t	$c \cdot l$
	m²	kN/m				kN/m	kN/m	m	kN/m
①	4.04	71.1	59°	0.857	0.515	60.9	36.6	2.93	57.4
②	7.35	129.4	36°	0.588	0.809	76.1	104.7	2.52	49.4
③	5.40	95.0	17°	0.292	0.956	27.7	91.1	2.12	41.6
④	2.07	36.4	−2°	−0.035	0.999	−1.3	36.4	2.01	39.4
						Σ163.4 kN/m	Σ268.8 kN/m		Σ187.8 kN/m

$= 1.74$

〔9・11〕 例題〔9・7〕のすべり面の場合，斜面上の平地に $58.8\,\text{kN/m}^2$ の等分布荷重が加わると安全率はいくらになるか．

〔解〕 等分布荷重のうち，すべりに関係するのはすべり円弧内に含まれる幅 a の等分布荷重だけである（図9・18）．したがってすべりモーメントが qar だけ増加する．それゆえ，安全率は式（9・2）より，

$$F = \frac{RZ(cl + W\cos\theta \cdot \tan\phi)}{RZW\sin\theta + qar} \tag{9・22}$$

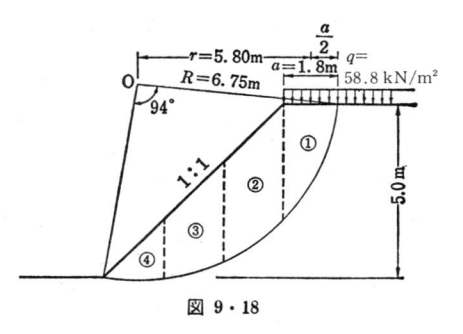

図 9・18

これは式（9・9）中の前式の分母に qar を加えたものになる．式（9・22）に例題〔9・7〕の計算値を入れると，

$$F = \frac{6.75(217.6 + 263.4\tan 20°)}{6.75 \times 169.9 + 58.8 \times 1.80 \times 5.80}$$
$= 1.20$

ただし，等分布荷重によるすべり面上の応力増加は無視した．

〔9・12〕 図9・19のように土質が途中で変化するときのすべり面に対する安全率を求めよ．ただし，上層の土は $\gamma_t = 15.7\,\text{kN/m}^3$，$c = 39.2\,\text{kN/m}^2$，$\phi = 10°$，下層の土は $\gamma_t = 17.6\,\text{kN/m}^3$，$c = 9.8\,\text{kN/m}^2$，$\phi = 20°$ とする．

図 9・19

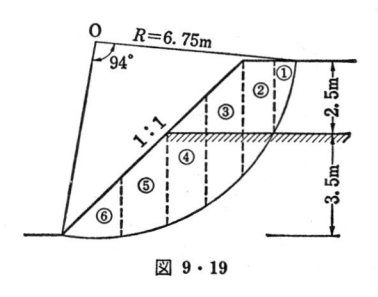

〔解〕 土層の境とすべり面との交点がスライス分割点になるように分割する．また，土の強度定数 c，ϕ は各スライスのすべり面の位置する土層の値を用いる．

$$F = \frac{\Sigma(cl + W\cos\theta \cdot \tan\phi)}{\Sigma W\sin\theta} = \frac{185.8 + 97.5}{161.4} = \mathbf{1.75}$$

第9章 斜面の安定

スライス番号	A	W ($\gamma_t \cdot A$)	θ	$\sin\theta$	$\cos\theta$	$W\sin\theta$	$W\cos\theta$	$W\cos\theta \cdot \tan\phi$	l	$c \cdot l$
①	m² 1.08	kN/m 17.0	73°	0.956	0.292	kN/m 16.3	kN/m 5.0	kN/m 1.8	m 2.63	kN/m 103.1
②	2.60 0.75	40.8 13.2	54.0	54°	0.809	0.588	43.7	31.8	11.6	1.79	17.5
③	2.28 2.36	35.8 41.5	79.3	40°	0.643	0.766	49.7	59.2	21.6	1.57	15.4
④	0.85 3.66	13.3 64.4	77.7	27°	0.454	0.891	35.3	69.2	25.2	1.49	14.6
⑤	3.89	68.5	15°	0.259	0.966	17.7	66.2	24.1	1.58	15.5
⑥	2.07	36.4	$-2°$	-0.035	0.999	-1.3	36.4	13.2	2.01	19.7
						Σ161.4 kN/m		Σ97.5 kN/m		Σ185.8 kN/m

〔9・13〕 貯水池横の斜面に対する図9・20のすべり面に対する安全率を求めよ（毛管上昇は無視する）. ただし,
$\gamma_t = 15.7$ kN/m³
$\gamma_{\text{sat}} = 17.6$ kN/m³
$c = 2.94$ kN/m²
$\phi = 16°$,
$c' = 0$,
$\phi' = 34°$
とする.

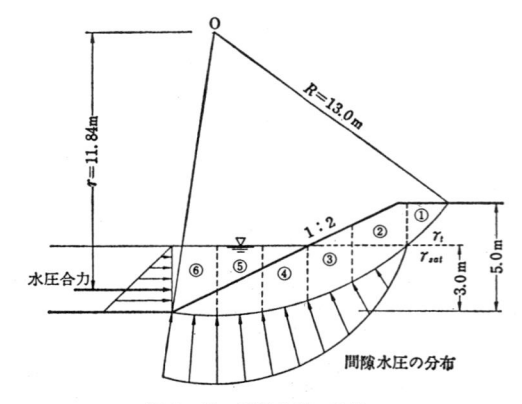

図 9・20 間隙水圧の分布

ススライ番号	A	W ($\gamma_t \cdot A$)	θ	$\sin\theta$	$\cos\theta$	$W\sin\theta$	$W\cos\theta$	u	l	$u \cdot l$	$W\cos\theta - u \cdot l$	$(\sin\cos\theta - ul)$	$c \cdot l$
①	m² 1.88	29.5 kN/m	46.5°	0.725	0.688	kN/m 21.4	kN/m 20.3	kN/m² 0	m 2.74	kN/m 0	kN/m 20.3	kN/m 5.8	kN/m 8.1
②	4.40 1.99	69.1 35.0	104.1	34.5°	0.566	0.824	58.9	85.8	10.5	2.93	30.8	55.0	37.1	0
③	1.00 4.18	75.7 13.6	89.3	23°	0.391	0.921	34.9	82.2	20.8	2.20	45.8	36.4	24.6	0
④	1.00 4.52	9.8 79.6	89.4	14°	0.242	0.970	21.6	86.7	27.3	2.06	56.2	30.5	20.6	0
⑤	3.00 3.18	29.4 56.0	85.4	5°	0.087	0.996	7.4	85.1	30.7	2.02	62.0	23.1	15.6	0
⑥	5.00 1.85	49.0 32.6	81.6	$-4.5°$	-0.078	0.997	-6.4	81.4	30.7	2.02	62.0	19.4	13.1	0
						Σ137.8 kN/m					Σ116.8 kN/m	Σ8.1 kN/m	

〔解〕 浸潤線が水平なときには等ポテンシャル線が鉛直になるので，間隙水圧 u はスライス中央の下端より水位面までの鉛直距離により求まる．
すべりに対する安全率は式（9・13）より，

$$F = \frac{R\sum\{c'l + (W\cos\theta - ul)\tan\phi'\}}{R\sum W\sin\theta - \frac{1}{2}\gamma_w h^2 r}$$

$$= \frac{13.0 \times (8.1 + 116.8)}{13.0 \times 137.8 - \frac{1}{2} \times 9.8 \times 3^2 \times 11.84}$$

$$= \mathbf{1.28}$$

〔**9・14**〕 図9・21のように，斜面下に軟弱な粘土層があるときの安定を検討せよ．ただし，斜面を構成する土は $\gamma_t = 17.6 \text{ kN/m}^3$，$\phi = 30°$，$c = 0$，また粘土層は $c = 19.6 \text{ kN/m}^2$，$\phi = 0°$ とする．

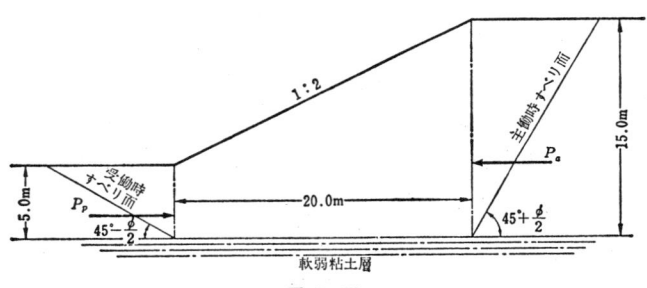

図 9・21

〔解〕 平面すべり面の組合わせで考える．のり肩を通る鉛直面に作用する主働土圧 P_a は式（8・3）より，

$$P_a = \frac{1}{2}\gamma_t \cdot H^2 \cdot \tan^2\left(45° - \frac{\phi}{2}\right) = \frac{1}{2} \times 17.6 \times 15.0^2 \times \tan^2\left(45° - \frac{30°}{2}\right)$$

$$= 660 \text{ kN/m}$$

のり尻を通る鉛直面に作用する受働土圧 P_p は式（8・4）より，

$$P_p = \frac{1}{2}\gamma_t \cdot H \cdot \tan^2\left(45° + \frac{\phi}{2}\right) = \frac{1}{2} \times 17.6 \times 5.0^2 \times \tan^2\left(45° + \frac{30°}{2}\right)$$

$$= 660 \text{ kN/m}$$

したがって，すべりに対する安全率は式（9・20）より，

$$F = \frac{cl + P_p}{P_a} = \frac{19.6 \times 20 + 660}{660} = \mathbf{1.59}$$

問 題 〔9〕

〔**9・1**〕 $\gamma_t = 14.7 \text{ kN/m}^3$，$c = 29.4 \text{ kN/m}^2$，$\phi = 20°$ の地盤に安全率2の状態で鉛直な

掘削をする場合，素掘りで何 m まで掘削可能か．
〔解〕 5.5 m

〔**9・2**〕 例題〔9・5〕で斜面上部の平場に 49 kN/m² の等分布荷重が作用したときの安全率を求めよ．
〔解〕 1.78

〔**9・3**〕 例題〔9・7〕で土質特性が $\gamma_t = 15.7$ kN/m², $c = 29.4$ kN/m², $\phi = 10°$ のときの安全率はいくらか．
〔解〕 2.43, 1.83

〔**9・4**〕 例題〔9・13〕の斜面において，水位がちょうど斜面の上の平場にあるときの安全率はいくらか．ただし $\gamma_{sat} = 19.6$ kN/m³, $c' = 1.96$ kN/m², $\phi' = 30°$ とする（$W\cos\theta - ul$ が負になるときは 0 とする）．
〔解〕 1.26

〔**9・5**〕 図9・10において，$H_1 = 10$ m, $H_2 = 3$ m, $l = 20$ m, 斜面を構成する土の $\gamma_t = 15.7$ kN/m³, $\phi = 20°$, $c = 0$, 粘土層の $c = 14.7$ kN/m², $\phi = 0°$ のとき，安全率はいくらか．
〔解〕 1.14

第10章 地盤の支持力

10・1 支持力の概念

10・1・1 地盤のせん断破壊

基礎地盤上に荷重が加わり,その大きさがだんだん増大すると,地盤は変形して沈下が生じることは知られている.荷重が小さい間は載荷面の下の地盤は圧縮されて強さが増し,荷重の増加に耐えるが,圧縮と同時に土は横に広がろうとする.載荷面の左右の地盤のせん断強さが勝っている間は変位は小さいが,その受働的抵抗の大きさが土のせん断強さに近づくと,変位が大きくなり,沈下も著しくなる.やがては側方に塑性流れが発生し,沈下が急増して,地盤がせん断破壊するに至る.

荷重曲線を示すと,図10・1のように二つの型に大別される.C_1の型は,載荷の初期の段階で曲線の勾配がほぼ一定で,地盤が弾性的に圧縮される状態にあるが,地盤内の一部ですべりが発生し出すと沈下が増え始め,ある荷重 Q_1 に達すると,全般にすべりが生じて急激な沈下が生じる.C_1のような破壊の様式を

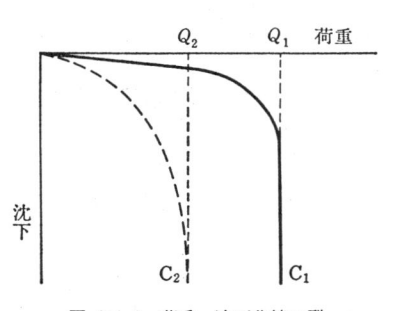

図 10・1 荷重-沈下曲線の型

全般せん断破壊といい,この場合,地盤の破壊が明瞭に見られる.この型の沈下は一般に締まった砂質土や硬い粘性土の表面に近いところに載荷した場合に見られる.他方,C_2の型は荷重が増すにつれて,沈下およびその曲線の勾配が徐々に大きくなり,破壊荷重は明確にとらえにくい.C_2のような破壊の様式を**局部せん断破壊**といい,進行性破壊現象によるものである.緩い砂質土や軟らかい粘土層の地表面近くに載荷された場合に多く見られる.

10・1・2　極限支持力・許容支持力・許容沈下量および許容地耐力

図 10・1 の C_1 曲線において沈下が急増するときの荷重 Q_1 を地盤の**極限支持力**と呼ぶ．C_2 曲線については，このような極限支持力は確定しにくいが，C_2 曲線の終端部が明瞭な鉛直線状であれば，それに対応する荷重 Q_2 をもって，また鉛直線部が認められなければ，荷重，沈下量とも対数目盛でプロットして明瞭に認められる折点に対応する荷重を地盤の耐荷力の目安とする．

極限支持力を上部構造物の重要性や地盤の土質に応じて選んだ安全率（それぞれの機関ごとに制定されている設計・施工基準を参考にする）で割ったものを**許容支持力**という．

極限支持力は，地盤強度の限界を意味するばかりでなく，地盤の変形や沈下が地盤上にある構造物に有害なき裂や著しい二次応力などを生じさせない限界を意味するものである．すなわち，構造物の重要性や種類に応じて，あらかじめ許容される沈下量を規定しておき，設計荷重はその沈下の限度を越えないように配慮する．

したがって，許容支持力と**許容沈下量**に応ずる支持力を比べて小さいほうの支持力を**許容地耐力**とする．

10・2　支持力公式（とくに浅い基礎）

10・2・1　総合的に支持力公式としてのテルツァギーの公式

砂質地盤から粘土地盤まで，広い範囲の地盤に対する支持力を表わしたものにテルツァギーの公式がある．この式は国際的にも認められており，また国内の各設計基準においても使用されている．

浅い基礎地盤に対する**テルツァギーの支持力公式**は全般せん断破壊については式 (10・1) で示される．

$$q_d = \alpha \cdot c \cdot N_c + \beta \cdot \gamma_1 \cdot B \cdot N_\gamma + \gamma_2 \cdot D_f \cdot N_q \qquad (10・1)$$

同じように局部せん断破壊については，式 (10・2) で表わされる．

$$q_d = \alpha \cdot c \left(\frac{2}{3} N_c'\right) + \beta \cdot \gamma_1 \cdot B \cdot N_\gamma' + \gamma_2 \cdot D_f \cdot N_q' \qquad (10・2)$$

ここに　q_d：極限支持力 (kN/m²)
　　　　c：基礎荷重面下の地盤の粘着力 (kN/m²)

表 10・1 形状係数

基礎荷重面の形状	連続	正方形	長方形	円形
α	1.0	1.3	$1+0.3\dfrac{B}{L}$	1.3
β	0.5	0.4	$0.5-0.1\dfrac{B}{L}$	0.3

γ_1：基礎荷重面下 B の範囲の地盤の単位体積重量 (kN/m^3)
γ_2：基礎荷重面より上の地盤の単位体積重量 (kN/m^3)
α, β：表 10・1 に示す形状係数
N_c, N_γ, N_q：図 10・2 に示す支持力係数（基礎底面下の ϕ による）
D_f：基礎に近接した最低地盤面から基礎荷重面までの深さ (m)
B：基礎荷重面の最小幅 (m)，円形の場合は半径

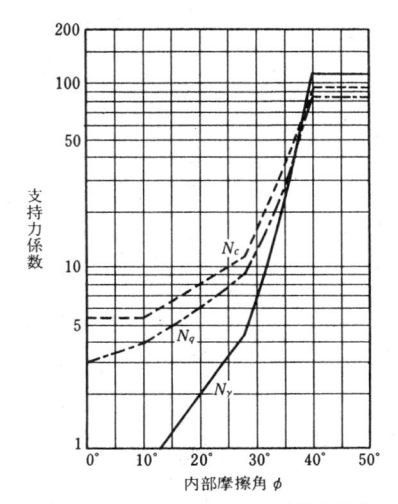

図 10・2 テルツァギーの支持力係数

支持力係数に修正値（図 10・2）を用いれば，全般，局部せん断の区別なしに式 (10・1) を使える．

10・2・2 砂質地盤に対する支持力公式

マイヤーホフ (Meyerhof) は砂質地盤上の浅いベタ基礎に対して標準貫入試験およびコーン貫入試験の結果を利用して次の極限支持力を求める式を実験式的に与えている．

$$q_d = 29.4\,NB\left(1+\dfrac{D_f}{B}\right) \qquad (10\cdot 3)$$

$$q_d = \dfrac{29.4}{40}q_c B\left(1+\dfrac{D_f}{B}\right) \qquad (10\cdot 4)$$

ここに　B：フーチングの幅 (m)
　　　　D_f：基礎の根入れ深さ (m)
　　　　N：標準貫入試験の N 値
　　　　q_c：コーン貫入抵抗 (kN/m^2)
　　　　q_d：極限支持力 (kN/m^2)

10・2・3 粘土地盤に対する支持力公式

(1) スケンプトン (Skempton) の支持力公式

$$q_d = c \cdot N_c + \gamma_t \cdot D_f \qquad (10 \cdot 5)$$

ここに　c：地盤の粘着力 (kN/m²)
　　　　γ_t：土の単位体積重量 (kN/m³)
　　　　D_f：根入れ深さ (m)
　　　　N_c：スケンプトンの支持力係数，基礎底面の形状と基礎幅に対する根入れ深さの比 D_f/B によって決まる数，支持力係数 N_c の連続基礎および正方形または円形基礎に対する値は図 10・3 に示されている．

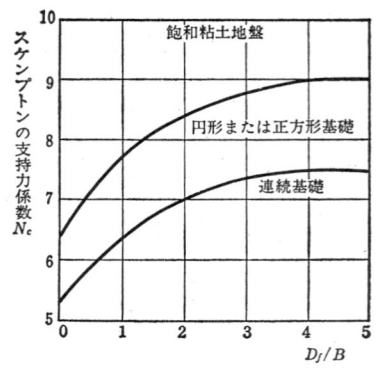

図 10・3　スケンプトンの支持力係数

(2) チェボタリオフ (Tschebotarioff) の支持力公式

連続基礎に対して，

$$\begin{aligned} q_d &= c\left(2\pi + \frac{2D_f}{B}\right) + \gamma_t D_f \\ &= 6.28c(1 + 0.32 D_f/B + 0.16 \gamma_t D_f/c) \end{aligned} \qquad (10 \cdot 6)$$

ここに　c：地盤の粘着力 (kN/m²)
　　　　B：フーチングの幅 (m)
　　　　D_f：根入れ深さ (m)
　　　　γ_t：土の単位体積重量 (kN/m²)

(3) グスラック-ウイルソン (Guthlac-Wilson) の支持力公式

長さ L (m)，幅 B (m)，根入れ深さ D_f (m) の長方形基礎に対して，

$$q_d = 5.52 c\left(1 + 0.38 \frac{D_f}{B} + 0.44 \frac{B}{L}\right) + \gamma_t D_f \qquad (10 \cdot 7)$$

また，正方形基礎に対しては次の式となる．

$$q_d = 7.95 c \qquad (10 \cdot 8)$$

10・3 支持力公式に使用される土の力学定数

10・3・1 砂質土の内部摩擦角 ϕ の推定

内部摩擦角 ϕ の値は本来乱さない試料を採取して，直接せん断試験あるいは三軸圧縮試験を行い，これらの結果によって決定すべきである．しかし，砂質土については乱さない試料を採取することが非常に困難なため，一般には粘着力 $c = 0$ と仮定して標準貫入試験の結果から内部摩擦角 ϕ を推定する方法がとられている．標準貫入試験の N 値と内部摩擦角との関係はテルツァギー，ペック (Peck)，マイヤーホフおよびダンハム (Dunham) らによってまとめられており，それらを表 10・2 および図 10・4 にまとめて示した．

表 10・2 および図 10・4 からわか

表 10・2 N 値と内部摩擦角の関係式

ダンハム	丸い粒子で粒度が一様のもの	$\phi = \sqrt{12N} + 15$
〃	丸い粒子で粒度分布のよいもの	$\phi = \sqrt{12N} + 20$
〃	角ばった粒子で粒度一様のもの	$\phi = \sqrt{12N} + 20$
〃	角ばった粒子で粒度分布のよいもの	$\phi = \sqrt{12N} + 25$
ペック		$\phi = 0.3N + 27$
大崎		$\phi = \sqrt{20N} + 15$

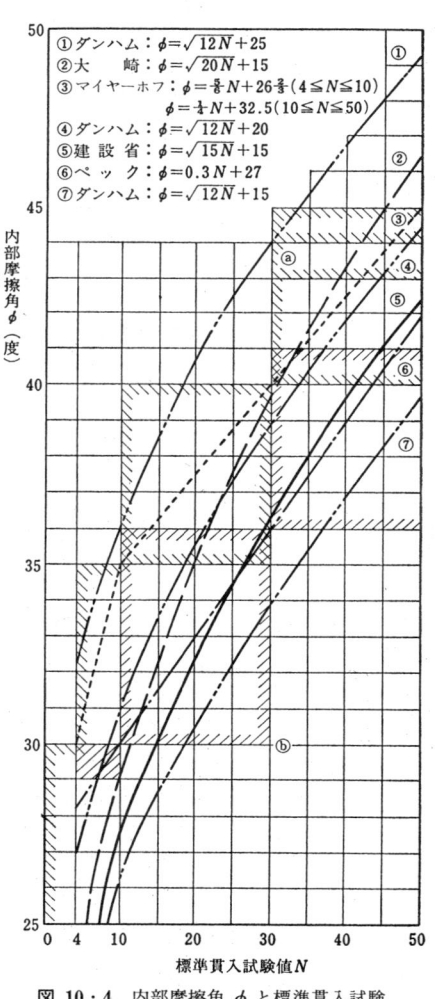

①ダンハム：$\phi = \sqrt{12N} + 25$
②大崎：$\phi = \sqrt{20N} + 15$
③マイヤーホフ：$\phi = \frac{8}{9}N + 26\frac{6}{9}(4 \leq N \leq 10)$
  $\phi = \frac{1}{4}N + 32.5 (10 \leq N \leq 50)$
④ダンハム：$\phi = \sqrt{12N} + 20$
⑤建設省：$\phi = \sqrt{15N} + 15$
⑥ペック：$\phi = 0.3N + 27$
⑦ダンハム：$\phi = \sqrt{12N} + 15$

図 10・4 内部摩擦角 ϕ と標準貫入試験 N 値との関係

るように N 値と ϕ との関係にはかなりの幅が存在する．したがって，設計の際には，砂質土の粒度分布，粒子の形など関係式を導く際に対象となった砂質土の性質をよく理解する必要がある．

10・3・2 粘性土の粘着力 c の推定

粘土の粘着力 c と標準貫入試験の N 値との関係はテルツァギーによって与えられているが，この関係は砂質土の場合に比べて相関性が低く，標準的な関係からの偏差も大きいのでこれから推定するには無理がある．

粘土の粘着力は原則として乱さない試料を採取して直接せん断試験あるいは三軸圧縮試験によって非排水せん断強さ c_u（第6章参照）を求める．施工直後の最も不利な状態を考えた非排水条件での全応力解析，または $\phi=0$ であれば $c_u=q_u/2$ であるから，一軸圧縮強さ q_u を求め，$c=c_u=q_u/2$ より求めてよい．不飽和粘性土の場合は，非排水せん断試験によって得られる c_u, ϕ_u の値をそれぞれ c, ϕ に対して用いればよい．

10・3・3 基礎の根入れ深さ D_f と単位体積重量 γ_t

基礎の根入れ深さ D_f は，基礎底面の下の地盤の破壊に対して，有効な押さえとなるかどうかを考慮して決定する．

式（10・1）で代表される支持力公式の右辺第2項に用いられている γ_1 は基礎底面から基礎幅 B に等しい深さまでの土の平均単位体積重量をとり，式（10・1）の第3項に用いられている γ_2 としては D_f 部分の平均単位体積重量をとる．

10・4 沈下量算定式（とくに浅い基礎に対して）

基礎を通じて荷重が地盤に伝達されると，その荷重によってある範囲の地盤内の地中応力は増加する．この増加した地中応力によって生じるひずみは時間の経過とともに集積されて基礎の沈下を生じる．この沈下量を上部構造物の安全に対して許容される限度（表10・3参照）を越えないように基礎の深さや接地圧を定めることが基礎の設計上の必要条件である．

10・4・1 砂地盤の沈下

砂地盤についての沈下量を求める必要のある場合には，標準貫入試験値と砂質土の沈下量の関係を経験的に導いたデ・ビアー（De Beer）の式がある．こ

10・4 沈下量算定式(とくに浅い基礎に対して)

表 10・3 最大許容沈下量(建築基礎構造設計基準)

(a) 圧密沈下の場合 (単位 cm)

構造種別	コンクリートブロック造	鉄筋コンクリート造		
基礎形式	連続(布)基礎	独立基礎	連続(布)基礎	べた基礎
標準値	2	5	10	10〜(15)
最大値	4	10	20	20〜(30)

(b) 即時沈下の場合 (単位 cm)

構造種別	コンクリートブロック造	鉄筋コンクリート造		
基礎形式	連続(布)基礎	独立基礎	連続(布)基礎	べた基礎
標準値	1.5	2.0	2.5	3.0〜(4.0)
最大値	2.0	3.0	4.0	6.0〜(8.0)

の式はかなりよく実際の沈下の上限を与える.

$$S = 0.4 \int \frac{P_1}{N} \log \frac{P_1 + \Delta P}{P_1} dz \tag{10・9}$$

ここに S:沈下量 (cm)
P_1:有効上載圧 (kN/m²)
ΔP:載荷による増加応力 (kN/m²)
N:標準貫入試験N値

また,テルツァギーは載荷板の大きさと沈下との関係について,実験的に式 (10・10) を求めている.

$$S = S_{30} \left(\frac{2B}{B + 0.3} \right)^2 \tag{10・10}$$

ここに S_{30}:0.3×0.3m の載荷板の沈下量 (cm)
B:載荷板または基礎の幅 (m)

このようにしてある荷重の大きさに対する沈下量が求められるが,これと反対にある沈下量に対応した支持力を示すものもある.

その一つは,テルツァギーによって導かれたもので幅Bの正方形または連続基礎が均一な乾燥砂地盤の表面にあり,その沈下が S_B(cm) であるときの荷重強度 q は式 (10・11) で与えられる.式 (10・11) について $S_B = 2.5$ cm とした場合が図 10・5 に示されている.

$$q = 9.8 S_B (1.36N - 3.0) \left(\frac{B + 0.3}{2B} \right)^2 \tag{10・11}$$

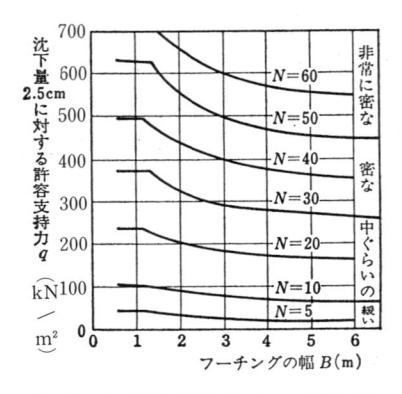

図 10・5　N値と砂地盤の許容支持力（許容沈下量 2.5 cm で地下水位の深さがフーチング幅の2倍以上のとき）

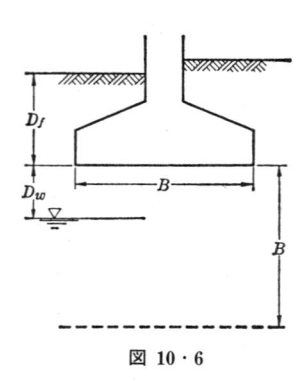

図 10・6

同じような考え方に基づいた沈下に対する許容支持力が建築基礎構造設計基準に与えられている．図 10・6 のようなフーチングに対して，

$D_w \geqq B$ のとき

$$q_d = 9.8S(1.36\bar{N} - 3)\left(\frac{B+0.3}{2B}\right)^2 + \gamma_2 D_f \tag{10・12}$$

$D_w < B$ のとき

$$q_d = 9.8S(1.36\bar{N} - 3)\left(\frac{B+0.3}{2B}\right)^2\left(0.5 + \frac{D_w}{2B}\right) + \gamma_2 D_f \tag{10・13}$$

ここに　S：許容沈下量（cm）
　　　　q_d：許容沈下量に対応する基礎底面平均荷重度（kN/m²）
　　　　γ_2：基礎底面より上方にある地盤の平均単位体積重量（kN/m²）
　　　　　　地下水位下にある部分については水中単位重量
　　　　B：基礎底面の最小幅（m），円形に対しては直径
　　　　D_f：基礎に近接した最底地盤面から基礎底面までの深さ（m）
　　　　D_w：基礎底面から，設計用最高地下水位までの深さ（m）
　　　　　　地下水位が基礎底面より上にあるときは $D_w = 0$
　　　　$\bar{N}$：設計用標準貫入値，$\bar{N} < 5$ のときは，支持地盤として不適

10・4・2　粘土地盤の沈下（即時沈下）

弾性理論による粘土地盤の即時沈下量は式（10・14）で表わされる．

$$S_i = I_s \frac{1-\nu^2}{E} \cdot qB \qquad (10\cdot14)$$

ここに　S_i：即時沈下量（m）
　　　　q：平均荷重度（kN/m²）
　　　　B：基礎幅（m）
　　　　E：地盤のヤング係数
　　　　ν：地盤のポアソン比
　　　　I_s：表 10・4 に示される弾性沈下係数

表 10・4　弾性沈下係数

形	剛性	位　　置	I_s
円 （直径＝B）	柔	中　央	1
		縁	0.636
	剛	全　体	0.785
正方形 （$B \times B$）	柔	中　央	1.122
		か　ど	0.561
		縁の中央	0.767
	剛	全　体	0.88
長方形 （$B \times L$）	柔	かど　$\frac{L}{B}=1$	0.56
		〃　1.5	0.68
		〃　2.0	0.76
		〃　2.5	0.84
		〃　3.0	0.89
		〃　4.0	0.98
		〃　5.0	1.05

10・5　杭の鉛直支持力

　杭の支持力を求めるには，　①載荷試験による方法，　②静力学的支持力公式による方法，　③動力学的支持力公式（杭打ち公式）による方法とがある．

　載荷試験による方法では，単杭または数本の杭の支持力を直接知ることができるが，経費と期間を要する．また，動力学的支持力公式は動的な貫入抵抗によって杭の静的支持力を求めようとすることに無理があり，とくに粘性地盤では問題である．しかし，動力学的支持力公式を用いて施工管理することは便利

である．現在では，標準貫入試験の結果に基づいて求めた土質力学的な強度を用いて，静力学的支持力公式によって支持力を求めることが一般的に行なわれている．

10・5・1 杭の載荷試験

杭の載荷試験では，荷重を段階的に増大し，各荷重ごとの最終沈下量を記録する．またその途中において，何度か荷重を0にもどし，沈下量を弾性変形による沈下と塑性変形による沈下とに分ける（例題〔10・9〕参照）．

試験の結果から許容支持力 R を求めるには次のような方法による．

① $\quad R = R_u/2$ \hfill (10・15)

ここに R_u：全沈下量が $0.25\,\mathrm{mm} \times$（試験荷重の kN 数）以下で 24 時間に沈下が進まないような最大試験荷重（kN）

② $\quad R = R_u{}'/1.5$ \hfill (10・16)

ここに $R_u{}'$：荷重-塑性変形曲線が急に折れた点の試験荷重（kN）

③ $\quad R = R_u{}''$ \hfill (10・17)

ここに $R_u{}''$：荷重を取り去った後の非回復性沈下が6mmを越えない最大試験荷重（kN）

10・5・2 杭の静力学的支持力公式

杭の静力学的支持力公式の基本式は次の式で与えられる．

$$R_u = A_p \cdot q + A_f \cdot \tau \tag{10・18}$$

ここに R_u：地盤によって決まる杭の極限支持力
A_p：杭端の面積
A_f：杭周の表面積
q：杭端の地盤の支持力
τ：杭と土との摩擦力と付着力

（1）ドール（Dörr）の公式 ドールの公式は摩擦杭として用いるときのものである．

① 杭の周面が単一の土層の中にある場合

$$R_u = \pi r^2 \cdot \gamma_t \cdot l \cdot \tan^2\left(45° + \frac{\phi_1}{2}\right) + \mu \cdot \pi \cdot r \cdot \gamma_t \cdot l^2 (1 + \tan^2 \phi_2)$$
$$+ 2\pi r \cdot l \cdot c' \tag{10・19}$$

ここに R_u：杭の極限支持力
r：杭の半径

l：土中にある杭の長さ
μ：土と杭との摩擦係数（$\mu = 0.75\tan\phi \sim \tan\phi$）
ϕ_1：杭先端地盤の土の内部摩擦角
ϕ_2：杭周地盤の土の内部摩擦角
c'：土と杭との付着力
　　$c < 216 \text{ kN/m}^2$ のとき $c' = 0.45c$
　　$c \geqq 216 \text{ kN/m}^2$ のとき $c' = 98 \text{ kN/m}^2$

② 杭周の土層が一様でないとき

$$R_u = \pi \cdot r^2 \cdot \tan^2\left(45° + \frac{\phi_1}{2}\right) \cdot \sum \gamma_{ti} \cdot l_i + \pi r \sum \mu_i l_i (\sum \gamma_{ti-1} \cdot l_{i-1} + \sum \gamma_{ti} \cdot l_i)(1 + \tan^2\phi_i) + 2\pi r \sum l_i \cdot c_i' \qquad (10 \cdot 20)$$

ここに l_i：各土層中の杭の長さ
　　　　γ_{ti}：各土層の土の単位体積重量
　　　　ϕ_i：各土層の土の内部摩擦角

ドールの公式を用いる場合の安全率は 1.5〜2 である．

(2) マイヤーホフ（Meyerhof）の公式　マイヤーホフの公式は支持杭として用いるときのもので，先端地盤が砂，あるいは礫のとき用いる．

$$R_u = \left(40NA_p + \frac{\bar{N}_s}{5} \cdot A_s + \frac{\bar{N}_c}{2} \cdot A_c\right) \times 9.8 \qquad (10 \cdot 21)$$

ここに　$N = (N_1 + \bar{N}_2)/2$
　　　N_1：杭先端地盤の N 値
　　　$\bar{N}_2$：杭先端より上方へ $3.75D$（D：杭径）の範囲における平均 N 値
　　　A_p：杭先端面積（m²）
　　　$\bar{N}_s$：杭先端までの砂質土層の N 値の平均値
　　　A_s：砂質土層中の杭周面積（m²）
　　　$\bar{N}_c$：杭先端までの粘性土層の N 値の平均値
　　　A_c：粘性土層中の杭周面積（m²）

マイヤーホフの公式を用いる場合の安全率はふつう 3 ぐらいとする．

10・5・3　杭の動力学的支持力公式

杭の動力学的支持力公式というのは，杭の打込みに際して，杭に加えられるエネルギーと杭の貫入の仕事量とが等しいということに基づいている．

(1) サンダー（Sanders）の公式

$$R = \frac{9.8W_h \cdot H}{8s} \qquad (10 \cdot 22)$$

ここに　R：杭の許容支持力（kN）
　　　　W_h：ハンマーの質量（t）
　　　　H：落下高（cm）
　　　　s：ハンマーの1回落下による杭の貫入深さ（cm）

（2）エンジニヤリングニュース公式

$$R = \frac{19.6 W_h \cdot H}{s + 1.0} \quad \text{ドロップハンマー} \tag{10・23}$$

$$R = \frac{19.6 W_h \cdot H}{s + 0.1} \quad \text{単動杭打ちハンマー} \tag{10・24}$$

$$R = \frac{19.6 E_n}{s + 0.1} \quad \text{複動杭打ちハンマー} \tag{10・25}$$

ここに　R：杭の許容支持力（kN）
　　　　W_h：ハンマーの質量（t）
　　　　H：落下高（ft）
　　　　s：ハンマーの1回の落下による杭の貫入深さ（in）
　　　　E_n：ハンマーの1回の打撃エネルギー（t・ft）

（3）ハイレー（Hiley）の公式

$$R_u = \frac{9.8 e_f \cdot W_h \cdot H}{s + \frac{1}{2} C} \tag{10・26}$$

ここに　R_u：杭の動的極限支持力（kN）
　　　　e_f：効率 $e_f = 0.5 \sim 0.6$
　　　　W_h：ハンマーの質量（t）
　　　　H：落下高（cm）
　　　　s：ハンマーの1回の落下による杭の貫入深さ（cm）
　　　　C：リバウンド量（cm）

10・5・4　群杭の支持力

　狭い面積に摩擦杭が接近して打ち込まれると，各杭の支持力は単独に打ち込まれた同じ寸法の杭の支持力より小さくなる．その減少の割合は次の式によって計算できる．

$$E = 1 - \phi \left[\frac{(n-1) \cdot m + (m-1) \cdot n}{90 m \cdot n} \right] \tag{10・27}$$

ここに　E：単独の摩擦杭の支持力に対する群杭の1本当たりの支持力の比
　　　　m：打ち込まれた杭の列の数
　　　　n：1列の杭の本数

s：杭の中心間隔 (cm)───小さい方の間隔
d：杭の直径 (cm)
$\phi = \tan^{-1}\dfrac{d}{s}$ で表わされる角度 (度)

例　　題　〔10〕

〔**10・1**〕 直径 7 m の円形平面のフーチングがある．その底面は地表から深さ 2 m の位置にある．土の単位重量を 17.6 kN/m²，粘着力 19.6 kN/m²，内部摩擦角 15° として，極限支持力を計算せよ．また，安全率 (F) を 2 として，このフーチングの支持し得る安全荷重（許容支持力）を求めよ．また，このフーチングが地表にあるときは安全に支持できる荷重はいくらになるか．

〔**解**〕 図 10・2 から支持力係数を求めると，$\phi = 15°$ であるから，
$$N_c = 6.5, \quad N_r = 1.2, \quad N_q = 5.0$$
これらの値を式 (10・1) に代入すると，円形基礎の場合には，$\alpha = 1.3$，$\beta = 0.3$ であるから極限支持力 q_d は，
$$q_d = 1.3 c N_c + 0.3 \gamma_1 B N_r + \gamma_2 \cdot D_f \cdot N_q$$
$$= 1.3 \times 19.6 \times 6.5 + 0.3 \times 17.6 \times 3.5\, 1.2 + 17.6 \times 2 \times 5.0$$
$$= \mathbf{364.6\ kN/m^2}$$
フーチングの許容支持力 P は，
$$P = \frac{q_d \cdot A}{F} = \frac{364.6 \times \pi \times 3.5^2}{2} = \mathbf{7007\ kN}$$
フーチングが地表にある場合，$D_f = 0$ として $q_d = 188.2\ \text{kN/m}^2$ であるから
$$P = \frac{q_d \cdot A}{F}$$
$$= \frac{188.2 \times \pi \times 3.5^2}{2} = \mathbf{3616\ kN}$$

〔**10・2**〕 図 10・7 のような 1 m × 1 m の正方形断面をもつ高さ 4 m のコンクリート塔がある．これが 1.5 m × 1.5 m の正方形平面をもち，厚さ 0.6 m のコンクリートフーチングの上に載り，かつ塔の上端中心に 294 kN の集中荷重がかかったとき，この塔が安定を保つために必要な根入れの深さを求めよ．ただし，地盤の土は粘着力がなく，その単位体積重量は 16.7 kN/m³，内部摩擦角 28°，またコンク

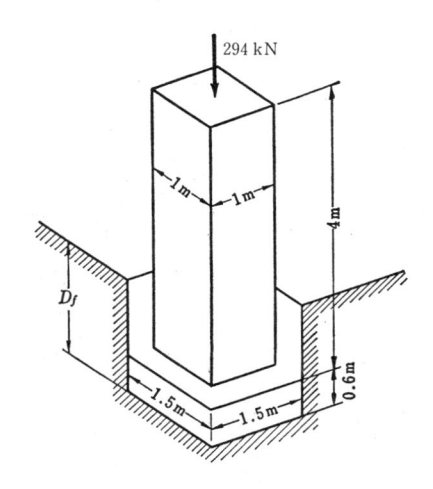

図 10・7

リートの単位体積重量は 23.5 kN/m³,安全率は 2 とする.

〔解〕 コンクリートの重量 W は,
$$W = 23.5 \times (1^2 \times 4 + 1.5^2 \times 0.6) = 125.8 \text{ kN}$$

基礎底面の圧力 p は,
$$p = \frac{125.8 + 294}{1.5^2} = 420 \text{ kN/m}^2$$

図 10・2 において $\phi = 28°$ とすると,支持力係数は,
$$N_c = 11.4, \ N_\gamma = 4.4, \ N_q = 9.0$$

であるから,式 (10・1) に代入すると,
$$q_d = 1.3cN_c + 0.4\gamma_1 BN_\gamma + \gamma_2 \cdot D_f \cdot N_q$$
$$= 0.4 \times 16.7 \times 1.5 \times 4.4 + 16.7 \times D_f \times 9.0$$

$q_d = F \cdot p = 2p$ より,
$$D_f = \frac{1}{16.7 \times 9.0}(2 \times 420 - 0.4 \times 16.7 \times 1.5 \times 4.4) = \mathbf{2.20 \text{ m}}$$

〔10・3〕 粘土地盤の地表面に基礎がある場合 ($D_f = 0$) の極限支持力の値を各種公式別にまとめて示せ.

〔解〕

表 10・5

基礎の型式	公式提案者	極限支持力	
連続フーチング	テルツァギー	全 般	$5.70c$
		局 部	$3.80c$
	プラントル		$5.14c$
	チェボタリオフ		$6.28c$
	グスラック ウィルソン		$5.52c$
円形フーチング	テルツァギー	全 般	$7.41c$
		局 部	$4.94c$
正方形フーチング	テルツァギー	全 般	$7.41c$
		局 部	$4.94c$
長方形フーチング	スケンプトン	$\left(0.84 + 0.16\dfrac{B}{L}\right)c \cdot N$	
	グスラック ウィルソン	$5.52c\left(1 + 0.44\dfrac{B}{L}\right)$	

〔10・4〕 砂質土からなる地盤の支持力を知るために標準貫入試験を行なった.フーチングの底面が地表より深さ 2.0 m に位置する.深さ 2.0 m における N 値が 30 であった.図 10・4 に示した各公式を用いて得られる内部摩擦角 ϕ の幅を求めよ.

〔解〕 ダンハム:$\phi = \sqrt{12N} + 15 = \sqrt{12 \times 30} + 15 = 34°$

例　題〔10〕

ダンハム：$\phi = \sqrt{12N} + 20 = \sqrt{12 \times 30} + 20 = 39°$
ダンハム：$\phi = \sqrt{12N} + 25 = \sqrt{12 \times 30} + 25 = 44°$
大　　崎：$\phi = \sqrt{20N} + 15 = \sqrt{12 \times 30} + 15 = 39°$
ペ　ッ　ク：$\phi = 0.3N + 27 = 0.3 \times 30 + 27 = 36°$
マイヤーホフ：$\phi = \dfrac{1}{4}N + 32.5 = \dfrac{1}{4} \times 30 + 32.5 = 40°$
建　設　省：$\phi = \sqrt{15N} + 15 = \sqrt{15 \times 30} + 15 = 36°$

〔**10・5**〕　図10・8に示した6例の基礎に対してそれぞれの根入れ深さ D_f のとり方を示せ．

〔**解**〕　解は図10・9に示すようになる．

〔**10・6**〕　砂質地盤においては，排水条件における有効応力解析が適用されるために地下水位が問題となり，単位体積重量のとり方に注意を要する．図10・10に示した2例について，式 (10・1) の γ_1 および γ_2 の算定式を導け．ただし，土の単位体積重量を γ_t，水中単位体積重量を γ_{sub} とする．

〔**解**〕

（a）　地下水位が基礎荷重面より上にある場合

$$\gamma_1 = \gamma_{sub}$$

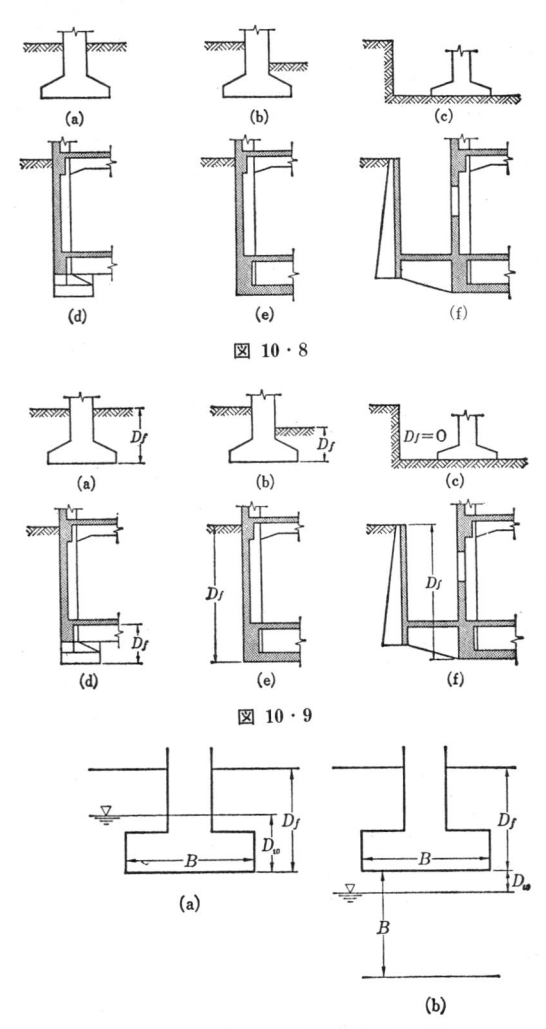

図 10・8

図 10・9

図 10・10　地下水位と基礎の関係

$$\gamma_2 = \frac{(D_f - D_w)\cdot\gamma_t + D_w\cdot\gamma_{\text{sub}}}{D_f} = \gamma_t - \frac{D_w}{D_f}(\gamma_t - \gamma_{\text{sub}})$$

（b） 地下水位が基礎荷重面より下にある場合

$$\gamma_1 = \frac{D_w\cdot\gamma_t + (B - D_w)\cdot\gamma_{\text{sub}}}{B} = \gamma_{\text{sub}} + \frac{D_w}{B}(\gamma_t - \gamma_{\text{sub}})$$

$\gamma_2 = \gamma_t$

〔**10・7**〕 図10・11に示した長方形基礎の許容支持力を建築学会基準のテルツアッギー修正公式によって求めよ（ただし，長期荷重に対して）．また，沈下量25mmに対応する平均荷重度を求め，両者を比較して許容沈下量25mmの場合の許容地耐力を求めよ．ただし，地盤は砂質土からなり設計用 N 値は34としてよい．

〔**解**〕 式（10・1）より $c = 0$ として，

$$q_d = \beta\gamma_1 BN_\gamma + \gamma_2 D_f N_q$$

表10・1より，$\beta \fallingdotseq 0.5$，γ_1 は基礎底面から下へ基礎幅に等しい深さまでの単位体積重量の平均値であるから，例題〔10・6〕の解から，

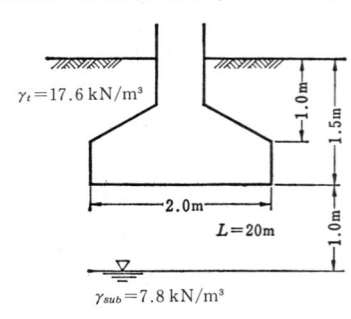

$$\therefore \quad \gamma_1 = 7.8 + \frac{1.0}{2.0}(17.6 - 7.8) = 12.7\,\text{kN/m}^3$$

次に γ_2 は $17.6\,\text{kN/m}^3$

ここで，$N = 34$ から $\phi = 35°$（ダンハム $\phi = \sqrt{12N} + 15$）であるから，図10・2より，

$N_\gamma = 24, \quad N_q = 27$

$$q_d = 0.5 \times 12.7 \times 2.0 \times 24 + 17.6 \times 1.5 \times 27 = 1019\,\text{kN/m}^2$$

長期荷重に対する許容支持力 q_a は $\frac{1}{3}q_d$ である．したがって $q_a = \mathbf{340\,kN/m^2}$

次に許容沈下量25mmに対応する支持力は $D_w < B$ であるから式（10・13）を用いると，

$$q_d = 9.8S(1.36\bar{N} - 3)\left(\frac{B + 0.3}{2B}\right)^2\left(0.5 + \frac{D_w}{2B}\right) + \gamma_2 D_f$$

$$= 9.8 \times 2.5(1.36 \times 34 - 3)\left(\frac{2 + 0.3}{2 \times 2}\right)^2\left(0.5 + \frac{1.0}{2 \times 2}\right) + 17.6 \times 1.5$$

$$\fallingdotseq \mathbf{289\,kN/m^2}$$

したがって，もし上部構造が25mmの沈下しか許容しないものであれば，許容地耐力は $289\,\text{kN/m}^2$ となる．

〔**10・8**〕 例題〔10・7〕に示したと同様なフーチングを砂質地盤の代わりに飽和粘性土中に施工した場合，基礎の許容支持力を求めよ．また，この許容支持力の荷重を加えたときの即時沈下量を求めよ．ただし，飽和粘性土の一軸圧縮強さ $q_u =$

196 kN/m^2, $\gamma_t = 15.7 \text{ kN/m}^3$ である．また，$\nu = 0.5$, $E = 14{,}700 \text{ kN/m}^2$ である．

〔解〕 飽和粘性土地盤であるから $\phi = 0$, $c = q_u/2 = 98 \text{ kN/m}^2$
建築学会規準のテルツァギー修正公式によって，
$$q_d = \alpha \cdot c \cdot N_c + \beta \cdot \gamma_1 \cdot B \cdot N_\gamma + \gamma_2 \cdot D_f \cdot N_q$$
連続基礎に近いので $\alpha = 1.0$, $\beta = 0.5$, また，$\phi = 0$ に対する支持力係数は，
$N_c = 5.3$, $N_\gamma = 0$, $N_q = 3.0$
∴ $q_a = q_d/3 = (1.0 \times 98 \times 5.3 + 15.7 \times 1.5 \times 3.0)/3 \fallingdotseq \mathbf{197 \text{ kN/m}^2}$
次に即時沈下量は式（10・14）より，
$$S = q \cdot B \cdot \frac{1-\nu^2}{E} \cdot I_s$$
ここに $I_s \fallingdotseq 1.05$
∴ $S = 197 \times 2 \times \dfrac{1-0.5^2}{14700} \times 1.05 \fallingdotseq \mathbf{2.1 \text{ cm}}$

〔10・9〕 ある杭の支持力試験の結果，表10・6のような結果を得た．杭頂の沈下と荷重の関係曲線ならびに杭の塑性変形と荷重との関係曲線を求めよ．またこの杭の許容支持力はいくらか．

〔解〕 杭頂の沈下を復元するもの（弾性沈下）としないもの（塑性沈下）に分けると表10・7のようになる．
すなわち，荷重-杭頂の沈下曲線は図10・12のように，荷重-非復元沈下の関係曲線は図10・13のようである．
許容支持力 R は，10・5・1の①の方法によるときは，
$$R = \frac{50}{2} = \mathbf{25 \text{ kN}}\text{（図 10・13 参照）}$$
同じく②の方法によるときは，
$$R = \frac{45}{1.5} = \mathbf{30 \text{ kN}}\text{（図 10・13 参照）}$$

表 10・6

荷重 (kN)	杭頂の沈下 (mm)	荷重 (kN)	杭頂の沈下 (mm)
0	0	30	2.8
5	0.3	0	0.5
0	0.1	35	4.1
10	0.4	0	0.6
0	0.2	40	5.3
15	0.7	0	0.9
0	0.3	45	6.5
20	1.2	0	1.2
0	0.3	50	8.9
25	1.9	0	4.5
0	0.4	55	29.0

表 10・7

荷重 (kN)	弾性沈下 (mm)	塑性沈下 (mm)
0	0	0
5	0.2	0.1
10	0.2	0.2
15	0.4	0.3
20	0.9	0.3
25	1.5	0.4
30	2.3	0.5
35	3.5	0.6
40	4.4	0.9
45	5.3	1.2
50	4.4	4.5

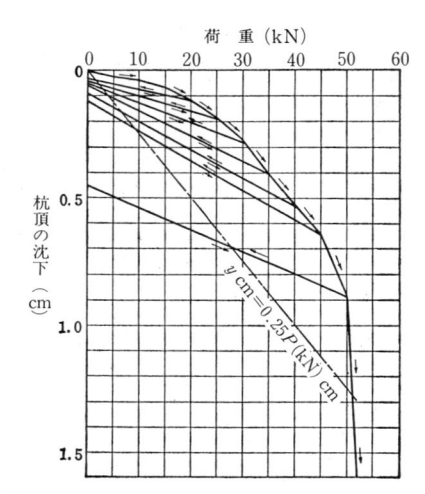

③の方法によるときは，
$$R = 50 \text{ kN}（図 10・13 参照）$$

〔10・10〕 直径 30 cm の杭を砂質土の中に 10 m 打ち込んだときの許容支持力をドールの公式を用いて求めよ．ただし，砂質土は $\gamma_t = 17.2 \text{ kN/m}^3$，$\phi = 34°$，$c = 0$ とし，安全率は 2 とする．

〔解〕 式 (10・19) において，$\mu = 0.75 \tan \phi$ とすると，

$$R_u = \pi \times 0.15^2 \times 17.2 \times 10$$
$$\times \tan^2\left(45° + \frac{34°}{2}\right)$$
$$+ 0.75 \tan 34° \times \pi \times 0.15$$
$$\times 17.2 \times 10^2 (1 + \tan^2 34°)$$
$$= 642 \text{ kN}$$

したがって，許容支持力は，
$$R = \frac{65.5}{2} = 321 \text{ kN}$$

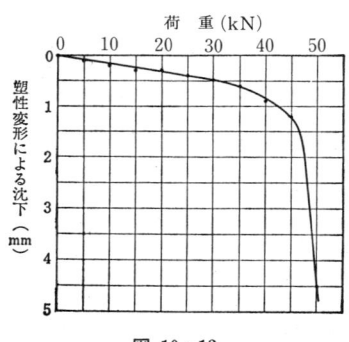

図 10・12

図 10・13

〔10・11〕 図 10・14 に示す土層中の杭の許容支持力をドールとマイヤーホフの公式を用いて求めよ．ただし，杭の直径は 40 cm とする．

〔解〕 **ドールの公式を用いる場合**

式 (10・20) より，極限支持力は，

$$R_u = \pi \times 0.2^2 \times \tan^2\left(45° + \frac{44°}{2}\right) \times 118.6 + \pi \times 0.2\{0.75 \tan 35°$$
$$\times 6(61.8 + 108.8)(1 + \tan^2 35°) + 0.75 \tan 44° \times 1(108.8 + 118.6)$$
$$\times (1 + \tan^2 44°)\} + 2\pi \times 0.2 \times 7 \times 0.45 \times 14.7 = 843 \text{ kN}$$

マイヤーホフの公式を用いる場合

式 (10・21) において,
$$3.75D = 3.75 \times 0.4 = 1.5\,\mathrm{m}$$
したがって,
$$\bar{N}_2 = \frac{0.5 \times 28 + 1.0 \times 50}{1.5} = 42.7$$
$$N = \frac{1}{2}(50 + 42.7) = 46.4$$
$$\bar{N}_s = \frac{6 \times 28 + 1 \times 50}{6 + 1} = 31.1$$
$$\bar{N}_c = 1$$
$$A_p = \pi r^2 = 0.126\,\mathrm{m}^2$$
$$A_s = 2\pi r \cdot l_s = 2 \times \pi \times 0.2(6 + 1)$$
$$\quad = 8.80\,\mathrm{m}^2$$
$$A_c = 2\pi r \cdot l_c = 2 \times \pi \times 0.2 \times 7$$
$$\quad = 8.80\,\mathrm{m}^2$$

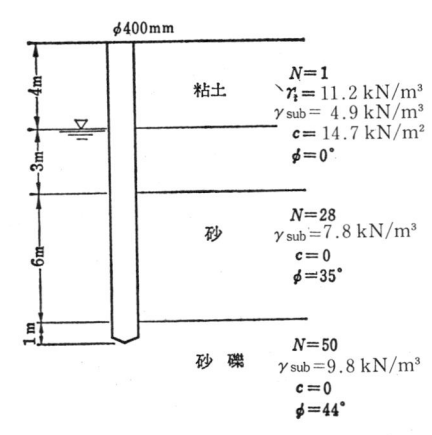

図 10・14

極限支持力は,
$$R_u = \left(40 \times 46.4 \times 0.126 + \frac{1}{5} \times 31.1 \times 8.80 + \frac{1}{2} \times 1 \times 8.80\right) \times 9.8$$
$$\quad = 2871\,\mathrm{kN}$$

図 10・14 の場合は支持杭と考えられるので,許容支持力はマイヤーホフの値を用いて,
$$R = \frac{2871}{3} = \mathbf{957\,kN}$$

〔10・12〕 質量0.75 t の単動杭打ハンマーを用いて杭を打ち込んだ.ハンマーの落下高 90 cm のとき,打止まりのときの平均貫入深さは 5 mm であった.この杭の許容支持力をエンジニヤリングニュース公式で求めよ.

〔**解**〕 式 (10・24) において,
$$H = 90\,\mathrm{cm} = 2.95\,\mathrm{ft}$$
$$s = 5\,\mathrm{mm} = 0.197\,\mathrm{in}$$
$$R = \frac{19.6 \times 0.75 \times 2.95}{0.197 + 0.1} = \mathbf{146\,kN}$$

〔10・13〕 直径30 cm の杭を図 10・15 のように 20 本打ち込んで基礎床版を支えている.1 本の杭が単独で 294 kN の支持力があるとすれば,杭群全体でいくらの支持力になるか.

〔**解**〕 式 (10・27) において,
$$m = 5, \qquad n = 4,$$
$$s = 80\,\mathrm{cm}, \qquad d = 30\,\mathrm{cm}$$
であるから,

$$\phi = \tan^{-1}\frac{30}{80} = 20.6°$$
$$E = 1 - 20.6\left[\frac{(4-1)5 + (5-1)4}{90 \times 5 \times 4}\right]$$
$$= 0.645$$
したがって，杭群全体では，
$$R = 294 \text{ kN} \times 0.645 \times 20$$
$$= 3793 \text{ kN}$$

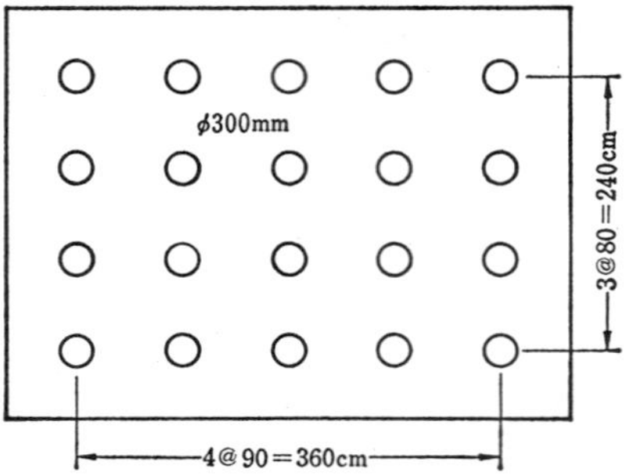

図 10・15

問　題　〔10〕

〔10・1〕　一辺5mの正方形平面のフーチングがある．底面は地表面から3mの位置にある．地盤の $\gamma_t = 15.7 \text{ kN/m}^3$, $c = 19.6 \text{ kN/m}^2$, $\phi = 20°$ のとき極限支持力を求めよ．
〔解〕　548 kN/m²

〔10・2〕　問題〔10・1〕でフーチング底面の下2mの位置まで地下水位が上がってきたときの極限支持力を求めよ．また，地表面まで地下水位がきたときはいくらか．$\gamma_{\text{sub}} = 7.8 \text{ kN/m}^3$ とする．
〔解〕　530 kN/m², 376 kN/m²

〔10・3〕　地表から2mまでの第1層は $\gamma_t = 15.7 \text{ kN/m}^3$, $c = 29.4 \text{ kN/m}^2$, $\phi = 10°$, 深さ2m以深の第2層は $\gamma_t = 17.6 \text{ kN/m}^3$, $c = 9.8 \text{ kN/m}^2$, $\phi = 30°$ である．第2層に底面を接する形で幅4mの連続基礎を設置したときの極限支持力を求めよ．
〔解〕　811 kN/m²

〔10・4〕　地下水位が深い地盤（N値20）の地表に一辺3mの正方形平面のフーチングを設置する．許容沈下量を2cmとするときの底面荷重度を求めよ．
〔解〕　143 kN/m²

〔10・5〕　地表から深さ5mが N 値15の砂層，その下3mが N 値6の粘土層，その下が N 値40の礫層である．直径50cmの杭先端を礫層の中に2mまで入れたときの極限支持力をマイヤーホフの公式で求めよ．
〔解〕　3694 kN

〔10・6〕　直径40cm，長さ20mの杭が4列5本ずつの群杭状態にある．杭間隔は1.6m で，単杭の支持力が1176 kN のとき群杭の支持力はいくらか．
〔解〕　17.82 MN

索　　引

あ　行

アスファルト舗装　121
圧縮係数　81
圧縮指数　81
圧密係数　82
圧密降伏応力　81
圧力球根　58
安定係数　176
一軸圧縮試験　104
一面せん断試験　102
影響図表　64
液性限界　20
SI 単位　3
エンジニヤリングニュース公式　206
オスターバーグの図表　62
帯状荷重　61

か　行

荷重分散法　67
仮想背面　140
カルマンの図解法　145
間隙水圧　90, 99
間隙比　6
間隙率　6
含水比　6
極限支持力　196
曲線定規法　83
局部せん断破壊　195
曲率係数　19
許容支持力　196
許容地耐力　196
許容沈下量　196

切ばり軸力　153
均等係数　19
クイックサンド　49
グスラック-ウイルソンの支持力公式　198
クーロンの土圧論　138
群杭　206
限界高さ　176
限界動水傾度　49
現場透水試験　40
工学的分類法　21
コンクリート舗装　123
コンシステンシー限界　19

さ　行

最大乾燥密度　116
最適含水比　116
三軸圧縮試験　103
サンダーの公式　205
サンドパイル　88
室内透水試験　39
CBR　119
CBR 試験　119
締固め曲線　116
斜面先破壊　175
斜面内破壊　175
収縮比　20
修正 CBR　121
集中荷重　57
自由水　19
主応力　97
主働土圧　135
受働土圧　135

索　引

浸潤線　43
スケンプトンの支持力公式　198
ストークスの法則　15
静止土圧　135
設計 CBR　120
線荷重　59
先行圧密応力　81
漸増荷重　87
全般せん断破壊　195
相対密度　6
塑性限界　20
塑性指数　20

フィルター層　47
複合すべり面　183
ブーシネスク　57
ブーシネスク指数　58
フレーリッヒ　58
分割法　178
平板載荷試験　118
壁面摩擦角　139
ペック　199
ベーン試験　105
変水位透水試験　39
飽和度　6

た　行

体積圧縮係数　81
タフネス指数　20
ダルシーの法則　38
単位体積重量　5
ダンハム　199
チェボタリオフの支持力公式　198
地盤係数　118
定水位透水試験　39
底部破壊　175
デ・ビアー　200
テルツァギーの一次元圧密理論　79
テルツァギーの支持力公式　196
テルツァギーの土圧算定図　142
土圧の再分布　151
土粒子の比重　4
土粒子の密度　4
ドールの公式　204

な　行

ニューマークの図表　64
根入れ長さ　151

は　行

パイピング　47
ハイレーの公式　206
ヒービング　154

ま　行

マイヤーホフ　197
マイヤーホフの公式　205
摩擦円法　181
密　度　5
盛土荷重　62
モール・クーロンの破壊基準　101
モールの応力円　98

や　行

矢板壁　151
ヤコブの方法　41
山留め壁　153
有効応力　90, 100

ら　行

ランキンの土圧論　136
粒径加積曲線　18
流　線　43
流線網　45
粒　度　14
流動曲線　20
流動指数　20
粒度試験　14
臨界円　176
$\sqrt{t}$ 法　83

編者略歴

河上　房義（かわかみ・ふさよし）
　1936年　東京帝国大学工学部土木工学科卒業
　1953年　工学博士　東北大学工学部教授
　1976年　東北大学名誉教授　宮城工業高等専門学校長
　1983年　宮城工業高等専門学校退官
　1985〜1993年　八戸工業大学学長
　2000年　死去

執筆者略歴 (50音順)

浅田　秋江（あさだ・あきえ）
　1958年　東北大学工学部土木工学科卒業
　1976年　工学博士
　1977年　東北工業大学教授

小川　正二（おがわ・しょうじ）
　1961年　東北大学大学院修士課程土木工学専攻修了
　1966年　工学博士
　1968年　新潟大学工学部助教授
　1979年　長岡技術科学大学工学部教授
　1996年　長岡工業高等専門学校長，長岡技術科学大学名誉教授
　2003年　同校退職，同校名誉教授

森　芳信（もり・よしのぶ）
　1966年　東北大学大学院修士課程土木工学専攻修了
　1972年　工学博士
　1973年　日本大学工学部助教授
　1983年　日本大学工学部教授
　2007年　同校退職，同校名誉教授　現在に至る

柳澤　栄司（やなぎさわ・えいじ）
　1965年　東北大学大学院修士課程土木工学専攻修了
　1971年　工学博士
　1981年　東北大学工学部教授
　2000年　八戸工業高等専門学校長
　2006年　同校退職，同校名誉教授
　　　　　東北大学名誉教授　現在に至る

土質工学演習―基礎編―〈第3版〉　　　　　© 河上房義　2002

1978年 4月15日	第1版第1刷発行	【本書の無断転載を禁ず】
1992年 3月18日	第1版第14刷発行	
1994年 3月31日	第2版第1刷発行	
2001年 3月23日	第2版第8刷発行	
2002年11月27日	第3版第1刷発行	
2022年 3月10日	第3版第8刷発行	

編　者　河上房義
発行者　森北博巳
発行所　森北出版株式会社
　　　　東京都千代田区富士見 1-4-11（〒102-0071）
　　　　電話 03-3265-8341／FAX 03-3264-8709
　　　　自然科学書協会 会員
　　　　JCOPY <(一社)出版者著作権管理機構 委託出版物>

落丁・乱丁本はお取替え致します　　印刷／モリモト印刷・製本／協栄製本

Printed in Japan／ISBN 978-4-627-46193-2